核辐射探测及核技术应用实验

主　编　曹利国
副主编　郦文忠
主　审　龙先灌　张一云

原子能出版社

图书在版编目(CIP)数据

核辐射探测及核技术应用实验/曹利国主编. —北京：
原子能出版社，2010.12（2025.8 重印）
ISBN 978-7-5022-5094-2

Ⅰ. ①核… Ⅱ. ①曹… Ⅲ. ①辐射探测—核技术—
高等学校—教材 Ⅳ. ①TL81

中国版本图书馆 CIP 数据核字(2010)第 200367 号

内 容 简 介

《核辐射探测及核技术应用实验》是一本基础性、综合性的高等学校实验教材。涉及核辐射探测、核技术应用、核安全防护和铀矿资源勘查，以及射线与物质相互作用、天然放射性分析、热释光测量、X 射线荧光方法和中子活化等方面的基础实验。

对实验设备首次采用了"信息共享网络"的特殊安排，在保证实验正常进行的前提下简化了实验设备、减少了辐射污染和相互干扰。教材中新设计了一些实验，采取了一些新的实验方法。为开拓学生的思路和提高学生的实际工作能力提供了必要的条件。

适用于大学本科核仪器仪表、核技术应用和铀矿资源勘查以及相关专业的学生使用。

核辐射探测及核技术应用实验

出版发行 原子能出版社(北京市海淀区阜成路 43 号 100048)
责任编辑 付 真
技术编辑 丁怀兰
责任印制 赵 明
印 刷 中煤(北京)印务有限公司
经 销 全国新华书店
开 本 787 mm×1092 mm 1/16
印 张 16.375 **字 数** 412 千字 **插 页** 2
版 次 2010 年 12 月第 1 版 2025 年 8 月第 4 次印刷
书 号 ISBN 978-7-5022-5094-2 **定 价** **48.00 元**

网址：http://www.aep.com.cn **E-mail：atomep123@126.com**
发行电话：010-68452845

核辐射探测及核技术应用实验

编　委　会

主　编　曹利国

副主编　郦文忠

编写组　钟丁生　刘希民　张俊奎　张艳丽
　　　　　张丽娇　高炳义　郦文忠　曹利国

前 言

无论是物理学还是其重要分支原子物理学和原子核物理学都与实践有着紧密的联系。核辐射探测和核技术应用是将这些基础学科的成就应用于实际工作,为科学研究、生产和生活服务。因而就具有更强、更直接的实践性。

成都理工大学工程技术学院一直非常重视实践教学,将实验室建设和实验课的改革放在重要位置,为培养学生的素质、技能和创新精神,学校投入了大量的人力、物力和财力建设核辐射探测实验室。在全体教师的努力下,实验室建设和实验教学工作得到迅速发展和完善。在这一工作平台上,我们才得以完成这些实验和编写这一实验教材。

为了突出实验课的重要性和避免各门课程中实验内容的重复,我们将"核科学概论"、"核辐射测量方法"、"核信息探测与处理"、"核辐射剂量与防护"、"铀矿地质学"和"核分析技术"等几门相关课程的实验内容提出来单独设课。这虽有利于实验课的安排和实验内容的衔接,但也使理论课的学习与实验课有脱节的现象。如"核科学概论"在大学一年级或二年级上学期开课,主要介绍核科学的概况和基本内容。而实验课要到三年级才开始,其间有一年多的间隔。所以我们采取在二年级组织学生参观实验室,介绍主要实验设备和进行一些具有趣味性的演示实验,这样既减小了理论课与实验课之间时间间隔过长带来的不利影响,又进行了必要的专业思想教育。

成都理工大学工程技术学院的学生培养目标是"应用型人才",实验教材的编写也必须适应这一目标的需要。因此,教材内容不能像综合性大学所编教材那样全面、深入。我们准备加强实际动手能力的培养,使学生通过实验提高解决实际问题的能力;而在理论问题的探讨上则是讲清楚基本概念,然后直接给出结论或计算公式及其用法,中间的推导则适当简化。

在实验内容的安排上,一方面要照顾到几门课程的开课顺序和进度,另一方面又要考虑到几个相关专业的需求。因此将实验课内容分成两大部分:上篇是核工程、核技术等几个相关专业通用的;下篇是在上篇的基础上为核技术应用专业和需要这方面较多知识的专业设计的。当然,这只是大致的分类,读者可以“各取所需”,灵活选择。

实验课建议由三年级第一学期的期中开始。因为这时学生已经学完高等数学、物理学、计算机基础、原子物理学和原子核物理学等基础课,而核信息获取与处理及核辐射测量方法等专业基础课已经开始。在这些课程搭建的平台上,可以较好的完成相关的实验教学。三年级上学期用 25～30 学时,从上篇的实验中选作 8～10 个实验;三年级下学期用 30～36 学时完成从下篇中选取的 10～12 个实验。实验内容的取舍,由专业的要求和实验室条件确定。

在实验的安排和实验教材的编写中,我们在满足基本教学需要的前提下,在形式上力求有所创新,使实验能更顺利地进行。同时也增加一些新的内容,拓展了新的思路,使之具有一些新意。首先是采取“信息共享”的方法,设计、制作了“信息共享网络”。将一个放射源,一套实验装置,一套探测设备所采集的核信息传递到各实验组分别进行测试和数据处理,避免各实验组使用多个放射源,互相干扰;也减轻了放射性物质使用、管理和防止辐射污染的压力。其次是将一些兄弟单位的研究成果和我们的新的科研成果设计成新的实验。最后是在保证基础理论得到正确体现的前提下,用一些等效方法进行实验;使实验方便顺利地进行并取得更加明显可靠的数据。这些可以说是这本实验教材的亮点。

本实验教材的编写,必须保证基本概念和实验原理的准确性,并力求叙述清楚。同时,在实验设备的描述上以我们现有的设备为基础做必要的说明。当然也要考虑到读者所在实验室设备类型、配置和型号的差异。即不但说明设备的结构特点和操作方法,更要阐明其工作原理和选用这些设备的依据。对于操作步骤也是一样,不但要说明如何做,更要说明为什么要这样做。使读者能通过实验真正有所收获。当使用不同型号的设备时也能适应,并取得可靠的数据。

在本实验教材的编写中引用了其他作者的论文和专著的内容,力求注明引用的原著或转引著作的名称。而一般的原理图、示意图和本书作者的研究成果则不再注明。

显然,这本实验教材是多年工作经验的汇总。参加编写的只有几个人,而实际上是很多人长期工作的经验积累和研究成果。在准备这套实验教材的过程中,李智仁高级工程师、施明亮教授做了大量的工作;同时也得到成都理工大学核技术应用与自动化学院、成都理工大学中子活化分析实验室、四川大学核物理教研室、四川大学原子核科学技术研究所、丹东奥龙射线仪器公司和成都西核仪器有限公司从多方面给予的热情帮助。四川大学龙先灌教授、张一云教授全面审读了书稿，并从实验内容、总体编排到教学理念诸多方面提出了中肯的意见。在此深表感谢。

在这本实验教材中，基础篇及附录由曹利国编写；钟丁生编写了实验 1、2、7、15、17；刘希民编写了实验 5、10、14、22、28、37；张俊奎编写了实验 16、20、34、38、40；张丽娇编写了实验 12、24；高炳义编写了实验 21、32；张艳丽编写了实验 6、8；曹利国编写了实验 3、4、9、11、13、18、19、23、25、26、27、29、30、31、33、35、36、39。

张俊奎、张艳丽和刘希民对书稿的录入、编辑、整理做了大量工作；郦文忠对书稿中有关误差、计算方法、计算机软件和计算结果进行了审核；曹利国做了全书的审核、统编工作，并绘制了部分插图。

在这本实验教材中，从编排到内容进行了一些新的尝试。虽然我们努力工作，但由于知识有限，错谬之处在所难免。敬请各位读者和专家不吝赐教。

编者

2010 年 1 月于乐山

目　录

基础篇

绪 论

Ⅰ. 核辐射测量及核技术应用实验的重要意义

从本质上讲，物理学是一门实验科学，它的基础理论都是从实践中发现、总结，再得到实践的验证而后确立。作为物理学的重要分支，原子物理学和原子核物理学也不例外。从放射性现象和X射线的发现到近代物理学诸多成就无一不是由实验开始，在实践中总结，得到实验的证实。其中，光电效应的研究可以作为一个典型的范例：

1887年赫兹(H. R. Hertz)在研究真空石英管中的放电现象时，发现用紫外光照射到火花隙的负极时，较容易发生放电。其后，经过霍尔瓦希斯(W. Hallwachs)和林纳(P. Lenard)等人多年的研究确认了光电效应的存在并研究了其基本特征，但是实验结果用传统的光的波动理论无法解释，这促使人们进一步深入研究；最后，在1905年由爱因斯坦(A. Einstein)沿用普朗克(M. Planck)在黑体辐射研究中提出的量子理论，建立了爱因斯坦光电效应方程，使实验结果得到正确解释和进一步的证实。

由原子模型的建立也可以看出实验工作在理论研究中的关键作用。早期人们由直观的认识出发，认为物质是电中性的。但是在1897年，汤姆逊(J. J. Thomson)确认了电子的存在并测定了e/m的数值，为基本粒子的研究展现了新的天地。一直到1909年，卢瑟福(E. Rutherford)和他的助手在研究α射线穿过金箔时，发现有很少一部分(约1/8000的概率)反射回来，好像大量的炮弹穿过空旷的空间，而其中有极少的部分碰上了什么重物而弹射回来。卢瑟福尊重实验结果，并经过严谨的理论研究于1911年提出了“核式结构模型”，即原子的正电荷和绝大部分质量集中在原子核，而电子在核外绕核做圆周运动。

在卢瑟福的“核式结构模型”提出后，立即遇到很多用经典理论无法解决的问题。玻尔(N. Bohr)根据普朗克的量子假说、核式结构模型以及对氢光谱的研究资料，提出了“玻尔模型”，解决了电子轨道的稳定性问题，使核式结构模型得到合理的解释。

由此可知：对事物的认识必须、也只能通过实践，在实验工作的基础上进行总结、分析，并由此提出新的观点。只有这样，才能使科学不断进步。原子物理和原子核物理是在物理学的基础上发展而来的，而核技术又是将物理学、原子物理学和原子核物理学的理论、技术和方法用于生产和科学研究。物理实验和核辐射实验是取得新的进展的第一步，也是从事各种应用物理工作者必须具备的基本功。

Ⅱ. 核辐射测量和核技术应用实验课的基本任务

1. 对基本原理的深入理解

基本理论都是从实验出发，逐步总结、提炼建立起来的。但是，在建立基本理论之后，作为教学内容首先在课堂上系统阐述相关知识，然后再通过实验进行验证。这好像与人们认识事物的过程是相反的。其实，人类对事物的认识是不断积累的，前人的实践当然也是实践，只不过是我们继承他们的实践和总结，在此基础上进行验证，加深对他们总结的理论的理解，为今后的实践打下基础。

2. 培养学生独立工作能力

学生的实际工作能力只有通过实践（包括实验和其他实际工作）才能培养。对于一个实验物理工作者，只读书而忽略实际工作是不恰当的。一部分学生，甚至是具有高学历的学生讲到书本上的东西头头是道，而实际应用和具体操作则知之甚少就是忽视实践环节造成的。因此，在实验课和实验教材中应力求加强独立工作能力的培养，这主要包括以下几方面：

a. 自学能力的培养。在实验之前，要求学生进行预习，除了教材中提供的基本材料还应该查阅一些参考资料，比较全面地了解基本原理、设备组成、仪器性能、实验条件、可能出现的问题和可能的结果，为实验的顺利进行做好必要的准备。

b. 实际工作能力的培养。我们在实验设备的配置中很少选用成套的整机，而主要选用NIM电源、机箱及其配套插件，如探测器、前置放大器、高压电源、线性脉冲放大器、单道脉冲幅度分析器、多道脉冲幅度分析器，及各种记录设备，如定标器、率表等。由学生根据实验教材自己用电缆连接成相应的测量仪器。这样，学生有更多的动手机会，更好地了解核辐射测量及核技术应用实验装置的结构、各部分的作用和性能要求，为今后在实际工作中对仪器设备的选择和组成打下基础。

c. 分析、判断能力的培养。实验中必然会出现某些故障和实验结果与预期不一致的情况。我们力图通过思考题引导学生去分析、认识这些故障和差异。通过数据处理去判断这些差异的产生原因和处理方法。

d. 运算表达能力的培养。实验成果是需要展示，需要经过人们的审查、评判的。因此对学生表达能力的培养必不可少。在实验中要求学生首先做好原始记录，包括实验名称、目的、条件、设备、日期、操作者、原始实验数据和记录运算方式等，严格按原始记录的规则，不得涂改，让内行能看得懂。用相应的数理统计方法，对实验数据进行判别、处理，并首先用手工方法绘图、列表，使学生对实验内容和结果有较深入的了解。在计算机数据处理软件高度发展的今天，用计算机处理数据十分方便，但仍然不能错过深入了解实验数据内涵的机会。实际上也只有充分理解实验数据处理的方法，才能更好地利用计算机开展工作。

e. 科学论文编写能力的培养。编写实验报告是今后编写科学论文和科学研究报告的初步训练。如何完整的展示实验成果，对实验准备预案、实验结果、结论、推论和后续发展可能性的阐述，都是今后从事实际工作和科学研究必须具备的能力。

3. 培养学生优良品德和开拓创新精神

一些人将学生的工作能力、技术水平，甚至将会开车、会用计算机称为学生的“素质”。其实，这些只不过是“技能”。一个学生的素质在于其内心的品德、对事业的理解和对全局的审视。

通过实验应该努力培养学生理论联系实际的精神和实事求是的科学作风，在工作中严肃认真、一丝不苟、探索进取、开拓创新。培养学生遵守规章制度，爱护公共财物。通过一个个实验，培养学生对科学事业的热爱，为国家和民族的发展而努力工作的激情。

Ⅲ. 实验的主要环节

实验教学是在实验室进行，学生在教师的指导下，按教材的要求完成实验。为了避免一切不必要的错误，提高效率，完成预定实验目的，必须有准备、有计划地进行实验。为此，学生必须严格遵守下列实验基本程序：

1. 课前预习

这是实验的准备阶段。由于实验的时间有限，而要学习的内容较多，因此每次实验前要认真阅读教材及有关参考资料，搞清楚实验目的、原理和方法，需要使用哪些仪器，应自备什么物品，需要注意的事项，实验的操作步骤等。这样才能有的放矢，避免忙乱和盲目做实验的现象。还要按指导教师的要求写出预习报告和答出主要的预习思考题，检查通过后方可进行实验。

若实验室条件允许，可以到实验室面对实验设备进行预习，实地思考实验的进行过程，在此基础上编写预习报告。预习报告包括：① 实验名称；② 实验目的和任务；③ 实验原理，包括实验依据，计算公式，计算方法和单位等；④ 实验设备，包括实验设备的型号，工作状态，连接框图；⑤ 对思考题的解答和有待解决的问题；⑥ 测量数据的记录表格。预习报告实际上也就是实验报告的前半部分。

2. 进行实验前的准备工作

在进入实验室之前，必须上交预习报告。在预习报告中除了阐明实验原理和相关的理论知识外，对实验过程应作必要的说明，明确做什么(目的)、用什么做(工具)、怎么做(过程)和预期结果(结果和推论)。经教师签字认可之后才能进入实验室开始工作。

其次是清点实验设备是否齐全，是否完好。在实验开始之前注意听老师启发性的讲解。

最后是根据实验教材和参考资料熟悉设备的性能、使用方法、工作状态和连接框图。在核辐射探测设备中主要是电子仪器，用电缆连接各部件时，除了线路正确，还要特别注意讯号极性、信号幅度和工作参数。经教师检查认可后，再接通电源开始操作。

3. 测定和记录实验数据

数据必须准确；记录必须真实可靠、清晰、完整，让内行能看懂。

实验记录是进行实验和编写报告的原始资料，是一切认识、推论、设想和验证工作的依据，十分重要。因此，有必要特别强调。实验记录包括以下内容：

① 实验名称和实验目的等，在预习报告中已写明，作为实验记录的前一部分。

② 实验的日期、地点和操作者，以便以后核对。

③ 工作条件，包括天气、温度、湿度、电源电压等。

④ 使用的仪器类型、编号和连接示意图；实验装置的结构示意图以及每个部件的详细、准确工作状态。以便必要时可以重复观测。

⑤ 实验数据，以表格方式、认真、清楚、工整地记录每一个数据。当确认是误操作或记录错误，必须删去的数据用两条平行的细斜线划去。当测量误差过大，用相应判据判别后可以删去(但不能随意删除任何测量数据)的数据，用一条细斜线划去。被删去的数据划去后，还能清晰可辨。绝不允许用橡皮擦掉或涂黑。

⑥ 实验完成,关闭仪器之前,要仔细核对有关参数。包括时间、地点、操作者和仪器型号及工作状态等;发现错误应及时订正。而实验数据绝不允许涂改;若经过判别确实有误,应重新测量,并详细说明出现错误的原因。

整个实验记录要做到清晰、整齐、美观,同行能看懂。发现问题能查对;数据能重现,重测数据在允许误差范围内。

4. 编写实验报告

(1) 实验总结

实验后要对实验数据及时进行处理。如果原始记录不够清晰、整洁,应加以整理,对重要的数据要重新列表。将原始数据放在其后,作为依据。数据处理过程包括计算、作图、误差分析等。计算要有计算式(或计算举例),代入的数据都要有根据,便于别人看懂,也便于自己检查。作图要按作图规则,图件要规矩、美观,大小适中,边长大约为 2∶3,接近黄金分割。主要曲线大致在 45°附近分布。数据处理后应给出实验结论。最后要求撰写出一份简洁、明了、工整、有见解的实验报告。这是每个大学生必须具备的报告工作成果的能力。

(2) 实验报告内容包括:

① 实验名称。

② 实验目的。

③ 实验原理。简要叙述有关实验内容(包括原理图、电路图或实验装置示意图)及测量中依据的主要公式,式中各量的物理含义及单位,公式成立所应满足的实验条件等。

④ 实验步骤。根据实际的实验过程写明关键步骤和安全注意事项。

⑤ 数据表格与数据处理。记录中应有仪器编号、规格、工作状态及完整的实验数据。要完成数据计算、曲线图绘制及误差分析。最后写明实验结果。

⑥ 小结或讨论。内容不限,可以是实验中现象的分析,对实验关键问题的研究体会,实验的收获和建议,也包括解答思考题。

Ⅳ. 核辐射探测实验室规则

(1) 学生进入实验室须带上实验讲义、必要的文具和实验数据记录纸;完成指定的课前预习内容,经教师检查同意方可进行实验。

(2) 遵守课堂纪律,保持安静的实验环境。

(3) 爱护仪器。进入实验室不能擅自搬弄仪器,实验中严格按要求操作,仪器若有损坏,照章赔偿。借公用工具必须签字,用完后立即归还。

(4) 为防止放射性污染,在核辐射探测实验室内严禁吸烟、喝水和吃东西。

(5) 实验完毕后,必须认真洗手。

(6) 做完实验,学生应将仪器整理还原,将桌面和凳子收拾整齐。将放射源还到源库并登记。经教师检查原始数据和仪器情况并签字后,方能离开实验室。

(7) 实验报告在下一次作实验时交指导教师。

第一章　数理统计概念

当对一物质的某一特征进行多次测量时总会发现:多次测量值并不完全相同,而是在一定范围内变化,而这种变化是随机的,不可预测的。在核辐射测量中也不例外。当采用同一种方法,使用同一台仪器,同一个操作人员对同一试样进行多次测量时,也会得到在一定范围内分布的、各不相同的数据。若有不同的操作人员使用不同的仪器进行测量,所得数据可能差别更加显著。

核辐射测量方法是根据射线的能量、照射量率及其变化来研究元素的种类、数量、分布以及试样的物理特征的。其工作依据是由操作人员取得的测量数据,进行各种运算、处理,提取有用信息,达到预期的目的。因而对测量数据的这种差别必须进行详细的研究,对其产生的原因,描述方法,在运算中的传递,性质的检验以及减小这些误差的办法进行讨论,以期取得的数据能真实地反映实际情况。

数理统计在各个学科的研究中和生产实际上广为利用,具有重要意义,已经发展成为应用数学的一个重要分支,已有大量的教科书和专著面世。在本章中只就其基本概念和与核辐射测量方法密切相关的基础知识做简要说明,以便今后在工作中应用。

1.1　误差及其表示方法

1.1.1　误差的分类

1. 随机误差

当一个有经验的操作人员使用一台精密仪器对某一物理量进行测量,所得数据不总是一样的,有时大,有时小,在某一数值附近变化,与这一数值的差别有时为正,有时为负。若测量次数足够多时,其误差的代数和趋于0。数据的大小或者误差的正负完全是随机的,无法加以控制。一般认为,在实际工作中,人们注意到一些较重要的、较明显的因素,但还有一些因素或者无法控制或者被测定的量本身就是按统计规律在一定范围内变化。对这种测量数据的变化,统称为随机误差或统计误差。

2. 系统误差

经过大量采集数据,减小统计误差后,有时仍发现对同一物理量的两组测量数据有明显差别。这主要有两种可能:其一是某些条件、某些明显影响测量结果的因素没有得到控制;其二是被测量的对象本身就存在差异或有所变化。对于第一种情况,这种误差不是随机的,而是与另一组数据的差别是单向的(或正或负)且误差大小相近。这种误差称为系统误差或恒定误差。在发现引起这种误差的因素并加以克服之后,系统误差将得以消除。引起这种误差的因素主要有：① 某一影响因素未发现，未得到校正：② 仪器未得到准确校正，或某一参数有误；③ 周围环境有变化，如环境温度、湿度、压力变化；④ 操作者的习惯不同或读数时的偏向。

对于第二种情况人们最常举的例子是氮气的密度测定。英国物理学家雷莱(W. Rayleigh)从空气中分离出 N_2，并测定其密度，数据与前人所得数据相符。但他又用化学方法制取 N_2，并测定其密度。他发现由空气中分离的 N_2 和用化学方法制取的 N_2，其密度有显著差别。雷莱没有试图减小这两种数据的差别。相反，他经过分析、检验并认定了二者之间差别的存在，从而确认了大气中提取的氮(含有杂质)与化学制取的氮(无杂质)存在成分上的不同。正是由于雷莱正确地强调了大气氮与化学氮的差别，才导致雷姆赛(Ransay)以后发现了惰性气体。

要确认系统误差是否存在，首先要确定测量数据的随机误差的分布范围，并对各组测量数据进行检验，以判断数据的误差是随机误差还是系统误差。然后再分析误差产生的原因并设法加以消除或修正。

3. 过失误差

在一组测量数据中偶然会发现个别数据显然与事实不符，无规律可循。这往往是由于操作人员粗心大意，不负责任或工作条件太差，操作人员过度疲劳引起误操作或把数据读错、记错、算错的缘故。这就要求操作人员认真负责、精心操作，避免过失误差的发生。同时还要通过重复测量或通过一定规则，判断不是由于随机误差或系统误差引入的数据大幅度变化，并从这一组测量数据中舍弃。

1.1.2 误差的表示方法

1. 范围误差

范围误差是指一组测量值中最高值与最低值之差。它表示测量值的最大变化范围，称为范围误差或极差，用 l 表示。

不难看出，只写出测量数据的变化范围，并不能清楚表明误差的大小，还必须与被测量的物理量相联系。为此，引入最大误差系数或极差系数 K_l

$$K_l = \frac{l}{\overline{x}} \tag{1-1}$$

式中，$\overline{x}$为这一组测量值的算术平均值。

用范围误差 l 或极差系数 K_l 表示误差，可以方便地给出测量数据变化范围的概念。但其主要缺点在于只取测量数据中最大和最小两个极端，而与测量次数无关。在一组测量数据中，随着测量次数的增加，范围误差可能有明显的变化。

2. 算术平均误差

算术平均误差 δ 定义为：

$$\delta = \frac{\sum_{i=1}^{n} | x_i - \overline{x} |}{n} \qquad i = 1,2,3,\cdots,n \tag{1-2}$$

式中，x_i 为这一组测量值中第 i 次的观测值；$\overline{x}$ 为这一组测量值的平均值，n 为测量次数。根据随机误差的原理，x_i 与$\overline{x}$的偏差之代数和为0；取其绝对值之和除以测量次数，表示偏差的算术平均值。它是一种较简单的误差表示方法，能较明了地表示偏差的大小，但不能表明偏差大小的分布情况。若一组测量数据的偏差分布均匀，而另一组测量数据偏差有大有小，个别数据偏差很大；但这两组数据的算术平均误差可能相近。

3. 标准误差

标准误差也称为均方根误差，用 σ 表示。其定义为：

$$\sigma = \sqrt{\frac{\sum_{i=1}^{n}(x_i - \overline{x})^2}{n}} \tag{1-3}$$

在有限观测次数 n 的情况下，标准误差用 s 表示，通常称它为样本标准偏差，定义为：

$$s = \sqrt{\frac{\sum_{i=1}^{n}(x_i - \overline{x})^2}{n-1}} \tag{1-4}$$

式(1-4)是最常用的误差表示方法。其中 $(n-1)$ 称为这一组测量数据的自由度。标准偏差 s 不仅是一组观测值 x_i 的函数，而且对较小误差和较大误差都比较敏感，不但能表示偏差的大小，还能反映偏差的分布情况。因而标准偏差是表示测量数据之间相互接近程度的一种较好的方法，在近代物理学及相关学科中广为应用。

显然，标准偏差只给出测量值与平均值之间偏差的大小和分布特征，还必须与测量值相联系，才能反映出这一偏差在某一平均值水平上的变化。因而引入标准偏差系数或称相对标准偏差或变异系数 K_σ：

$$K_\sigma = \frac{\sigma}{\overline{x}} \tag{1-5}$$

或在有限次观测次数时

$$K_s = \frac{s}{\overline{x}} \tag{1-6}$$

1.1.3 测量结果的不确定度

1. 不确定度的意义

在实际测量工作中，人们习惯于用“误差”来表征测量结果的质量。所谓“误差”就是指测量值与“真值”的差别。而“真值”虽然是客观存在的，但是在一般情况下是未知的，只是一个理想值或约定值。因此需要引入一个新的概念——不确定度，表示测量值落在真值的某一范围之内的可能性，或者表征测量值的可信度。

2. 不确定度的分类

a. A 类不确定度

可以通过统计方法来计算其不确定度的称为“A 类不确定度”Δ_A，这在核辐射测量中是最常见的。于是可以根据其统计误差方法来计算其不确定度。

$$\Delta_A = S_x = \sqrt{\frac{\sum_{i=1}^{n}(x_i - \overline{x})^2}{n-1}} \tag{1-7}$$

在核辐射测量中，测量结果服从正态分布。从统计的意义上讲，在测量次数 n 较多的情况下，测量值落在真值附近 S_x范围内的可能性为68.3%。

b. B类不确定度

凡是不能用统计方法计算，只能对其引入的误差用其他方法对其不确定度进行估计的，称为"B类不确定度"Δ_B。例如，电表的不同级别，作为时间标准的石英晶体振荡器的频率允许误差范围等，只能根据有关资料对其不确定度进行估计。

用于测量不确定度的B类分量，在测量原理、方法、测量环境符合要求，而操作者也训练有素的情况下，主要取决于仪器的特性 $\Delta_{仪}$。这常常是实验室给出的约定值。

表Ⅰ.1 常用仪器的B类不确定度

仪器	$\Delta_{仪}$
木尺	1 mm
钢板尺	0.15 mm
钢卷尺	0.8 mm
游标卡尺	0.05 mm
螺旋测微器(千分尺)	0.005 mm
读数显微镜	0.005 mm
各种数字仪表	仪器最小读数
粗天平(感量0.1 g)	0.5 g
天平(感量0.01 g)	0.05 g
分析天平(感量0.1 mg)	0.2 mg
电桥	$K\%\cdot R$(K是级别，R为读数)
电表	$K\%\cdot M$(K是级别，M是量程)
普通石英晶体振荡器	10^{-5}s
普通温度计	±1 ℃
精密水银温度计	±0.2 ℃

3. 不确定度的合成

当测量结果是由若干个其他相互独立的量的值求得时，该量值的不确定度由各独立量值的不确定度合成：

$$\Delta = \sqrt{\sum_{i=1}^{m} \Delta_{Ai}^2 c_i^2 + \sum_{j=1}^{n} \Delta_{Bj}^2} \tag{1-8}$$

式中，c_i——灵敏系数，由测量结果与其他量的数学关系式对相应量求偏导得出。

1.2 数理统计中的常用术语

1.2.1 真值与平均值

1. 真值

一个宏观的物理量，应该存在一个客观的完全正确的值，称为真值。一般真值都是未知的，是我们要去测量的对象。严格地讲，由于方法的不完善、仪器的缺陷和操作中的微小差异等因素都会给测定值带入一定误差。因而实际上真值是无法测准的。不过，若采用多种方法，经过多个操作人员进行多次测量，并设法排除系统误差和过失误差的情况下，大量测量数据的平均值（概率分布中的数学期望）就非常接近于真值的数值。但平均值毕竟不等于真值。

2. 算术平均值

算术平均值是最常用的一种平均值，用 $\overline{x}$ 表示。若对一物理量进行 n 次观测，得到一组观测值 $x_1, x_2, x_3, \cdots, x_i, \cdots, x_n$，则：

$$\overline{x} = \frac{1}{n}(x_1 + x_2 + x_3 + \cdots + x_i + \cdots + x_n) = \frac{1}{n}\sum_{i=1}^{n} x_i \tag{1-9}$$

在一组等精度测量值中，若测量值 x_1、x_2、$\cdots x_n$ 相互独立具有相同分布，则算术平均值 $\overline{x}$ 是这一组测量值的重心，是最佳值或最可信值。因此，算术平均值在实际工作中广为应用，有时也就直接简称为平均值，而不至于与其他方法取得的平均值相混淆。

3. 中位值

中位值是将测量数据按数据大小次序排列的中间值。若观测次数为偶数，则取中间两个值的平均值为中位值。中位值是估计测量数据平均值的一种粗略的简捷方法。在测量工作中作数据变化的初步判断时常用到。

4. 加权平均值

在处理不等精度、代表性不同的一组数据时，例如采用不同的方法、不同的仪器取得的数据，不同操作人员（经验和技术的差别）的测量结果，或数据代表总体的数量不同时，为了反映各个数据的可信度、代表性或包含的误差的差别，就必须加入表征每一数据误差、可信度和代表性的权数 w。这时，$\overline{x}_w$ 作为真值的估计值。当然，首先要估计各测量值的权数，然后才能计算。加权平均值 $\overline{x}_w$ 定义为：

$$\overline{x}_w = \frac{w_1 x_1 + w_2 x_2 + \cdots + w_n x_n}{w_1 + w_2 + \cdots + w_n} = \frac{\sum_{i=1}^{n} w_i x_i}{\sum_{i=1}^{n} w_i} \tag{1-10}$$

加权平均值反映了各个数据的可信度和代表性方面的特征。这在不等精度测量和各种不同来源的数据处理中应用甚广。

5. 几何平均值

其定义如下：

$$\overline{x}_g = \sqrt[n]{x_1 \cdot x_2 \cdot x_3 \cdots x_i \cdots x_n} \tag{1-11}$$

或以对数形式表示：

$$\log\overline{x}_g = \frac{1}{n}\cdot\sum_{i=1}^{n}\log x_i \tag{1-12}$$

式中，$\overline{x}_g$ 表示一组观测数据的几何平均值。当这组测量数据在对数坐标上的分布较在线性坐标系上更为对称时，常用几何平均值。

1.2.2　精度与准确度

一个物理量的测量数据的可靠性，或试样物理参数测定的可信度，一般用精确度或准确度来加以衡量。

1. 精确度

精确度又称精密度或精度。它表示同一条件下对同一试样进行多次测量时，测量数据本身的重复程度。所谓重复程度好，就是数据落在一个较小的范围内，与多次测定数据的平均值的偏差小。因此，精确度可以用标准偏差或变异系数来表示。标准偏差越小，精确度越高。这显然与随机误差有关。

2. 准确度

准确度表示多次测量数据的平均值与真值（或用多种方法测定的公认值、推荐值或设定值）之间的符合程度。也可以用标准偏差或变异系数来表示准确度。不过这里不是将各个测量数据与多次测量数据的平均值比较，而是与真值（公认值、推荐值或设定值）比较，求取其标准偏差和变异系数。在比较两种或多种测量方法的准确度时，也可以用这些方法对一组试样测定数据的相关系数来表示。相关系数越大，方法就越准确。既然是将测量数据与真值相比较，求取标准误差和变异系数，那么，准确度就不仅取决于各种因素引入的随机误差，而且与方法的可靠性、标准数据及有关参数的准确性、工作曲线的正确性等因素引入的系统误差有关。因而，当测量精度很高，即数据重复程度很好时，不一定准确度很高，这在核辐射测量方法以及其他物理分析方法（或称仪器分析方法）中尤其明显，必须特别注意。

3. 精确度与准确度的关系

测量精度很高只说明测量数据的重复性很好。但其与真值是否接近还要看其准确度的高低。在一般情况下，准确度很高，精确度一定很高；而精确度很高时，不一定准确度很高。图Ⅰ.1是以打靶为例说明精确度与准确度的关系。靶上网纹处表示靶眼，是射手要射中的目标。A射手弹着点很集中，表示精确度很高；但偏向一边，与靶眼（真值）有一定差距，即准确度不高。B射手的弹着点不但集中，而且都在靶眼周围，相当一部分击中靶眼（真值），具有很高的精确度和准确度。C射手的弹着点很分散，虽然也有个别子弹穿过靶眼，但精确度和准确度都不高。

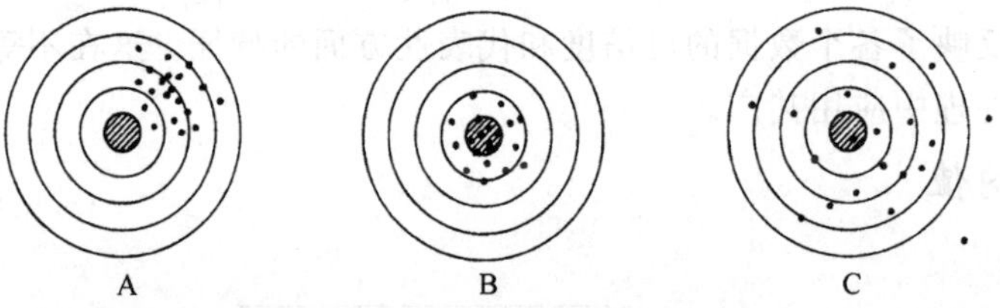

图Ⅰ.1　精确度与准确度的区别

1.2.3 灵敏度与检出限

1. 灵敏度

根据国际化学联合会的规定，灵敏度 S 定义为工作曲线的斜率。即

$$S = \Delta x / \Delta w \tag{1-13}$$

即被测定物理量 w 的少量变化引起测量值 x 变化的大小。若一种测量方法很灵敏，就是被测定物理量的少量变化，会引起测量值的显著变化。在核辐射测量方法中具体表示为试样中待测参数 W 的变化与射线计数率 I 的变化之比。在最简单的(也是较常见的)情况下，工作曲线是一条直线，即

$$I = a + bW \tag{1-14}$$

式中，a、b——拟合系数。

对式(1-14)求一阶导数：

$$\mathrm{d}I = b \cdot \mathrm{d}W \tag{1-15}$$

即

$$b = \mathrm{d}I / \mathrm{d}W \tag{1-16}$$

与式(1-13)具有完全相同的形式和物理意义，即 b 是工作曲线的斜率。若工作曲线是一条曲线，则 b 是 W 的函数，成为一个变量，即在不同待测参量时方法的灵敏度不同。

2. 检出限

检出限也称为检出下限或最小探测极限。对于直接测量的数据一般用 mdl 表示。在核辐射测量方法中，常根据工作曲线的斜率将测量数据 —— 计数率换算成元素含量，称为“含量探测下限”，用 W_{dl} 表示。W_{dl} 定义为：在给定时间 t 内，测得的核辐射射线净峰计数为本底计数二倍标准误差时所对应的元素或核素含量。选用本底计数二倍标准误差是要保证测量数据具有足够高的置信度(95.4%)。

在给定时间内，净峰计数 N_K 为总计数 N_P 与本底计数 N_B 之差，即

$$N_K = N_P - N_B \tag{1-17}$$

N_K的标准差σ_K为总计数 N_P标准差σ_P和本底 N_B标准差σ_B的叠加，其关系式为

$$\sigma_K = \sqrt{\sigma_P^2 + \sigma_B^2} \tag{1-18}$$

在待测元素含量很低(最小探测极限时)，$N_P \approx N_B$，即 $\sigma_P \approx \sigma_B$，因而有

$$\sigma_K = \sqrt{2\sigma_B^2} = \sqrt{2}\sigma_B \tag{1-19}$$

取置信度为 95%，即精密度范围为 $2\sigma_K$，这样

$$2\sigma_K = 2 \cdot \sqrt{2}\sigma_B \approx 3\sigma_B \tag{1-20}$$

在给定时间 t 内计数 N_B 等于本底计数率 I_B 与时间 t 的乘积，而计数所对应的含量应表示为计数与工作曲线斜率的商，即

$$W_{dl} = 3\sigma_B / b \tag{1-21}$$

而工作曲线斜率 b 为元素含量 W 与对应净峰面积 $N_K = I_K \cdot t$ 之比，于是

$$W_{dl} = 3\sqrt{I_B \cdot t} \cdot W / (I_K \cdot t) = \frac{3W}{\sqrt{\frac{I_K}{I_B} \cdot I_K \cdot t}} \tag{1-22}$$

由式(1-22)可以看出，含量探测下限取决于四个因素：① 峰背比值 I_K/I_B。当 I_K/I_B 越高时，则 W_{dl} 就越低，因而应尽可能降低本底。② 待测射线计数率 I_K。当 I_K 越高时，则 W_{dl} 越低。③ 测量时间。t 越长，W_{dl} 越小。在可能的情况下延长计数时间，使总计数 N_P 和本底计数 N_B 增大，相对标准差减小，从而更清楚的反映待测射线净峰计数的变化。④试样中待测元素含量 W。W 越大，W_{dl} 越大，即在测定高含量样品时，不利于发现含量的微小差别。

1.2.4 数据的相关性

在数学分析中，我们熟悉变量之间的函数关系。当自变量 x 有一个取值时，因变量 y 就有一个确定的对应值。但是，在更多的情况下，并不一定存在这种确定的、一一对应的关系。而是两个随机变量 ζ 和 η 之间，没有明确的对应关系，但对应于变量 ζ 的某一取值，η 的取值有一定概率性分布，表明 ζ 和 η 之间存在某种关系。可以这样定义：设有两个随机变量 ζ 和 η，若其中任一个随机变量的每一个可能的取值，都有另一个随机变量的一个确定的条件分布与之对应，则认为 ζ 和 η 有相关关系。

这种相关关系产生的原因是多种多样的。可能是一个变量受另一个变量的影响；可能是变量之间相互作用；也可能是两个变量本无联系，但同时受第三个变量的影响等。总之，这两个随机变量之间，一方面存在某种(物理的、化学的、生理的或逻辑的)确定的关系，而另一方面又存在不清楚的、不明确的或不能解释的随机波动。即相关关系具有明显的统计性质。一方面存在这种分布规律；另一方面又不能像利用准确的函数关系那样求取对应的答案。通常这种相关关系有图Ⅰ.2 所示的几种常见类型。

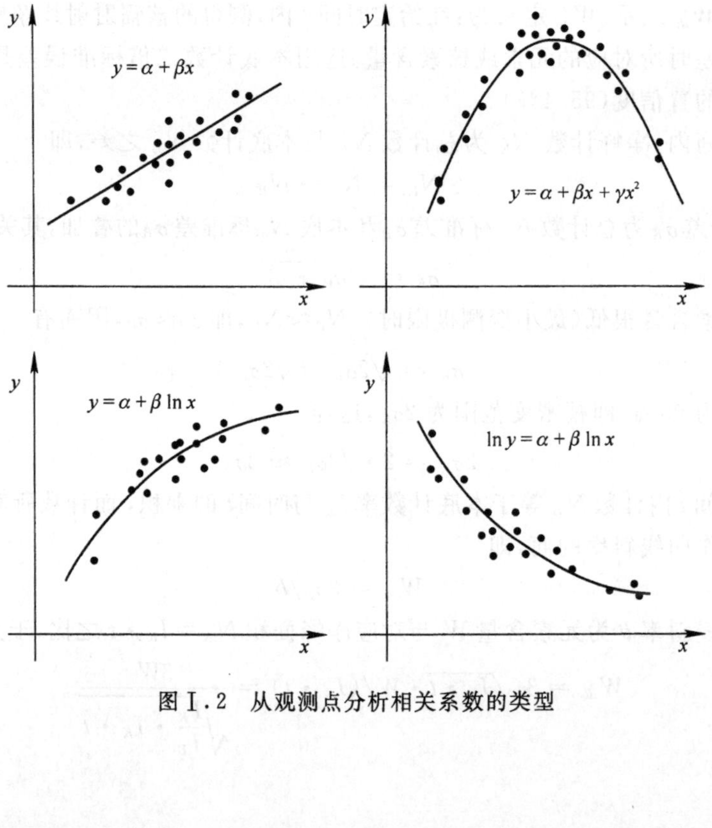

图Ⅰ.2 从观测点分析相关系数的类型

1.2.5 样本、样本容量和总体

在误差分析和数值计算中，常常关注的是一些观测值或数据，而不直接讨论代表这一物理量的实体。因而也将代表总体的无限次观测的数据称为总体或总体数。将有限次观测值称为样本，而观测次数或观测值的数目则称为样本容量。样本容量大的称为大样本，容量小的称为小样本。样本容量越大，其平均值就越接近于真值。

1.3 数理统计基本知识

1.3.1 测量数据的统计性质

若我们对某一物理量进行多次重复测量，并对测量结果进行统计，就会发现这些数据在某一数据周围分布。假定我们已经严格考虑到各种干扰因素，对仪器进行了严格校准，并精心操作，即设法消除了系统误差，那么这些测量数据的平均值就会逐渐接近于这一物理量的真值。当然，由于方法、仪器和操作不可能绝对完善，平均值只能接近于真值。因此，需要研究测定值与真值的关系，从这一组多次测定的数据中找出一个最佳值来代表真值，并进一步研究这一最佳值可能存在的误差范围和置信度。

产生这一统计分布的原因，当然首先是随机误差，产生随机误差的因素往往是在工作中察觉不到的。即使十分注意，随机误差仍然存在。此外，某些物理现象本身就服从统计规律。例如放射性现象就是这样。这是微观粒子运动的一种规律性现象，是放射性原子核衰变的随机性引起的。假定测量仪器和实际操作绝对完善，且不受任何外界条件的影响，这种随机性仍然存在。由于放射性现象的随机性引起放射性现象及相关测量数据的变化，这种现象称为放射性现象的统计涨落。由此，放射性射线的计数，对物质原子的激发、在物质中的吸收等一系列物理过程都具有统计涨落的性质。

放射性现象的统计涨落是原子核的一种固有特性，与在测量工作中引入的随机误差具有本质的差别。但它们在测量数据中的表现却是相同的。因此，仍然可以用数理统计方法进行研究。实际上，在多数情况下，放射性现象的统计涨落在测量数据的统计误差(包括随机误差和统计涨落)中占主要地位。

为了说明观测值的统计性质，冯师颜在《误差理论与实验数据处理》一书中列举一个生动的例子：

1. 测定一钢球的直径

共测定 N 次，观测值为 x，某一观测值 x_i 出现的次数，即频数为 n_i。测量结果列于表Ⅰ.2 中。为了便于比较，表中列出了总测量次数为 $N = 150$ 和 $N = 50$ 两种情况。

对表中所列举数据进行分析和不同方式作图，即可得到测量数据统计性质和误差理论方面的重要概念。

2. 将观测值出现的次数 n_i 称为频数，用 n_i 对观测值 x_i 作图，并取间距 $\Delta x = 0.01$，得到如图Ⅰ.3 所示的图像，称为直方图。图中无阴影部分代表 $N = 150$ 时的分布情况，而重叠上的有阴影部分代表 $N = 50$ 时的分布。两组测量数据的观测次数不同，但其分布形态颇为相似。在表Ⅰ.2 和图Ⅰ.3 中，$\Delta x = 0.01$，而观测值为某一值，例如为 7.32 的点为 3，表示观测

表Ⅰ.2 钢球直径的测量结果及统计

观测值(x_i)	出现次数(n_i)		相对出现次数(n_i/N)		概率密度($n_i/N\Delta x$)	
	I(N=150)	I_A(N=50)	I(N=150)	I_A(N=50)	I(N=150)	I_A(N=50)
7.31	1	0	0.007	0	0.7	0
7.32	3	1	0.020	0.02	2.0	2
7.33	8	3	0.058	0.06	5.8	6
7.34	18	6	0.120	0.12	12.0	12
7.35	28	9	0.187	0.18	18.7	18
7.36	34	11	0.227	0.22	22.7	22
7.37	29	10	0.193	0.20	19.3	20
7.38	17	6	0.113	0.12	11.3	12
7.39	9	2	0.060	0.04	6.0	4
7.40	2	1	0.013	0.02	1.3	2
7.41	1	1	0.007	0.02	0.7	2

值介于 7.315 与 7.325 之间出现的次数为 3。间距 Δx 的选择，一般是将这一组测量数值分为 10 ～ 20 个小组比较合适，即 Δx 相当于极差的 1/10 ～ 1/20。

3. 将观测的相对出现次数，即频率 n_i/N 对 x_i 作图，间距 Δx 仍为 0.01，得到两组观测值的直方图(图Ⅰ.4-a)，无论 $N=150$ 还是 $N=50$，图形几乎重合。

4. 如 3 的方法将 $N=150$ 的数据按 n_i/N 对 x_i 作图，但 $\Delta x=0.005$(图Ⅰ.4-a)，所得曲线高度恰为 $\Delta x=0.01$ 时之半。由此可见，n_i/N 与 Δx 成正比。

5. 若以 $n_i/(N\cdot\Delta x)$ 对 x_i 作图，则不论 Δx 如何改变，所得直方图相同(图Ⅰ.4-b)。$n_i/(N\cdot\Delta x)$ 称为概率密度。

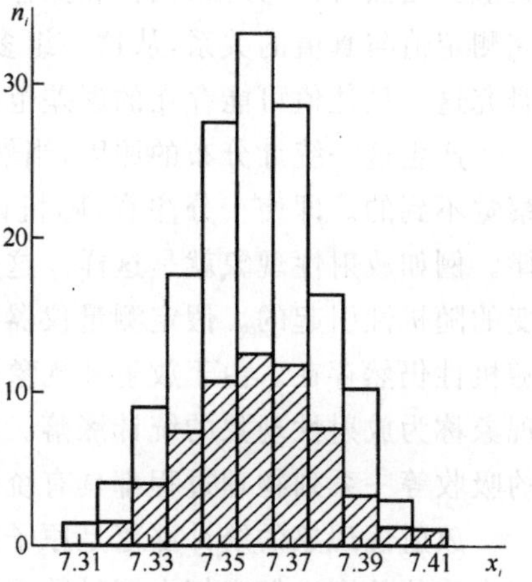

图Ⅰ.3 各间距中 x_i 出现的次数

6. 假若将 Δx 进一步减小到微分量，并令：

$$y=\frac{1}{N}\frac{dn_i}{dx} \tag{1-23}$$

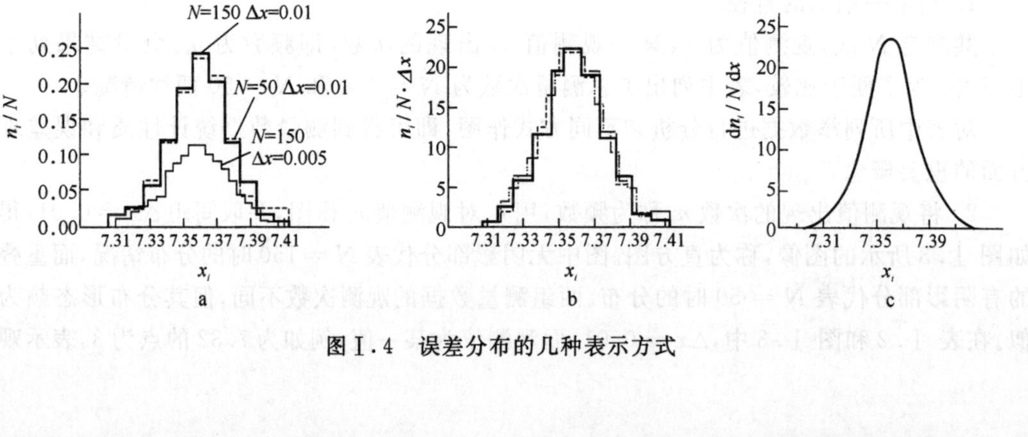

图Ⅰ.4 误差分布的几种表示方式

则得到如图Ⅰ.4-c所示的光滑曲线。其概率密度 $dn_i/(N \cdot dx)$ 的最大值在测量值的平均值处；而且 $dn_i/(N \cdot dx) \sim x_i$ 概率密度曲线在平均值附近左右近似于对称。

在一组测量数据中，任一观测值 x_i 出现的概率等于此观测值出现的次数 n_i 除以总观测次数 N。于是 x_i 出现的概率为：

$$\frac{n_i}{N} = \frac{n_i}{N \cdot \Delta x} \cdot \Delta x \tag{1-24}$$

式(1-24)表示：任一观测值 x_i 出现的概率等于其概率密度乘以取样区间宽度。其物理意义在于：在一组总测量次数为 N 的观测值中，任一观测值 x_i 的概率表示介于 $x_i - \Delta x/2$ 和 $x_i + \Delta x/2$ 之间 x_i 出现的概率。

1.3.2 泊松(S. D. Poisson)分布和高斯(G. F. Gauss)分布

1. 误差的分布特点和数学表达

从前面对数据、图像的讨论分析，我们看到观测数据总是在其平均值附近按一定规律分布。或者说每一次观测值与平均值之间的误差在0附近按一定规律分布。显然，这两种描述方式是完全对等的。这一规律性分布包括以下特点：① 每一次观测值在平均值左右分布，它与平均值之间的误差可大可小。但小误差出现的机会多，所以误差出现的概率与误差本身的大小有关。② 观测值与平均值之间，大小相等、符号相反的误差的数目近乎相等。所以观测值分布的概率曲线对平均值是对称的；而误差分布的概率曲线对 y 轴对称。③ 观测值远离平均值，出现极大的正负误差的概率非常低，即大误差极少出现。

反映这些特点的表达式由泊松提出，即著名的泊松分布：

$$P(x) = \frac{(\bar{x})^x}{x!} \cdot e^{-\bar{x}} \tag{1-25}$$

式中，x 表示观测值；$\bar{x}$ 表示 n 次观测值的平均值；$x!$ 是观测值的阶乘；而函数 $P(x)$ 表示观测值 x 出现的概率。当 $\bar{x}$ 值不同时，泊松分布曲线也不同。不同 $\bar{x}$ 值的泊松分布曲线示于图Ⅰ.5。由式(1-25)可以看出：在 $\bar{x}$ 值较小时，应用泊松分布研究观测值及其误差分布的概率比较方便。但在 $\bar{x}$ 较大时，虽然泊松分布依然正确，但对其中 $(\bar{x})^x$ 和 $x!$ 等项计算困难。

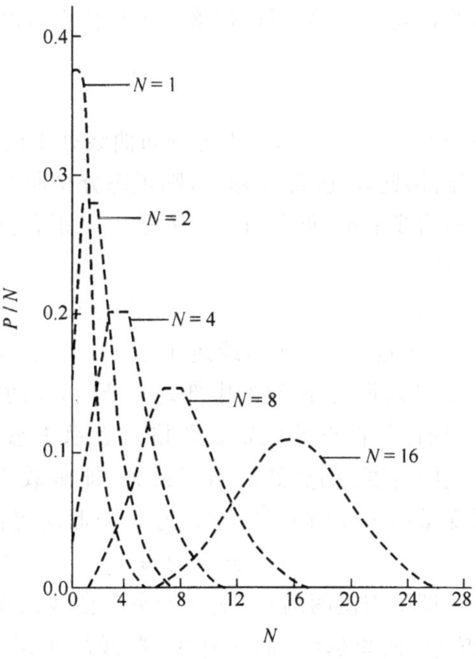

图Ⅰ.5 不同 $\bar{x}$ 的泊松分布

因而习惯上人们常用高斯分布来描述观测值或误差大小的概率。著名的高斯正态分布表达式为：

$$P(x) = \frac{1}{\sqrt{2\pi} \cdot \sigma} \cdot e^{\frac{-(x-\bar{x})^2}{2\sigma^2}} \tag{1-26}$$

式中，函数 $P(x)$—— 观测值 x 出现的概率；σ—— 观测值的标准误差；$P(x)$—— 高斯误差分布定律,也称为误差方程或概率方程。

根据此方程绘出的曲线称为高斯正态分布曲线或误差曲线,简称正态分布曲线。在$x > 10$的情况下,泊松分布与高斯分布已十分接近(图 Ⅰ.6)。式(1-26) 也可写作:

$$P(x) = \frac{h}{\sqrt{\pi}} \cdot e^{-h^2(x-\overline{x})^2} \quad (1\text{-}27)$$

其中,
$$h = \frac{1}{\sqrt{2}\sigma} \quad (1\text{-}28)$$

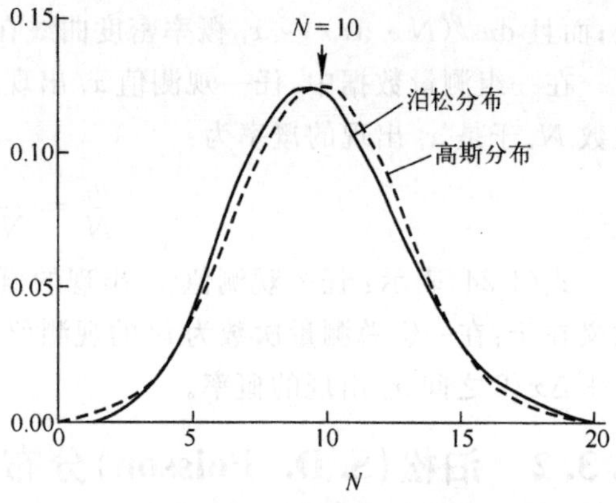

图 Ⅰ.6 泊松分布与高斯分布的比较

1— 泊松分布;2— 高斯分布

在核辐射探测实验中,测量数据一般都较大($x>10$)。所以,常常用高斯分布(正态分布)来研究测量数据误差的分布特点。

2. 精度指数 h 和标准误差 σ 的物理意义

式(1-27)和式(1-28)中,h 称为精确度指数;σ 称为标准误差;由式(1-27) 可以看出:观测值与平均值的差越大,其出现的概率就越小。反之,观测值与平均值的差越小,其出现的概率就越大。当观测值正好落在平均值上,即$(x-\overline{x})=0$时,则:

$$P(x)_0 = \frac{h}{\sqrt{\pi}} \cdot e^0 = \frac{h}{\sqrt{\pi}} = \frac{1}{\sqrt{2\pi}\sigma} \quad (1\text{-}29)$$

即当$(x-\overline{x})=0$时,正态分布曲线处于最高点,达极大值。同时,$P(x)_0$ 与 h 成正比,与 σ 成反比。因此,h 越大,σ 越小,则正态分布曲线的中部升的越高,两侧下降的越快,曲线越窄。反之则曲线平坦(见图 Ⅰ.7)。h 确定了正态分布曲线的极大值,并与之成正比,因此称为精确度指数。

标准误差 σ 直接确定了正态分布曲线的宽度,当 σ 越大时,则曲线越平坦。由图 Ⅰ.7、图 Ⅰ.8 可以看出:曲线的中部是上凸的,而两侧是下凹的。其拐点的位置就严格地表示正态分布曲线的宽度。拐点处的斜率最大,即函数 $P(x)$ 对变量$(x-\overline{x})$的二阶导数为 0,由此解得:

$$(x-\overline{x}) = \pm\sigma \quad (1\text{-}30)$$

即平均值两侧σ处为正态分布曲线的拐点。σ越小,曲线越窄;而 σ 越大,曲线越平坦。σ 越大,则重复测量的观测值就越离散,测量精度也就越低。

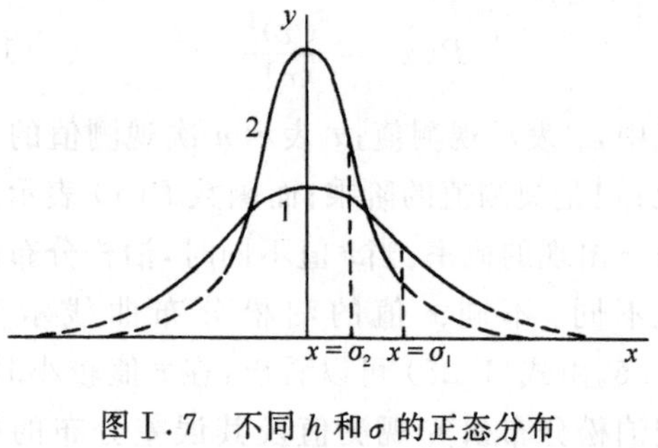

图 Ⅰ.7 不同 h 和 σ 的正态分布

$\sigma_1 > \sigma_2$, $h_1 < h_2$

3. 置信度与误差范围

若以多次测量的平均值$\overline{x}$为准作图,正态分布曲线如图 Ⅰ.8 所示。由此,可以对标准误差 σ 的实际意义作如下描述:

① 任何一个单次测量值 x 与其多次测量平均值$\overline{x}$的误差等于或小于 σ 的概率为 68.3%。

② 任何一个 x 值落入$\overline{x}\pm\sigma$之间的概率即其置信度为 68.3%。

③ 多次测量的 x 值中，有 68.3%的值介于$\overline{x}\pm\sigma$之间。

④ 在$\overline{x}\pm\sigma$区间内，高斯分布曲线下的面积占整个分布面积的 68.3%。

同样，单次测量值 x 落在$\overline{x}\pm2\sigma$之内的概率为 95.4%；落在$\overline{x}\pm3\sigma$内的概率为 99.7%；落在$\overline{x}\pm4\sigma$内的概率为 99.9%。若落在某一区间的概率为正态分布曲线下面积的一半，即 50%，则其宽度为$\overline{x}\pm0.67\sigma$。$0.67\sigma$即概率误差。表Ⅰ.3 表示置信度与误差范围之间的关系。

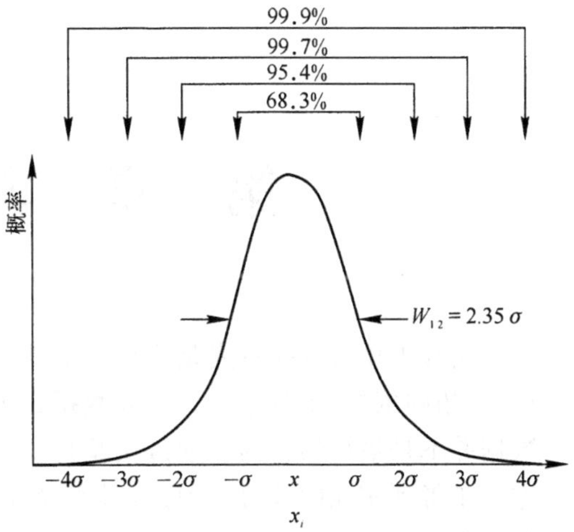

图Ⅰ.8 正态分布中 σ 的实际意义

表Ⅰ.3 置信度与误差范围

符号	术语	置信度/%	概率
0.67σ	概率误差	50	1/2
σ	标准偏差 σ	68.3	7/10
2σ	2 倍 σ	95.4	19/20
3σ	3 倍 σ	99.7	997/1 000
4σ	4 倍 σ	99.9	999/1 000

在实际的工作中若进行单次测量，在排除系统误差和过失误差的情况下，测定值 x 与总体平均值 μ 之间存在一定误差 σ。为了使这一误差尽可能地减小，就必须进行多次测量，求得其 n 次测量的平均值 $\overline{x}$。$\overline{x}$ 具有标准差 $\sigma_{\overline{x}}$：

$$\sigma_{\overline{x}} = \frac{\sigma}{\sqrt{n}} \tag{1-31}$$

即 n 次测量的平均值仍然存在一定的标准误差。反过来说，真值或者最接近真值的总体平均值 μ 应落在 n 次观测值周围一定范围内。若满足这一条件，则认为测定值是可靠的，合理的。若 μ 落在这一范围之外，则测定值不能接受。

第二章　测量数据的处理

实验工作的成果首先是实验数据的原始记录，它是认识客观事物、分析研究和进行推论、开拓的依据，十分重要。实验数据必须准确、清晰、有条不紊。同时必须注意到取得实验数据并不是最终的目的。通过实验是要去认识事物的本质，研究事物发展的趋势和规律，并进一步得到实践的检验。因此，对实验数据必须进行处理，突出其变化规律，便于自己进一步研究和他人评判。

在绪论中已经再三强调原始记录的重要性和必须遵守的规则，在此基础上讨论数据的处理方法。

2.1　有效数字

2.1.1　有效数字的意义

一个测量数据，所取小数点后面的位数的多少并不能表示测量精度的高低，更不能认为测量和计算中保留小数点后面的位数越多，结果就越精确。实际上，小数点的位置并不是决定精确度或准确度的标准，而只与所用单位的大小有关。例如用最小刻度为 mm 的直尺测量去掉笔帽的钢笔的长度，尽可能地将笔的尾端对准直尺的起点，笔尖所对的位置为 11.80 cm。笔尖正好在毫米刻度线上，用肉眼估计不出是多一点还是少一点。所以读数中 11.8 是可靠的，而后面的 0 是估计的，但它不会差的太多。若再次测量，在末位数上最多差一个单位，即得到 11.81 cm 或 11.79 cm。这种情况认为这个数据的有效数字是 4 位，包括其中的最后一个 0 在内。若改变测量单位，用 m 做单位，则可表示为 0.118 0 m；用 mm 做单位，则为 118.0 mm，其有效数字的概念都是明确的。若以 μm 为单位，则为 118 000 μm，其有效数字的概念就不明确了，因为不知道后面的三个 0 中哪些是测量或估计得到的有意义的数字，哪些是由于所取单位不同引入的、表示小数点位置的数字。在这种情况下，用 10 的若干次方表示这支笔的长度为：1.180×10^{-1} m；1.180×10^{2} mm 或 1.180×10^{5} μm 等。这样他们的意义和有效数字位数都相同，不会混淆。同时应该注意，1.180 中最后这个 0 是估计的，是最小刻度的十分之一位，是有效数字，不能舍弃。若记做 1.18 则只有三位有效数字，表示最后一位 8 是估计值，可能有一个单位的变化。这不正确，因为这与实际情况不符。

2.1.2　有效数字的分类

有效数字可以分为以下几类：

1. 数目

在科学实验数据的统计中，常有用到一些数目的情况。如参加某一工作的人数，某一群体中个体的个数，测量的次数等。不论谁来数，在什么时候，用什么方法来数，只要排除数错（过失误差）都应该是一样的，是准确的，因而它的有效数字可以认为是无限的，在运算中需要多少位就可以写多少位。

2. 常数

有些常数代表一个准确值，如$\sqrt{2}$，π，1/2，e…，其计算值可能是无限位的，如 e＝2.718 281 828 459 045…；也可能是有限位的，如 1/2＝0.5，但它们都是完全准确的，其有效数字可以认为是无限的，计算中需要多少位就可以用多少位。

3. 测量数据

这一类数字是由测量取得的。其最后一位或两位是由估计得来的，必然包含一定的误差。如前面所举的例子：这支笔的长度为 11.80 cm，其中的十位数、个位数和十分位数都是可靠的；百分位数是估计的，准确到最小刻度的 1/10，具有较大的误差；而要读出千分位数是不可能的。其有效数字只应保留一位不准确值，即十位数、个位数、十分位数和百分位数（估计值），共计 4 位有效数字。若再次测量，其读数都在 11.80 附近，在百分位上差一个单位。

4. 数字 0

0 是一个特殊数字。在测量数据中，它可以是有效数字；也可以不是有效数字，只用来表示小数点所处的位置。如称量一批样品的重量为：3.005 0 g，2.208 7g 等，其中的 0 都是有效数字，有效数字都是 5 位。而表示为 0.003 005 0 kg 或 0.002 208 7 kg，前面的三个 0 都是用来表示小数点所在位置，只与所用单位有关，不是有效数字。它们的有效数字仍然是 5 位。

2.1.3 有效数字的运算

在数据处理中，参加运算的常是一些精确度不等，有效数字位数不同的数值。这时，必须按一定法则进行运算。一方面不能因减少有效数字的位数，降低运算结果的精度；另一方面又不要取过多的位数，增加工作量，甚至因计算繁杂而引起错误。这些运算法则包括：

① 记录测量数据时，只保留一位可疑数字。读数时估计到最小刻度的 1/10。

② 除另有规定外，可疑数字表示末位上±1 个单位，或下一位有±5 个单位的误差。

③ 在有效数字确定之后，观测值和计算值中多余的位数一律舍弃。凡末位数以后的数小于 5 的一律舍弃不计；大于 5 的进入末位上增加 1；等于 5 时，看末位为偶数时则舍弃不计，若为奇数则末位加 1，使之成为偶数。这一进位法则用“4 舍 6 入 5 双单”或“4 舍 6 入 5 凑偶”的口诀表示。

④ 计算有效数字时，若有效数字的第一位数大于或等于 8，则有效数字可多记一位。如 7.07 和 8.15，9.18，它们的有效数字实际上都是 3 位。前者只能按 3 位计算；而后面两个数值可作 4 位有效数字参加计算。

⑤ 在加减计算中，计算结果所保留的小数点后的位数，应与给定的各数在统一单位后小数点后位数最少的相同。

⑥ 在乘除运算中，各因子保留的位数，应以百分误差最大或有效数字位数最少的为标

准。所得积或商的精确度不应大于精确度最小的那个因子。

⑦ 在对数计算中，所取对数的位数应与真数的有效数字位数相等。

⑧ 计算平均值时，若是4个数或超过4个数取平均值，则平均值的有效数字可以比原数增加一位。

⑨ 在计算中用到常数及乘子，如e，π，$\sqrt{2}$，1/2等，其有效数字的位数可认为无限，需要多少位就写多少位。即计算结果的有效数字位数不受这些常数的影响。

⑩ 表示精确度时，一般只取一位有效数字，最多两位。因为精度是一个统计概念，表示数据的变化范围，不必要也不可能非常精确。

2.2 可疑观测值的舍弃

在实验工作中，常发现个别观测值远离多次观测的平均值，或者与已有的观测值相差甚大，若采用这个数据参加计算，将会大幅影响测量结果。在这种情况下，将这些数据轻易地舍弃，这显然是不合适的。实验工作中测定的观测值会在以标准误差表示的一定范围内分布，出现大误差的概率很低，但仍然可能出现。因而不能轻易地舍弃某些数据，必须进行判别，妥善处理。

2.2.1 可疑值的初步判断

在发现某一次观测值与已有的观测数据相差较大时，例如，大于标准差σ的2倍，则需要加以注意。因为误差大于2σ的观测值出现的概率只有5%。检查的内容主要包括：① 测试样品有无污染、损失，测量几何条件是否正确；② 仪器工作是否正常；③ 电源及周围环境、温度、湿度是否在正常范围内；④ 操作、读数、记录是否有误等等。若这些方面都没有发现问题或差错，则只有根据误差理论对数据的可靠性进行判断，再决定数据的取舍。

2.2.2 肖文特(W. Chauvenet)舍弃判据

肖文特标准认为：设在n个数据中，某一读数x_i与平均值的误差dx_i。产生的概率小于$1/2n$时，则这一读数x_i可以舍弃。根据这一原则，某些大误差仍在随机误差范围内，不能舍弃。可以进行多次测量，根据统计规律，则可能出现反方向的数值相近的大误差。

肖文特判据的具体计算方法如下：

① 计算观测值（包括可疑值在内）的平均值和单次测量值的标准误差σ或概率误差γ；

② 计算可疑值的误差$dx_i = x_i - \overline{x}$；

③ 计算dx_i/σ或dx_i/γ；

④ 根据观测次数n从表Ⅱ.1上查得舍弃标准值；

⑤ 若dx_i/σ或dx_i/γ大于舍弃标准，则观测值x_i应舍弃。

若发现测量数据中不止一个可疑数据，则应先按上述步骤舍弃dx_i最大的一个数据x，然后重新计算$\overline{x}$和σ，再次采用该判据。

表Ⅱ.1 肖文特数值舍弃标准

n	dx/σ	dx/γ	n	dx/σ	dx/γ
5	1.68	2.44	20	2.24	3.32
6	1.73	2.57	22	2.28	3.38
7	1.79	2.68	24	2.31	3.43
8	1.86	2.76	26	2.35	3.47
9	1.92	2.84	30	2.39	3.55
10	1.96	2.91	40	2.50	3.70
12	2.03	3.02	50	2.58	3.82
14	2.10	3.12	100	2.80	4.16
16	2.16	3.20	200	3.02	4.48
18	2.20	3.26	500	3.29	4.88

可疑值的舍弃标准亦可简化为：

① 除可疑值外，将其余数值加以平均；

② 如可疑数值与平均值之差大于 3σ，则舍弃此观测值。

2.3 误差的传递

2.3.1 单次测量值的误差

在一般的物理测量中作单次测量很难直接指出其所包含的误差。因为一个观测值的误差，必须与真值或多次测量值的平均值相比较，才能给出其标准误差分布的概念。但在核辐射测量方法中，测量值常常是以累计计数 N 来表示，而每次累计计数及其标准差又是独立的，随机的。所以常用标准计数误差 σ_N 来表示其计数的涨落，σ_N 表示为：

$$\sigma_N = \sqrt{N} \tag{2-1}$$

由于累计计数等于计数率 I 与计数时间 t 的乘积，于是

$$\sigma_N = \sqrt{N} = \sqrt{I \cdot t} \tag{2-2}$$

那么，其相对计数误差或称变异系数 K_N 为：

$$K_N = \frac{\sigma_N}{N} = \frac{1}{\sqrt{N}} = \frac{1}{\sqrt{I \cdot t}} \tag{2-3}$$

2.3.2 多次(n 次)单独测量平均值的误差

求取 n 次单独测量值的总和 $\sum x$。

$$\sum x = x_1 + x_2 + x_3 + \cdots + x_n$$

由于 $x_1, x_2, \cdots, x_n$ 都是分别、单独测定的独立变量，而且 $\sigma_{xi} = \sqrt{x_i}$。

所以 $\sigma_\Sigma^2 = \sigma_{x_1}^2 + \sigma_{x_2}^2 + \sigma_{x_3}^2 + \cdots + \sigma_{x_n}^2 = x_1 + x_2 + x_3 + \cdots + x_n = \sum x$

于是
$$\sigma_{\Sigma} = \sqrt{\sum x} \tag{2-4}$$

此式表示：多次测量值的标准误差，与独立测量的全部时间内进行一次测量的标准误差相同。若取多次测量的平均值$\overline{x}$，则

$$\overline{x} = \frac{\sum x}{n}$$

根据式(2-4)，

$$\sigma_{\overline{x}} = \sigma_{\Sigma}/n = \frac{\sqrt{\sum x}}{n} \tag{2-5}$$

实际上，单次测量 x_i 与平均值$\overline{x}$ 不会相差太大，即$\overline{x} \approx x_i$，于是

$$\sigma_{\overline{x}} = \frac{\sqrt{nx}}{n} = \frac{\sqrt{x}}{\sqrt{n}} \tag{2-6}$$

即要精确度提高 1 倍，则要用 4 倍的时间进行测量。

2.3.3 和与差的误差

由数学上可以证明：如果 u 是任意个独立变量 $x,y,z,\cdots$ 的函数，并且这些独立变量的标准误差都较小，同时为正态分布，表示为 $\sigma_x,\sigma_y,\sigma_z,\cdots$，则函数的导出量 u 的标准误差的通式为：

$$\sigma_u^2 = \left(\frac{\partial u}{\partial x}\right)^2 \cdot \sigma_x^2 + \left(\frac{\partial u}{\partial y}\right)^2 \cdot \sigma_y^2 + \left(\frac{\partial u}{\partial z}\right)^2 \cdot \sigma_z^2 + \cdots \tag{2-7}$$

此公式称为误差传递公式。它在各种情况下都适用，但其中 $x,y,z\cdots$ 必须是真正的独立变量，以避免相关效应。

对于和与差的情况：

$$u = x + y \quad 或 \quad u = x - y$$

于是
$$\frac{\partial u}{\partial x} = 1 \quad 和 \quad \frac{\partial u}{\partial y} = \pm 1$$

根据式(2-7)，

$$\sigma_u^2 = (1)^2 \cdot \sigma_x^2 + (\pm 1)^2 \cdot \sigma_y^2$$

即
$$\sigma_u = \sqrt{\sigma_x^2 + \sigma_y^2} \tag{2-8}$$

同理可得积或商的误差，见表Ⅱ.2。

表Ⅱ.2 误差传递的演算公式

算式	标准差	相对标准差
X	σ_X	σ_X/X
Y	σ_Y	σ_Y/Y
$X \pm Y$	$\sqrt{\sigma_X^2+\sigma_Y^2}$	$\sqrt{\sigma_X^2+\sigma_Y^2}/(X \pm Y)$
$X \cdot Y$	$X \cdot Y\ \sqrt{(\sigma_X/X)^2+(\sigma_Y/Y)^2}$	$\sqrt{(\sigma_X/X)^2+(\sigma_Y/Y)^2}$
X/Y	$X/Y\ \sqrt{(\sigma_X/X)^2+(\sigma_Y/Y)^2}$	$\sqrt{(\sigma_X/X)^2+(\sigma_Y/Y)^2}$

2.4 实验数据的处理方法

2.4.1 列表法

列表法是展示实验结果最常用的方法之一。它能比较准确的表明各种物理量之间的关系。通过数据对比，可以检查其变化规律是否合理，及时发现问题和及时检查，以便得出正确的结论。

列表法要注意以下几点：

① 写明表的序号和表题，说明是什么表，表示哪些物理量之间的关系。

② 在标题或表中表目处列出各物理量的名称和单位。切勿在表内数字后面一一写上单位。

③ 有计算结果时，也可以列在表中，以便及时了解测量结果的正确性；

④ 列出备注栏，以便对观察到的现象加以说明。

⑤ 表内线条不宜过多，数字位数要对齐。

例如，在测定玻璃对 γ 射线的吸收系数时，可以列表，如表Ⅱ.3 所示。

表Ⅱ.3　玻璃对^{137}Cs 0.662 keV γ 射线的吸收

顺序	1	2	3	4	5	6	7	8	9	$\bar{\mu}$
玻璃厚度 d_1/mm	0	4.87	9.66	14.44	23.96	33.52	47.96	62.29	76.78	
I(n/100″)	9 052	8 379	7 838	7 235	6 196	5 171	4 139	3 142	2 445	
$(I_0/I)_1$	/	1.080 3	1.154 9	1.251 1	1.460 9	1.750 5	2.187 0	2.881 0	3.702	
μ_1/mm^{-1}	/	0.015 9	0.014 9	0.015 5	0.015 8	0.016 7	0.016 3	0.017 0	0.017 0	0.016 1
d_1/mm	9.66			19.08			28.82			
$(I_0/I)_2$	1.154 9			1.399 1			1.693 0			
μ_2/mm^{-1}	0.014 9			0.017 6			0.018 2			0.016 9
d_1/mm	14.44				52.82					
$(I_0/I)_3$	1.251 1				2.534 2					
μ_3/mm^{-1}	0.015 5				0.017 6					0.165

2.4.2 作图法

作图法也称为图解法。这是用图形表示实验成果。它具有清晰、直观、一目了然的特点，能清楚表明数据变化的趋势。

作出一张正确、实用、清晰、美观的图件，可以帮助我们清楚展示实验结果，也是实验物理工作者技能培养的重要方面，在今后的实际工作中有重要意义。

作图应遵循以下规则：

1. 选用合适的坐标纸

这包括两个方面。坐标纸有直角坐标纸、单对数坐标纸、双对数坐标纸和极坐标纸等

(见图Ⅱ.1)。首先要选用能方便反映数据变化的实质、图形比较简单的坐标纸;其次是坐标纸的尺寸适中,能清楚表现数据的变化,而边长之比大约为 2∶3,接近黄金分割。

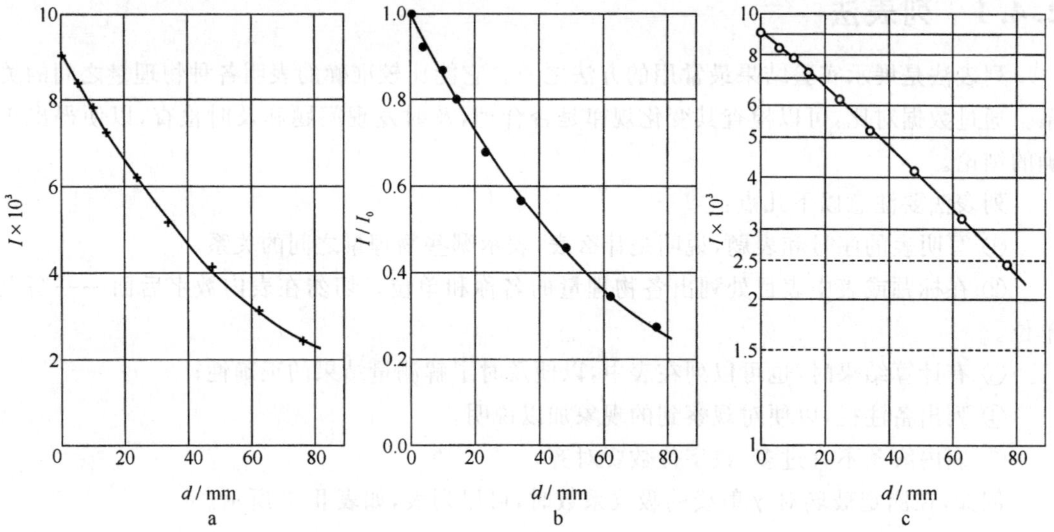

图Ⅱ.1 玻璃对 γ 射线的吸收

a—按计数率作图;b—按比值作图;c—在单对数坐标纸上作图

2. 确定坐标系

一般选横坐标为自变量(如上表的玻璃厚度)纵坐标为因变量。

3. 标注

第一在图的下方标明图号、图名,标明图的内容。第二标明坐标轴标度、单位,使坐标纸的最小分度与有效数字的最后一位相对应。第三是起始点和方向。坐标的起始点不一定是 0 点,比例也不定是整数。在直角坐标系中每厘米代表的数目可以是 1,2,5,10,20 等,使画出的图形在整张图上大致居中,主要曲线部分大致成 45°分布。

4. 标数据点

将测量数据与对应的自变量标在坐标纸上,用削尖的硬铅笔(如 H,2H)在坐标纸上画"+"字。"+"的交叉点应该是数据的准确位置。若一张纸上有几条曲线,可以分别用不同的符号标明。

5. 标明误差或不确定度

在一般情况下,主要标明测量数据的不确定度。即在数据的垂直方向上画一条直线,其长度为坐标系上不确定度的范围。

6. 连线

对于线性变化的实验结果,可以用透明直尺连线。反复移动直尺,使测量点在直尺边缘两边靠近、均匀分布,再用细硬铅笔连出直线。

对于曲线变化的实验结果,则用曲线板连接,一般采用"连四画三"或"连五画三"的方法画出光滑的曲线。即挪动曲线板,使相邻四个点或五个点处在曲线板的边缘上,但只用细硬铅笔连接中间的一部分(3 个点),然后再挪动曲线板,逐次画出光滑、均匀、连贯的曲线。

7. 备注

说明工作条件及其他关注的信息。

2.4.3 解析法

1. 解析法的实质

用数学解析方法来处理实验数据,求取表征实验数据图像的方程和参数。

2. 求线性方程的斜率

当实验结果与自变量是线性变化,在图像上是一条直线。在平滑直线(考虑到实验点的误差,所以取经过平滑的直线)上取相距较远的两点 $1(x_1,y_1)$,$2(x_2,y_2)$;由于

$$y = a + bx \tag{2-9}$$

于是

$$b = \frac{y_2 - y_1}{x_2 - x_1}$$

自变量和因变量是有单位的,它决定斜率 b 的单位。

3. 求线性方程的截距

所谓截距,是实验曲线在纵轴上的交点 a,若横坐标的起始点为 0,在确定直线方程后,当 $x=0$,$y=a$。若横坐标起始点不为 0,则截距 a 可以由式(2-9) 得到:

$$a = \frac{x_2y_1 - x_1y_2}{x_2 - x_1} \tag{2-10}$$

4. 数据外推

在确定直线方程之后,可以根据方程推算实验范围以外的数据。这对扩展实验成果和预测进一步实验时数据的趋势走向有很重要的作用。但这必须是在确认其变化趋势是线性或接近线性变化才能进行。并且自变量外推的范围不能太大,否则可能得出错误的估计。

5. Excel 软件的应用

目前,计算机上都装有 Excel 软件,调用 Excel 软件可以方便的处理实验数据。

将实验数据的自变量和因变量分别输入 Excel 的表格中,给出作图指令,按规定作图方式选定计算项目就可以直接得到实验数据的图形、拟合方程和相关系数等一系列参数。

在实验过程中,建议学生先用手工方法计算、作图,了解数据处理的实际过程,然后再学习用计算机处理数据。否则,难以达到学习和锻炼实际工作能力的目的。

2.4.4 函数线性化和曲线改直

在多数情况下,实验结果都不是线性函数关系,这给实验数据的处理和展示带来一定困难。若将实验数据的函数关系加以变换,使之成为线性函数,同时其图像也表现为直线。将给数据处理和展示带来方便。

例如:$y^2 = px$,其中 p 为常数,这是典型的二次曲线。若将其改写为 $y = \sqrt{px}$,以$\sqrt{x}$ 为自变量,坐标系横轴取$\sqrt{x}$,其斜率是$\sqrt{p}$,则得到一个线性函数关系和一条直线的图像。

又如 $pV = C$,其中 C 为常数,V 值随 p 变化。若将上式改写为 $V = C \cdot \frac{1}{p}$,并以 $1/p$ 为

自变量,则得到同样是一个线性函数关系和一条直线。

在表Ⅱ.3和图Ⅱ.1中,表示玻璃对γ射线的吸收函数关系,是一条指数衰减曲线。这种指数函数关系在核辐射测量中经常见到。它可以表示为:

$$I = I_0 e^{-\mu x} \tag{2-11}$$

其中,I_0,μ 在这一特定情况下是定数,x 是自变量,I 是因变量。若将函数改写为:

$$\ln(I/I_0) = -\mu x \tag{2-12}$$

则自变量 x 与因变量 $\ln(I/I_0)$ 保持线性函数关系。若用单对数坐标纸作图,纵轴取因变量 I 对数坐标,横坐标取自变量 x 线性坐标,得到的是完全一样的结果。由直线的斜率,就可以计算玻璃对 662 keV γ 射线的吸收系数 μ。

2.4.5 逐差法

当实验结果是由多次实验逐步完成时,其实验的最终成果常常是多次测量结果的平均。在计算过程中,可以用起始和最终测量数据进行计算,也可以用每次实验数据分别计算。

如表Ⅱ.3中所列数据,根据γ射线在物质中的吸收规律,可以写出:

$$I = I_0 e^{-\mu x} \tag{2-13}$$

前面已经讲到,I_0,μ 是定数,而 I 随 x 的变化而变化。在测定 I_0,I 和 x 的情况下就可以计算出普通玻璃对 662 keV γ 射线的吸收系数 μ。

$$\mu = -\frac{1}{x}\ln\left(\frac{I}{I_0}\right) = \frac{1}{x}\ln\left(\frac{I_0}{I}\right) \tag{2-14}$$

若 x 选用多片玻璃的总厚度,根据测得的 I_0 和 I 计算 μ 最为简捷。但是 I 和 x 的误差将直接影响 μ 的计算结果。若将各片玻璃测量的数据分组分别计算,一片玻璃一组,或两片、几片一组分别计算,所得数据求平均得到 μ 值,这样就达到从大量数据中求平均,减少单个数据计算引入的误差(见表 Ⅱ.3)。

第三章　实验室总体布置

核辐射探测和核技术应用实验室的主要任务是创造一个较典型的条件，让学生学会进行核辐射测量和应用核技术方法完成某些科学研究、生产实践中提出的任务，以及验证理论知识的正确性。要进行核辐射探测实验就必然要使用放射源，核辐射探测器和核信息处理、分析、记录仪器。主要由这些设备组成的核辐射探测实验室，根据不同的条件和工作重点，也可以有不同的安排。这里列出几种可行的配置，以便不同实验室在不同条件下参考。

3.1　常规的核辐射探测实验室布置

通常的核辐射探测实验是用一套设备单独进行实验，包括放射源、实验装置、探测器、核信息传输处理和记录系统。其连接框图如图Ⅲ.1 所示。

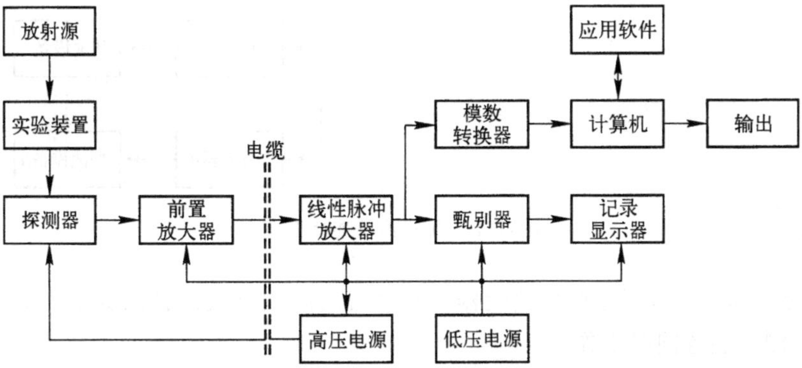

图Ⅲ.1　核测量仪器框图

通常情况下，放射源、探测器及配套的高压电源、前置放大器和主放大器是必不可少的。低压电源提供各部件工作电压；高压电源经置于前置放大器盒中的负载电阻再加到探测器上。其他实验装置则根据不同的实验目的而具体配置。记录设备则根据需要，可以使用模数转换器(ADC)和微型计算机组成的多道谱仪测定相应的射线谱或者经甄别器或单道脉冲幅度分析器从探测器获取的核信息中筛选一部分感兴趣的信息由定标器记录；也可以用计数率表直接记录其计数率。计数率表比较直观，显示及时；同时与生产线上常用的自动记录仪的原理相同，虽然测量精度较低，但对开阔学生的眼界有好处。

但是，这种常规装置在实验室使用有 3 个较严重的缺点：

① 每套设备需要一组放射源、探测器及其配套设备，而探测器和放射源常常是设备中价格最贵的部分。因此，实验室建设费用较大。

② 放射源是一种“高危”设备，可能造成毒害和辐射污染。使用多个放射源给管理工作带来困难。

③ 在实验工作中，放射源需要移动或改变屏蔽状态，可能造成各实验组之间的相互干扰，引入不必要的误差。

3.2 信息共享网络

为了消除使用多个放射源引入的弊病，我们提出了“信息共享”的设想，并已付诸实施，效果良好。

所谓“信息共享”就是将一组放射源一探测器所获取的核信息，经“共享器”阻抗变换以后，分别传送到各个实验组进行信号处理和记录。其连接框图如图Ⅲ.2所示。

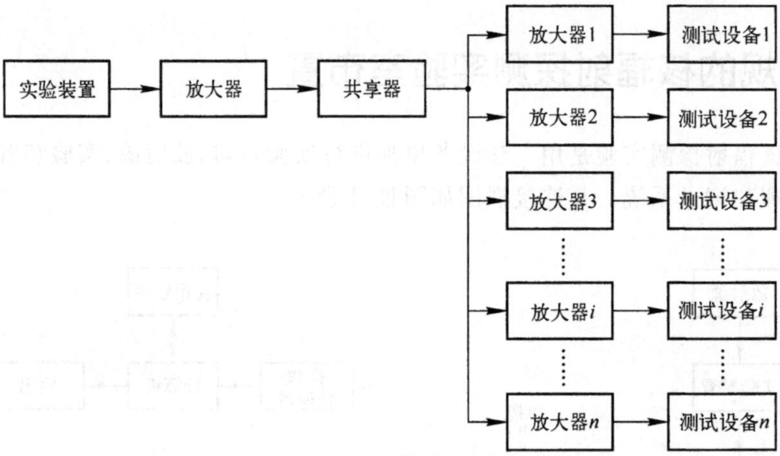

图Ⅲ.2 共享器及连接框图

当信号幅度甚小时，可在前置放大器与共享器之间加一级线性放大器。共享器可带动16组放大一测量装置同时工作。

使用共享网络，解决了需要多个放射源和探测器所带来的问题；节约了实验室的建设经费。放射源管理也比较容易。更重要的是克服了实验过程中各组之间的辐射干扰，使实验数据更加可靠。

3.3 放射源

3.3.1 综述

放射源是核辐射实验中必不可少的设备，可以用多种方法产生各种射线，以激发待测核素的原子核及核外电子，或者在原子或电子上吸收、散射，从而测定物质的化学组成和物理特征。放射源从本质上或工作原理上可以分为：放射性核素源、X射线管、加速器和核反应堆等。从射线种类分有α射线源、β射线源、γ射线源、X射线源和中子源等。从用途上可以分为激发源、能量刻度源、含量刻度源、照射量率刻度源和效率刻度源等。而从结构上可以分为点源、面源、环源、密封源、开放源(裸源)和组合源等。这些分类显然不是绝对的。同一个源可以有多种用途,可以归入不同的类型,甚至可以兼有不同的功能。

放射源的选择对实验的进行和实验效果至关重要。在实验室只能使用一些小型的、使用方便的弱放射源。现在,对一些最常用的、有代表性的放射源就其特点、用途做简要介绍。

3.3.2 放射性核素 γ—X 射线源

1. 放射性核素激发源

主要是一些能够发射较强的、能量适合于激发元素特征 X 射线的核素。常见的核素列于表Ⅲ.1,供参考。

表Ⅲ.1 常用放射性核素源的主要参数

核素	半衰期	衰变类型	能量范围/keV	产额(光子/衰变)	参考活度(10^5 Bq)	激发元素范围 *K* 系	激发元素范围 *L* 系
^{55}Fe	2.6a	ε(X)	5.898; 6.5(Mn*K*)	0.25	200～1 000	17～23	40～58
^{210}Pb	22 a	β(X)	10.8;13.0; 15.2;(Bi*L*) 46.5(γ)	0.24 0.04	400～1 000	24～31	55～79
^{238}Pu	87.7 a	α(X)	13.6;16.4; 17.2; 20.2(*UL*) 43.5; 99.9(γ)	0.130 0.001	400～1 500	24～35	70～92
^{109}Cd	453 d	ε(X,γ)	2.98; 3.35(Ag*L*) 22.16; 24.95(Ag*K*) 88.03(γ)	0.016 1.01 0.04	40～200	14～17 26～44 50～81	70～92
^{241}Am	433 a	α(X,γ)	11.89-20.7(Np*L*); 26.35(γ) 33.2; 43.5(γ) 59.54(γ)	0.18 0.025 0.358	100～200 (4 000)	24～38 35～69	70～92
^{57}Co	270 d	ε(X,γ)	6.4; 7.1(Fe*K*); 14.4(γ); 121.9(γ) 136.3(γ)	0.48 0.08 0.85 0.11	100～200	20～24 67～92	
^{3}H/Ti	12.3 a	β(β-X)	4.5; 4.9(Ti*K*) 连续谱最大值 18.6	10^{-4}～10^{-5}	10^4～10^5	13～21	37～52
^{147}Pm/Si	2.62 a	β(β-X) 韧致辐射	38.1; 45.4(Pm*K*, Sm*K*) β连续谱 最大值能量 225	2×10^{-3}	10^4	25～56	

2. γ—X 射线能量刻度源

各种核素在衰变过程中或核外电子受激时，会发射一定能量的 γ 射线或 X 射线。由于原子核和原子结构的同一性，这些能量是一定的，可以用来对仪器进行能量刻度，确定射线能量与脉冲幅度或道址的关系。

a. 放射性核素刻度源。作为能量刻度源，首先是发射的射线能量已知、稳定；其次是能量合适，准单色，能够覆盖测量能量的范围；最后是半衰期较长，使用方便。常用的 γ 能量刻度源列于表Ⅲ.2。

表Ⅲ.2 常用 γ 能量刻度源

核素	衰变方式	半衰期	能量/MeV	产额	备注
^{55}Fe	ε	2.6a	0.005 9	1.0	MnK_α
^{241}Am	α	433a	0.026 4 0.059 54	2.5×10^{-2} 3.59×10^{-1}	含子体 NpLX
^{109}Cd	ε	453d	0.088	3.9×10^{-2}	
^{57}Co	ε	270d	0.014 0.122 1 0.136 5	9.7×10^{-2} 8.52×10^{-1} 1.11×10^{-1}	
^{139}Ce	ε	137.5d	0.165 8	8.0×10^{-1}	
^{113}Sn	ε	115.2d	0.394 1	1.0	
^{137}Cs	β	30.17a	0.661 6	8.51×10^{-1}	含子体 Ba KX
^{88}Y	ε	108d	0.898 0	9.14×10^{-1}	
^{60}Co	β	5.26a	1.173 1.332	9.986×10^{-1} 9.986×10^{-1}	
^{40}K	ε β	1.26×10^{9}a 同位素丰度 0.011 8%	1.461	1.1×10^{-1}	天然存在

b. X 射线刻度源。各种元素在放射源的激发下会发射能量一定的特征 X 射线。其能量十分稳定。可以作为能量刻度标准。试样用纯元素或其化合物(常用在空气中稳定的氧化物、氟化物)加黏合剂制成片状即可。根据能量测量范围选定元素；而激发源能量与选定元素的吸收限相适应。

3.3.3 α 射线源

α 射线源是将一些 α 辐射体附着在基片上，作为 α 射线的测试源。由于 α 射线的穿透能量很弱，活性层必须很薄，防止自吸收；同时表面不能覆盖。这些放射性核素多为剧毒性物质，因此必须注意保护，切勿触摸、刻画。最常用的有：

1. ^{241}Am α 面源

将^{241}Am 电镀在导电良好的金属基片上，制成薄层 α 面源。^{241}Am α 辐射体的半衰期为 433a，可以长时间使用。发射一组复杂谱 α 射线，主要有 5.486 MeV（占 82.5%）、5.443 MeV（占 12.8%）；5.387 MeV（占 1.6%），其余能量的 α 射线都较弱。

2. 纯铀 α 面源

在实验室，可以将铀的化学试剂制成溶液，滴在有机玻璃片上自然干燥。上面盖上有孔的厚度为 1 mm 的有机玻璃片，限制其有效面积并起保护作用，制成 α 面源。得到^{238}U 的 4.185 MeV 和^{234}U 的 4.756 MeV 两种能量的 α 粒子。

3.3.4 β 射线源

有多种放射性核素是 β 辐射体。但是要得到没有强 γ 干扰的、半衰期较长的 β 射线源比较困难。实际上可供实验使用的只有^{147}Pm。它常用于 β 吸收法测厚中。^{147}Pm 为 β 辐射体，衰变为^{147}Sm。连续谱最大能量为 225 keV，伴有 121.2 keV 的 γ 射线，但产额很低，仅 4×10^{-6}光子/衰变，可以认为是比较“干净”的 β 射线源。

^{147}Pm 还可以与 Al、Si、Zr 等组成 β—X 射线源或 β 韧致辐射源，作为 X 射线激发源使用（见表Ⅲ.1）。

3.3.5 中子源

在实验室进行中子探测或中子活化实验必须使用中子源。但是，在一般情况下实验室不可能建立加速器或核反应堆。常利用重核自发裂变或（α，n）核反应产生中子。

1. ^{252}Cf 自发裂变中子源

超铀核素多有自发裂变（SF）并发射中子的趋势。但一般分支比都很小。只有^{252}Cf 的 SF 分支比达 3.2%，中子产额为 1.19×10^{-1} n/（s·Bq）；并可以在反应堆中经多次吸收中子进行 β 衰变大规模生产，具有实用价值。

^{252}Cf 为极毒性核素，并兼有中子、α 和 γ 三种粒子发射。在辐射防护方面要特别注意。

2. （α，n）中子源

当 α 射线与低原子序数稳定核素靶核作用时，可能产生核反应。轻元素靶核常采用^{9}Be。因为铍的（α，n）反应中，中子产额最高，其核反应式为：

$$^{9}_{4}\mathrm{Be}+\alpha\longrightarrow {}^{12}_{6}\mathrm{C}+{}^{1}_{0}\mathrm{n}+5.701\ \mathrm{MeV}$$

α 源选用半衰期长，中子产额高而伴生 γ 射线照射量率低的核素。常用的（α，n）中子源列于表Ⅲ.3。

显然，从半衰期、中子产额、γ 射线照射量率和价格等因素考虑，首选的应该是^{241}Am-Be 和^{238}Pu-Be 中子源。

这些（α，n）中子源的中子产额一般在 10^{-4} n/（s·Bq）量级。若要获得中子强度为 10^{8} n/s 的中子源，则需要活度为 10^{12} Bq 的放射性核素。这显然是一个巨大的、危险的数值。因此，必须采取特殊的工作方法和屏蔽措施，千万不能大意！

表Ⅲ.3 常用的α中子源

源	半衰期	中子平均能量/MeV	中子产额/ $\times10^{-5}$n·s^{-1}·Bq^{-1}	γ射线强度/ $\times10^{-6}$n·C·kg^{-1}·h^{-1}
^{210}Pb-Be	22 a	4.5～5.0	6.0～6.8	2.32
^{210}Po-Be	138.4 d	4.2	6.0～8.1	<0.026
^{226}Ra-Be	1 602 a	3.9～4.7	27.0～46.2	15.5
^{238}Pu-Be	86 a	5.0	5.9～10.8	<0.26
^{239}Pu-Be	24 400 a	4.5～5.0	4.0～7.3	<0.26
^{241}Am-Be	433 a	5.0	5.9～7.3	0.26
^{242}Cm-Be	163 d		8.1～18.9	<0.26
^{244}Cm-Be	18 a		16.2	<0.26

3.4 探测器

3.4.1 综述

一般认为,核辐射探测和核技术应用试验的关键是激发源、探测器和装置的几何布置。探测器是将信息转换为电信号供后续电路处理的器件,具有举足轻重的作用。

评价探测器的指标主要是探测效率、能量分辨率、能量线性和死时间。在核辐射探测实验中起决定作用的是探测效率和能量分辨率。探测效率通常指探测器的本征效率ε_i记为:

$$\varepsilon_i=\frac{\text{记录到的脉冲数}}{\text{入射到探测器上的量子数}} \tag{3-1}$$

ε_i直接表征探测器本身的特性。在实际工作中有时难于确定入射的量子数,使ε_i难于计算,为此引入"相对探测效率",即以ϕ75mm×75 mm 的 NaI (Tl)闪烁计数器的计数率为 100%做相对探测效率计算。

能量分辨率表征探测器对入射射线能量的分辨能力,记做 RES 或 R。定义为:

$$R=\frac{\text{FWHM}}{E} \tag{3-2}$$

其中,E是入射射线的能量;FWHM 称为"半高宽度",是谱峰最大值N的一半处以能量表示的分布曲线全宽度。对于一些分辨率很好的探测器,有时也直接用 FWHM 表示探测器的分辨率。

每一种探测器都具有自己的特点。应该根据实际工作的需要选用合适的探测器,不能过分强调某一指标,而盲目选用"高档"设备。为此,对几种常用的探测器,就其性能和使用特点做简要介绍。

3.4.2 气体探测器

气体探测器是在一个圆柱形电容器(也有做成平行板型的)的中心阳极上加上正高压,其中充以空气或某种混合气体制成,当射线或粒子入射,引起气体电离。电极收集电子和离子形成电信号而被记录。当探测器结构不同,所充气体不同和所加电压不同时,探测器将具有不同的性能和用途。

1. 电离室

电离室是一种较简单的辐射探测器。在早期电离辐射研究中广为应用。电离室工作在电离—电压曲线的饱和电流区，没有放大作用，因此输出电脉冲幅度很低，对一些高比电离的粒子（主要是 α 粒子）测量效果较好。由于输出电信号幅度很小，在电极的绝缘、防止漏电以及后续电路对弱信号的放大、测量都要特别注意。

脉冲电离室是目前使用较多的电离室，它以脉冲方式记录每一个分立入射的 α 粒子或 β 粒子。若其中充以 BF_3 气体或在电离室壁上涂以含 B 的物质，则可利用（n，α）核反应通过测定 α 粒子及反冲核间接测定中子。

2. 正比计数器

工作在电离—电压曲线正比区的气体探测器，其中充有特殊成分的气体，以保证它能正常工作。在常温下工作而具有较好的能量分辨率是正比计数器的主要特点。通常有薄窗，测量低能 γ 射线和 X 射线效果很好。

若充以 BF_3 气体，则组成 BF_3 中子计数器，也是利用（n，α），通过测定 α 粒子来测定中子。

3. 盖格-弥勒（G-M）计数器

这是工作在盖格区的气体探测器。只要在计数器中有一次电离就会使整个计数器放电，不能区分射线的能量。输出脉冲的幅度随电压的增高而增高，但其输出脉冲数保持一定，称为“坪”。

G-M 计数器虽然不能区分射线能量，但其结构简单，工作稳定。在辐射监测和核污染控制方面得到充分应用。

3.4.3 闪烁计数器

a. 一些物质在射线的照射下会发光。在核科学研究的早期，人们就利用显微镜观察荧光屏上的闪烁次数来进行工作。

目前，闪烁计数器应用十分广泛。它是利用光电倍增管（GDB）记录闪烁体的闪烁次数和每次闪烁的光强度，从而测定入射粒子的数目和能量。其能量分辨率不高（对 ^{137}Cs 661.8 keV γ 射线约为 8%），但在高能区也可以取得较好的效果。

b. 闪烁计数器由闪烁体、光电倍增管和附属电路组成。闪烁体是将射线能量转换为光信号的器件。用不同物质制成的闪烁体可以测定不同的粒子或射线：用多晶 ZnS(Ag) 测量 α 粒子；用塑料闪烁体测定 β 粒子；含 Li 的闪烁体和含 B 的闪烁体用于中子的测量；测量 γ 射线的闪烁体较多，包括 NaI(Tl)、CsI(Tl) 和 BGO（锗酸铋）等，以 NaI(Tl) 能量分辨率最好而 BGO 效率较高。这些闪烁体的主要特性列于表Ⅲ.4。

c. 光电倍增管的光阴极将闪烁体产生的光信号转换为电子，再由处于不同电位的再生极（打拿极）倍增为较高幅度的电压脉冲。其主要指标为：光阴极大小（以直径表示）；光电阴极灵敏度；放大倍数（倍增倍数）；温度系数和噪声水平等。这在每种光电倍增管的说明书上都有详细说明。表Ⅲ.5 列出几种常用 GDB 特性。在装配闪烁计数器时，闪烁体与光电倍增管的连接处必须均匀涂上薄层硅油，以防止光在界面上的反射损失。

表Ⅲ.4 常见闪烁体的物理特性

材料	最强发射波长/nm	发光衰减时间	折射率	密度/(kg/cm³)	β和γ闪烁效率	
					相对 NaI(Tl)	相对蒽
NaI(Tl)	410	2.3μs	1.85	3.67	100	230
Cs(Tl)	565	1.0 μs	1.79	4.51	45	
ZnS(Ag)	450	0.2 μs	2.40	4.09	130	
^{6}LiI(Eu)	470～485	1.4 μs	1.95	4.08	35	
Li 玻璃	395	75 ns	1.53	2.5	10	
GBO	480	0.3 μs	2.15	7.13	8～14	
蒽	447	30 ns	1.62	1.25	43	100
芪	410	4.5 ns	1.626	1.16		50～60
液体闪烁体	420	2.4～4.0 ns	1.52	0.9		20～80
塑料闪烁体	400	1.3～3.3 ns	1.60	1.05		45～68

表Ⅲ.5 几种低能测量用光电倍增管主要特性

型号	长度/mm	外径/mm	再生极形式	倍增级数	阳极灵敏度/(A/L)	暗电流/nA
GDB-44D	110	51	百叶窗	10	50	2
GDB-52D	126	51	百叶窗	13	2 000	10
GDB-76D	174	80	百叶窗	11	200	10
EMI9757B	125	51	百叶窗	11	100	20

光电阴极材料	光电阴极有效直径/mm	光电阴极灵敏度/(μA/L)	噪声能量当量/keV	能量分辨率/%	典型工作电压/V	使用温度/℃
Sb-Cs	44	50	≤0.5	≈12	1 050	−20～+60
Sb-Cs	44	50	0.1	7～11	1 400	−20～+60
Sb-Cs		40	<1	<12	1 500	
Sb-Cs		70		8.5	940	

d. 闪烁计数器的附属电路主要指高压电源和光电倍增管的分压电阻。它供给光电倍增管各再生极的电压。由于各再生极的电压决定光电倍增管的放大倍数，因此要求高压电源和分压电阻系列都要十分稳定。

3.4.4 半导体探测器

a. 半导体探测器是一种新型的探测器件。由于具有多方面优越的性能而被广为利用。其基本原理是一个电压反接的半导体二极管。其反向电流的大小决定于：

① 材料的纯度，残留杂质产生的载流子；

② 材料原子热运动产生的载流子；

③ 表面漏电；

④ 由于外来原因，在 p-n 结区形成的电离。

若采用高纯材料或补偿方法得到本征半导体;经过严格的表面处理并在低温下工作,其反向电流将取决于外来原因,即入射射线引起的电离。当然,用普通的半导体二极管是不能作为半导体探测器使用的。探测器必须有足够的面积和厚度,以吸收入射线能量获得较高的效率。

b. 金硅面垒 α 探测器。在 n 型硅材料上蒸镀薄层金,形成 p-n 结。反面沉积铝作为欧姆接触的电极引出。由于 p-n 结厚度不大,在常温条件下工作反向电流在 $n\times10^1$ nA 量级。因此,金硅面垒探测器只适合于测定穿透能力弱而比电离大的 α 射线。分辨率(FWHM)为 $n\times10^1$ keV。对于能量为 n MeV 的 α 射线具有较好的性能。金硅面垒探测器对光敏感,工作中需要避光。

c. 锂漂移型硅探测器(Si(Li),硅锂探测器)。在电场作用下,使 Li 原子扩散到 p 型 Si 中补偿其中的 p 型杂质,得到厚度足够大的本征区。经表面处理和在液氮温度(−196 ℃)下工作就可以作为射线探测器使用。

由于 Si 的电阻率较高,Li 的扩散深度为 mm 量级。因此,只适合测量穿透能力较弱的 X 射线和软 γ 射线。

为防止 Li 原子反漂移。Si(Li) 探测器必须始终处于液氮温度下使用和保存。

在使用 Si(Li)探测器时,要特别注意保护薄入射窗。最薄的 Be 窗规格为 7 μm。说明书上指出:不能对薄窗说话或吹气!

此外,由于电荷灵敏前置放大器的电路结构特点,探测器偏压(二极管的反向电压)必须由 0 缓慢、均匀升到额定值。这一过程需要 1 min。工作结束后也要缓慢降到 0,再关闭电源。

d. 锂漂移型锗探测器(Ge(Li),锗锂探测器)。使用与生产 Si(Li)探测器相似的方法,将 Li 扩散到锗材料中,得到较厚的本征区而制成 Ge(Li) 探测器。由于 Ge 在常温下的电阻率小,Li 可以扩散到 Ge 材料的深部得到大体积($n\times10^1$ cm^3)的 Ge(Li) 探测器,适合测定 γ 射线。

为防止 Li 原子反漂移,Ge(Li) 探测器必须始终处于液氮温度下使用和保存。

偏压调节与 Si(Li)相同。

e. 高纯锗探测器(HPGe)

Ge(Li) 探测器在 γ 能量分辨率和探测效率方面都达到了较高的水平。但要生产大体积的 Ge(Li) 探测器仍然存在一定困难,并且还必须在液氮温度下使用和保存。目前已经可以生产杂质在 10^{10} 原子/cm^3 以下的高纯锗材料。在偏压为 $n\times10^3$ V 时,结区厚度达 n cm 量级。只需要在液氮温度下工作,常温下保存。

偏压调节与 Si(Li)相同。

HPGe 探测器可以制成多种形状:同轴型、井型、平面型等。大体积探测器适合于测量 γ 射线,对 ^{137}Cs 661.8 keV γ 射线的分辨率达 1.8 keV。平面型探测器可以测定较低能量的 γ 射线,对 ^{57}Co 121.9 keV γ 射线的分辨率可达 500 eV;当使用厚度为 7 mm 的 HPGe,加 Be 薄窗测定 ^{55}Fe 5.898 keV X 射线时,其分辨率可达 180 eV。

f. 电制冷半导体探测器

半导体探测器都必须在低温下工作。使用液氮降温毕竟给工作带来不便。对一些可以在常温下保存的半导体探测器可以用电制冷的方法降温,以达到探测器的正常工作温度。

除了 HPGe 以外，Si-PIN 探测器，即在 PN 结之间加入一层本征半导体 Si 的探测器都可以用这种方法，只不过温度的降低需要一定时间。Si-PIN 探测器需要 1 min；大体积 HPGe 探测器需要更长的时间。

常用探测器的基本特性列于表Ⅲ.6，供选择探测器时参考。

表Ⅲ.6 几种探测器性能比较

项目		正比计数器	闪烁计数器	Si(Li)	电制冷平面 HPGe	Ge（Li），HPGe
总重量		<1 kg	1 kg	40 kg，包括低温容器	不要低温容器	20～40 kg，包括低温容器
工作温度		常温	常温	−196 ℃	电制冷	−196 ℃
窗材和薄窗		25 μm Be	200 μm Be 或铝	7～25 μm Be	50～100 μm Be	铝
探测效率	2～5 keV	较高	低	较高	较高	—
	5～30 keV	较高	高	较高	较高	低
	30～100 keV	低	高	低	低	较高
	>100 keV	—	高	—	—	较高
分辨率	^{56}Fe	13%～15%	50%～60%	140 eV	180 eV	
	^{241}Am		20%～30%			
	^{60}Co					0.5 keV
	^{137}Cs		8%			1.8 keV
工作能量范围		1～40 keV	>5 keV	2～50 keV	2～50 keV	50 keV～3 MeV
输出脉冲幅度		≈10^{-2} V	10^{-2}～10^{-1} V	10^{-6}～10^{-5} V	10^{-5} V	10^{-5} V
对高压稳定性的要求		高	高	低	低	低
分辨时间		0.2 μs	0.1 μs	<0.1 μs	<0.1 μs	<0.1 μs
寿命		10^9～10^{10}计数	晶体潮解，较短	注意保护铍窗，无限	注意保护铍窗，无限	注意保护铍窗，无限

3.5 实验设备的简化

实验设备，包括放射源一探测器的几何布置，实验装置和测量仪器等，都按最简单、最明了的方式组成。在保证工作原理完全正确的前提下，采用最简单的方法完成实验。

首先，我们采用 NIM 系统插件搭建测量仪器。在一个 NIM 电源机箱上根据实验的需要，选用不同的高压电源、放大器、脉冲幅度分析器、定标器或计数率表，用电缆连接各种不同类型、不同功能的插件组成所需要的仪器。通过各个部件的连接，使学生了解核辐射探测设备的组成和内部电路结构，为今后工作中根据需要选择、组建探测设备准备条件。

其次，在一些实验中使用简化的方法。由于简化使实验装置不一定完善，实验数据不一定精确，但基本原理必定是正确的，学生通过实验能建立正确的概念。可以通过以下几个实验来说明这一思路：

1. 实验 11 康普顿一吴有训散射谱与散射角的关系。康普顿一吴有训散射在射线与物质的相互作用理论和实际应用中都十分重要。而吴有训先生是我国核物理研究的先驱。进行这一实验，无论对射线与物质相互作用的认识，还是进行爱国主义教育都有重要意义。

通常这一实验是用^{137}Cs 放射源发射的 661.8 keV γ 射线在轻元素散射体上散射进行。这时，要求^{137}Cs 具有较高的活度，使用不便；同时^{137}Cs 的半衰期较短，使用时间也短些。我们采用准直的单能^{241}Am 源在分光计的测角仪上选取几个特殊的散射角用多道闪烁谱仪测定其 γ 谱，与^{241}Am 59.54 keV γ 谱比较，就可看出不同散射角时，γ 谱成分的变化，定量计算散射射线能量。从而了解射线与物质作用时的散射过程。

2. 实验 12 等效密度测定（骨密度计）是模拟医用骨密度计设计的。通过实验一方面使学生了解射线在物质中的吸收过程与介质等效密度的关系；另一方面希望通过吸收后辐射场（二维曲线）的形态判断介质中不均匀物体的形状。从原理上与骨密度计是一致的，但主要是定性的图像判别，并没有进行仪器的刻度和等效密度的定量计算。通过实验，已经使学生了解了这一方法的原理，今后若从事相关工作时，再用相应的“标准骨”（真实人骨或羟基磷酸钙人工骨）进行比较，再定量计算不会有多大困难。

3. 实验 35 中子活化及核半衰期的测定。在实验室不可能建立核反应堆或加速器。因此，很难进行中子实验。我们学习四川大学的经验，用 Am-Be 中子源作活化实验。一般核反应堆的中子通量密度为 $10^{12}\sim10^{15}$ n/(cm^2 · s)量级，而 Am-Be 中子源只有 $10^6\sim10^8$ n/(cm^2 · s)，相差约 10^5 量级以上。若将试样中待测元素的含量较一般情况下提高 10^5 量级，其效果应该与实际情况相似。此外，考虑到活化截面，活化产物的种类，半衰期等因素，选用纯银片作试样（银矿石中银的含量约为 $10^{-6}\sim10^{-5}$）。其活化产物有^{108}Ag($T_{1/2}=161$ s)和^{110}Ag($T_{1/2}=24.6$ s)。根据测定 γ 总计数率绘制其衰变曲线，在半对数坐标系中，用解析法或作图法，测定两种不同生成核的半衰期或衰变常数。

3.6 实验方式的转换

在实验室进行实验的装置往往与实际情况有较大的差别。在保证实验原理正确的前提下应该是允许的。这包括装置几何尺寸的改变，放射源能量的改变和移动方式的改变等。这种情况很多，举几个实例说明：

1. 料位测量

在实验教材中，列入了两种料位测量方法—吸收料位计（实验 32）和散射料位计（实验 21）。在生产实践中，都是针对直径在几米到二三十米的巨型钢质罐体中油料、化学品或其他物料上表面位置的测定。而放射源与探测器则在保持相对位置不变的情况下，在罐体上同时移动。在实验室当然不可能建立如此巨大的装置。

实验中，改用直径为 8～10 cm 有刻度的玻璃量筒代替巨型罐体，同时用能量较小的^{241}Am源（γ：26.4 keV，59.5 keV）或^{238}Pu（ULX 射线 13～20 keV）代替生产中常用的^{60}Co（1.17 MeV，1.33 MeV）或其他高能放射源，从而取得相似的效果。既保证了原理的正确性，又达到了预期的目的。

此外，在实验中同时移动探测器和放射源比较困难，更重要的是可能使探测器和放射源之间的相对几何位置改变。而用加水的方法改变量筒中水面(料位)的高度,水面上升相当于探测器一放射源同时下降,效果相同,概念清晰,原理正确而又能保证较高的测量精度。

2. α射线在空气中的能量吸收

用金硅面垒半导体探测器测定α射线的实验难度比较大。主要原因是金硅面垒探测器输出信号幅度很小,容易被噪声湮没;同时金硅面垒探测器对光敏感,如果避光不良,会引起很强的干扰信号。因此,在测定α射线在空气中的吸收(改变放射源至探测器的距离)或α射线在物质中的吸收(在低真空条件下改变吸收薄膜厚度)都比较困难。

在实验4中,我们在真空室中进行实验,保持其几何布置(放射源至探测器的张角和距离)不变,而逐渐抽空真空室中的空气,在不同气压下测定α射线产生的计数。当气压为0.5 atm时,当量距离为实际距离的0.5倍,以此类推。于是,在不改变几何布置,不打开真空室的情况下,就可以测定空气对α射线的吸收过程。有关避光以及电缆连接可靠性的问题和有关立体角的校正问题都迎刃而解。

这也应该是一种思维方法,即解决某一问题,可以寻求多种不同的途径。将一种量的改变转换为另一种量的改变,使测量更加方便,测量结果更加可靠。希望通过这些实验过程,使学生在今后的工作中能有所启示,并得到应用。

第四章　核辐射防护基本知识

在核辐射探测实验室工作，必然会接触到放射性物质，如何认识放射性对人体的危害，如何在顺利完成实验工作的前提下，避免对环境的污染以及将对人体的辐射剂量减到最低，是必须研究和备加关注的重要问题。

4.1　射线对人体的影响

放射性是一种广泛存在的自然现象。这是由于在地壳中存在 U、Th、K 等放射性元素和宇宙射线不断由外太空辐射到地球表面的缘故。K 元素广泛存在于岩石、土壤和生物体中，其放射性同位素^{40}K 也普遍存在。U、Th 属于“稀有分散元素”，在岩石、土壤中的丰度(一般通称“含量”)不高，但很分散。几乎所有的天然物中都含有微量的 U、Th 及其衰变子体。地球上的生物，包括人类从一出现在地球上就受到这些放射性射线的照射，并在生物进化的过程中完全适应了这种照射。

生物体(包括人体组织)和其他物质的吸收剂量常用“剂量当量”和“剂量当量率”来描述。“剂量”是指吸收各种放射性射线能量的一种量度。但不同的射线在物质中吸收同样的剂量，其生物效应是不同的；不同的生物组织吸收同样的剂量其所受的真实效应和潜在影响不同，自行修复的能力也不相同。因此，在吸收剂量中还要加入相应的修正因子，称为“品质因素”(可以在相关资料中查到)。加入品质因素的剂量称为“剂量当量”。剂量当量的法定单位是“希沃特”，记作“Sv”，表示 1 kg 的物质吸收 1 J 的能量。Sv 是一个比较大的单位，工作中常用“毫希沃特”mSv 作为实用单位。

$$1\ \text{mSv} = 10^{-3}\ \text{Sv} = 0.001\ \text{Sv}$$

“剂量当量率”表示单位时间内所承受的剂量当量，即每天多少毫希沃特(mSv/d)，或每年多少毫希沃特(mSv/a)。

4.2　辐射剂量的限值

联合国原子辐射效应科学委员会发表的每个人每年受到天然辐射源产生的有效剂量当量为 200 mSv，即人们在不从事与放射性相关的工作时，每年所受到的剂量当量。或以剂量当量率表示为：200 mSv/a。

从事放射性工作的人员或公众人员(非放射性工作人员)都有可能会受到更多的辐射剂量。根据中华人民共和国《电离辐射防护与辐射源安全基本标准》(GB 18871—2002)的规定，每年在天然辐射的基础上受到更多辐照有效剂量当量不应超过如表Ⅳ.1 所示的限值。

表Ⅳ.1 放射性照射的剂量限值

范围	辐射工作人员	16～18岁辐射工作人员	公众人员
全身有效剂量	20 mSv·a^{-1}(5年内平均剂量) 50 mSv·a^{-1}(任何单一年内)	6 mSv·a^{-1}	1 mSv·a^{-1}(若5年平均不超过1 mSv·a^{-1},则单一年份可提高到5 mSv·a^{-1})
眼晶体的当量剂量	150 mSv·a^{-1}	50 mSv·a^{-1}	15 mSv·a^{-1}
皮肤的当量剂量	500 mSv·a^{-1}	150 mSv·a^{-1}	50 mSv·a^{-1}
手和足的当量剂量	500 mSv·a^{-1}	150 mSv·a^{-1}	

我们必须注意:“限值”不是“安全”和“危险”的界限。超过“限值”应理解为“在正常情况下,不应被合理的接受”的剂量。当然,这一“限值”只适用于放射性实践所引起的照射;而不适合于医学照射或其他天然照射。

从统计资料看,放射性工作人员所受剂量当量的平均值远低于限值,只有限值的1/10左右。因而从事放射性工作是十分安全的。

4.3 必须采取的安全措施

虽然从事放射性工作十分安全,但在实际工作中仍然要给予充分的关注,使辐射污染下降到最低限度。

1. 加强安全教育

学校应设有“核辐射安全与防护”课程,从基本原理到具体措施阐明核安全的知识。但在实验工作中仍然不能忽略对学生的教育,反复说明相关的注意事项,防患于未然。

2. 杜绝突发事件

在我们这类实验室不可能产生严重的核事故,但也可能发生一些较大的核污染。

a. 防止放射源铍窗破损。某些γ射线源、X射线源或β射线源常用铍窗或其他薄窗密封。而其中的活性物质多为^{147}Pm、^{241}Am、^{238}Pu等放射性核素或超铀元素,均属剧毒物质。一旦薄窗破裂造成放射性重核物质泄漏,既会造成放射性污染,也会造成剧毒性污染。因此必须十分注意。

b. 防止放射性粉末或铀矿石散落。工作中可能需要检测粉末状试样或核工业原料——铀矿石样品。用专用的容器存放和检测,移动时放在专用的搪瓷盘中,防止撒到工作台或地上,造成污染。

c. 防止放射性物质丢失。建立相应的规章制度,专人负责管理、交接。严格进行登记制度。

3. 具体防护措施

a. 使用密封源和弱源。在设计实验中尽可能使用密封源。在这种情况下,只有射线(X、γ、β射线)穿过放射源外壳窗口被探测器测量,而放射性物质不会泄漏,避免放射性物质对环境污染。当然,密封的X射线源和β射线源其窗口都是用很薄的铍片、铝片甚至塑料薄膜密封的,容易破损,应特别注意保护。

α 源不能用密封源，因为 α 射线的穿透能力很弱，很薄的轻物质窗口也会吸收 α 射线。因此必须注意保护，不能接触其活性表面；还要防止活性物质氧化、受潮而脱落。

只要能进行、完成实验任务就选用弱源，不用强源。

b. 屏蔽。当射线穿过物质时会被物质吸收，使其照射量率减小。吸收一半所需的物质厚度称为“半吸收厚度”或“半值层厚度”，用 $\Delta_{1/2}$ 表示。对于 α 射线和 β 射线，由于其穿透能力很弱，用较薄的屏蔽层就可以明显减小其照射量率，保证安全。对于不同能量的 X 射线或 γ 射线，不同屏蔽材料 $\Delta_{1/2}$ 各不相同。以 ^{60}Co(γ：1.17，1.33 MeV)为例，几种不同屏蔽材料的 $\Delta_{1/2}$ 见表Ⅳ.2。

表Ⅳ.2 几种不同材料对 ^{60}Co γ 射线的半吸收厚度

铅	混凝土	水
1.05 cm	5.5 cm	11 cm

若选用 60 cm 厚的重混凝土(C_{20} 混凝土，用重晶石块代替卵石)屏蔽，屏蔽层外的 γ 射线照射量率余量将低于无屏蔽层时的 10^{-3} 倍。以 4.84×10^{7} Bq 的 ^{60}Co 为例，相距 1 m 处工作 1 h 所受剂量当量为 1.53×10^{-2} mSv。若在同样距离工作，加屏蔽层后，按每年工作 52 周，每周 5 d，每天 8 h，所受剂量当量的总和约为 0.032 mSv/a，远低于全身均匀辐照的剂量当量限值：20 mSv/a。在实际工作中，在移动、使用、贮存放射源时，除了设置重混凝土迷宫墙外，还用小铅罐(壁厚 4～5 cm)、大铅罐(壁厚 10 cm)来存放、运输放射源；在铅玻璃或钡玻璃手套箱中处理放射源、活化样品和高品位的铀钍矿石等；在大水池中(深度 2 m 以上)存放和处理中子源等一系列措施，确保工作人员和学生的绝对安全和实验工作的顺利进行。

c. 保持适当距离。照射量率与距离 r 的平方成反比。因此，在移动放射源时要用长坩埚钳夹住源，避免直接用手拿源；工作时也要保持较远的距离。更不要靠得很近直接去观察放射源。

d. 缩短带源工作时间。做好实验准备，再取放射源，取得实验数据。检查数据可靠性后，及时将放射源还回源库，再处理数据和作图。做好实验计划，减少带源工作时间。

e. 注意清洁。在使用放射源后，一定要洗手，必要时要洗澡，以防止放射性污染。清洗时还要讲究清洗方法，尽量减少污染的扩散。

根据以上情况，只要注意放射性安全防护，采取必要的防护措施，严格按照规程操作，从事放射性工作是十分安全的。相反，若随心所欲，违反操作规程，则可能造成超剂量的体外照射，甚至造成放射性物质或有毒物的污染，其后果将是十分严重的。

上　篇

实验1　核辐射探测系统及测量仪表

1. 实验目的和意义

核辐射探测系统是各种核辐射测量的重要硬件支持，了解核辐射探测系统的组成、各部分的功能及其使用，对正确选择核辐射探测设备、判断核辐射探测设备是否工作正常、顺利完成各种核辐射测量任务具有重要意义。在核辐射探测系统中，核信息探测器是整个系统的“眼睛”，核信息探测器是核信息敏感器件，能够将射线能量转换为光、电等其他形式能量，以便被我们观测并记录。因此，从探测器原理到实际元件及其应用场合都应该有较为深入的了解。另外对电子测量仪器使用也应该熟练掌握，以便观测探测元件及后续电子电路的静态及动态参数。还要能判断核辐射探测系统工作是否正常，测量的数据是否准确、可靠，为以后的实验打好基础。

通过实验要求学生掌握以下内容：

（1）了解核辐射探测系统的组成原理、各组成部分的功能及其使用方法；

（2）了解各类核信息探测元件的基本原理。观察各类探测元件实体（如外观及内部结构），了解其应用场合。

（3）掌握每种探测元件的机械特性及使用过程中应注意的事项。特别是避光、防潮、碰撞、触摸等注意事项，必须牢记，以免造成重大损失事故。

（4）熟悉脉冲示波器、万用表（数字式、指针式）等测量仪表的使用。

2. 实验原理

（1）核辐射探测系统

实验室所采用的核辐射探测系统主要是基于NIM标准的测量系统，整个系统由多个插件组成，每个插件能够完成某一功能，实验者可根据所需完成的核辐射测量任务选择插件，组成相应的核辐射探测系统（在实际测量中，也有将各功能模块集成在一起的整体化仪器）。如要完成γ能谱的测量，则可选择γ探头（如NaI(Tl)闪烁探测器及其前置放大器）、高压电源、主放大器、多道脉冲幅度分析器插件和计算机，组成γ多道能谱仪核辐射探测系统。如图1.1为实验室利用脉冲工作状态的探测器进行辐射强度和能量测量的核辐射探测系统。

a. FH0001A国际NIM标准通用机箱及低压电源

FH0001A型机箱是一种插件式仪器机箱，符合国际电工委员会推荐的N型标准要求（即NIM标准），该机箱有12条插入导轨和12个42芯接插件，最多可容纳12个标准单宽（即高度为221.34 mm，宽度为34.29 mm）的NIM插件，42芯插座提供±6 V、±12 V、±24 V等电源。机箱内顶、底部设有插件的插轨，可使插件顺利插入42芯插座，取得所需

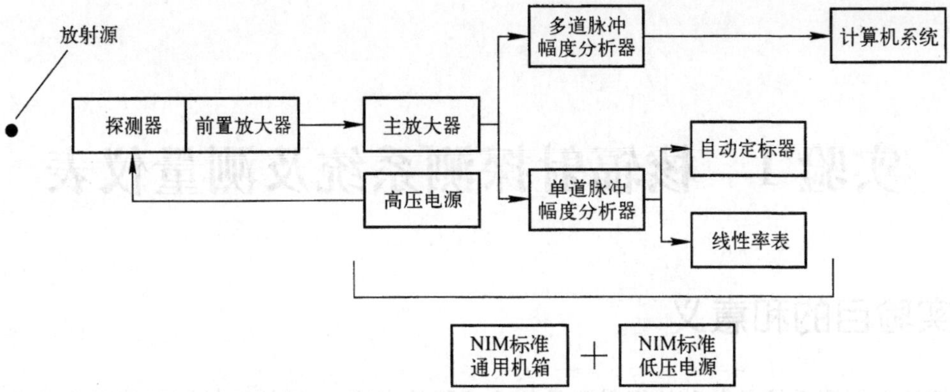

图 1.1 基于 NIM 标准的常见核辐射探测系统框图

电源。实验过程中,将各个实验插件单独或联合使用,各插件都设有输入、输出接口,可相互连接或与探测器连接,以便组成所要求的简单或复杂系统。

BH1222 型 NIM 系统低压电源位于 FH0001A 插件机箱后面,由机械方式固定连接。12 个 42 芯插座可同时提供 6 路直流电源。还有两个长导线组座分别固定在机箱、机架右侧。前右侧是±6 V、±12 V、±24 V 地线插孔及指示灯,最上部是电源总开关和指示灯,后右侧上部是 25 芯插座电压引线连接如表 1.1 所示。

表 1.1 25 芯插座电压引线连接

1	2	3	4	5	6	10
+24 V	−24 V	+12 V	−12 V	+6 V	−6 V	地

42 芯插座电压引线连接如图 1.2,表 1.2 所示。低压电源最大功率 72 W,220 V 市电,直流输出±6 V(5 A)、±12 V(2 A)、±24 V(1 A),各低压均有过载和短路保护,±6 V 有过压保护,确保电压不超过 7 V。

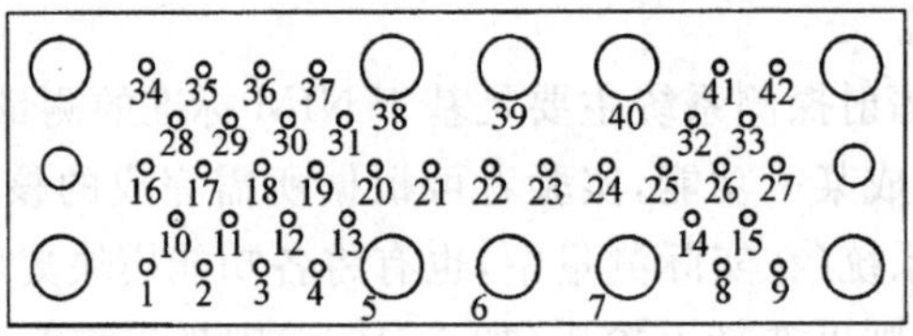

图 1.2 42 芯座芯编号

10—+6 V;11—−6 V;16—+12 V;18—−12 V;28—+24 V;29—−24 V;34——地

表 1.2 42 芯插座电压引线连接

10	11	16	18	28	29	34
+6 V	−6 V	+12 V	−12 V	+24 V	−24 V	地

b. 主放大器

主放大器通常称为线性脉冲放大器，主要是对输入的核脉冲信号进行稳定的线性放大，以及将核脉冲信号进行脉冲成形，包括分离重叠的脉冲，在不改变输入脉冲幅度分布信息的条件下，将输入尖脉冲成形为准高斯形脉冲，利于后续电路对脉冲的处理记录。

主放大器可根据输入脉冲的极性（正脉冲或负脉冲）在面板选择相应的极性输入，输出一般为正极性。

主放大器可根据输入脉冲幅度的大小选择增益（放大倍数）的大小，面板上有增益粗调拨动开关和细调旋钮。

主放大器可根据实验选择适当的微积分时间常数，以获得最佳的信噪比、过载性能和分辨率。一般情况下，微积分应在相等的时间常数下。微分时间和积分时间控制有的在面板上，有的需要在电路内部更换相应微积分插条或改变控制微分、积分时间常数的开关状态。

c. 单道脉冲幅度分析器

单道脉冲幅度分析器的任务是将不同能量射线粒子产生的不同幅度脉冲分离出来，从而完成对放射性物质的定性定量分析。

单道脉冲幅度分析器的输入通常为正极性脉冲，输出为正极性的 TTL 电平脉冲。

单道脉冲幅度分析器面板主要有“阈值”、“道宽”度盘旋钮，“阈值”为单道脉冲幅度分析器的下阈值，即输入脉冲的最小甄别幅度。“道宽”为输入脉冲的甄别幅度范围（最小甄别幅度等于“阈值”，最大甄别幅度等于“阈值”加“道宽”），实际测量过程中，可根据需要分析的能谱选择合适的“阈值”“道宽”。注意“阈值”“道宽”旋钮均为带有刻度盘的十圈电位器，调节时需先解锁，调节时要轻，如果调节不动时，可以变个方向轻轻调节，不要使劲旋，以免损坏刻度盘，调好后需锁住以防止测量过程中变动。

单道脉冲幅度分析器面板的“微分”、“积分”拨动开关可进行微、积分测量选择，总计数率测量置于“积分”位置，能谱测量置于“微分”位置。

有的单道脉冲幅度分析器除了具有一般单道的功能外，还有延时功能，即输出脉冲与输入脉冲之间具有确定的延时。在符合测量和时间测量系统中用于脉冲幅度分析，故在其面板上有“延时”度盘旋钮。

d. 多道脉冲幅度分析器

多道脉冲幅度分析器实际就是多位 A/D 转换器，即将输入的脉冲幅度变换成相应的数字量，该数字量对应着某一道址。通常跟计算机系统一起组成多道能谱分析系统。多道脉冲幅度分析器跟计算机的联系通过 USB 传输电缆连接。

多道脉冲幅度分析器的输入为正极性脉冲，通过 USB 接口输出到计算机。

多道脉冲幅度分析器面板上的“死时间指示”由 10 只发光二极管指示，发光的二极管越多表明死时间越长。死时间为数据送入计算机占用的时间及由堆积脉冲排出器或放大器输入的死时间占测量时间的平均百分数。

“转换增益选择”拨动开关为多道 ADC 转换的量程选择，一般有 512、1 024、2 048、4 096 道。

“满道选择”拨动开关为多道 ADC 输出的量程选择，一般也有 512、1 024、2 048、4 096 道。

“延时/自动”开关选择，用于选择开始进行 A/D 变换的时间。所谓自动就是在输入信号到达峰值之后开始转换;所谓延时就是在输入信号经过固定时间(延迟时间)之后开始转换。

e. 定标器

自动定标器是一种脉冲自动计数装置,反映放射性强度,可以定时测量和定数测量,通常是定时测量,即测量在一定时间间隔内的输入脉冲数。可以根据其面板上的 K 和 n 按键选择测量时间,测量时间为 $K\times10^n$ s,如 K 为 6,n 为 1,则定时测量时间为 60 s。记录的脉冲数据通过面板上的数码管显示。

自动定标器面板上有"计数"、"复位"、"自动"、"自检"四个按键,可以实现半自动测量、全自动测量、自检三种工作方式。

自动定标器面板上的"正"、"负"拨动开关应根据输入脉冲的极性选择。

自动定标器面板上的"阈值"度盘旋钮为触发自动定标器记录脉冲的最小幅度,一般用于剔除仪器噪声和干扰。

f. 率表

线性率表也是一种脉冲自动计数装置,只不过它是通过指针式电流表指针的偏转来连续指示脉冲计数率的大小。由于电流表指示的电流和平均计数率呈线性关系,故称为线性率表。

线性率表面板上主要有"量程"和"时间常数"拨动开关。根据输入脉冲的计数率大小来选择量程,计数率越大,则需选择的量程越大;根据放射性统计涨落的大小以及建立时间的要求,合理选择时间常数,放射性统计涨落越大,要求建立稳定读数时间越长,则时间常数选择越大。

线性率表的输入一般为正极性脉冲,幅度为 TTL 逻辑电平,输出为面板上的指针电流表,根据量程和指针的偏转程度反映脉冲平均计数率的大小。

g. 高压稳压电源

高压稳压电源插件主要是为各种核辐射探测器提供所需的高压,从几百伏到几千伏不等。

高压稳压电源面板主要有电压显示(电压表指示或数码显示),电压极性指示,电压粗调开关和电压细调度盘旋钮,电源开关。部分高压电源,还有电流过载显示。在使用高压电源时须注意:

① 使用之前,需根据各种核辐射探测器高压电路实际情况选择高压的极性,一般高压电源均可正负极性输出,正负极性的选择一般通过外部或电路内部的拨动开关选择。高压电源正负极性输出在面板有指示,在仪器接通电源以后,不允许改变输出极性。

② 在高压电源的使用过程中不允许带电拔插或接入负载,以免触电。

③ 使用高压电源时,为了不损坏高压电源电路和负载电路,开机前将电压粗调及电压细调旋钮退回零位,开机后逐渐将高压从零调到所需高压,关机时,也须将高压电压粗调及电压细调旋钮逐渐退回零位后再关机。

h. 精密脉冲信号发生器

精密脉冲信号发生器就是能够产生模拟核脉冲信号的一种信号发生器,广泛用于核辐射测量仪器的检测与维修,以及仪器的开发调试、试验。

精密脉冲信号发生器插件有三种输出:正极性、负极性、零,可以通过其面板的拨动开关选择。输出脉冲幅度有粗调和微调旋钮，输出频率也可以分档连续调节，输出脉冲上升时间可调，一般有 0.1 μs、0.2 μs、0.5 μs、1 μs。

(2) 探测器

a. 早期探测器

① 核乳胶。用厚度较大的感光乳胶，在接收到放射性射线照射时会感光。显影后，可以看到放射性物质的轮廓。在显微镜下可以看到单个射线或粒子的运动轨迹。

② 验电器。由两片相连的金属箔组成，与周围物质绝缘。充电后由于静电排斥而张开。当存在放射性射线时，空气电离、导电，使预先充电的金属箔放电而逐渐合拢。

③ 电离室。由一个金属圆筒和位于其中心的金属丝组成。其间用高级绝缘材料(聚四氟乙烯或天然琥珀等)绝缘；并加上高压电。当射线或离子穿过电离室空间，电离室中的气体被电离时，会形成极微弱的电流或电脉冲。它主要用来探测电离密度较大的射线或粒子。它工作在电离曲线的饱和电流区。

b. 脉冲电离室

电离室工作在输出脉冲信号的状态时称脉冲电离室。由于输出脉冲幅度很小，因而要求良好的绝缘和高质量的电荷灵敏放大器作前置放大器，主要用于 α 射线的测量，如“α 杯”等。

当电离室负极圆筒为密封容器时，其间可充以某些特定的气体。以完成某些特定任务。

c. 正比计数器

同样由圆筒状负极和丝状阳极组成。它实际是工作在电离曲线的正比区段的气体电离室。输出脉冲幅度较大，同时与入射射线或粒子的能量成正比。是常用探测器之一。其间所充气体及气压都很讲究，以保证其良好的性能。对阳极(中心丝)的位置、圆度、光洁度要求都很高，以保持中心部分电场的均匀度。

当要求测定低能电磁辐射或穿透能力较弱的 α、β 粒子时，需加装薄的入射窗口。或者直接将待测试样放到探测器内部，组成“流气式”正比计数器。

d. BF_3 中子计数器

BF_3 中子计数器是一种充以 BF_3 的正比计数器。可以将含 BF_3 的混合气体作为工作气体充入正比计数器。当慢中子进入计数器灵敏区域，可能与硼的同位素 ^{10}B 产生核反应：

$$n + {}^{10}B \longrightarrow \alpha + {}^{7}Li + 2.792\ \text{MeV}$$

$$n + {}^{10}B \longrightarrow \alpha + {}^{7}Li^{*} + 2.31\ \text{MeV}$$

$$\hookrightarrow {}^{7}Li + \gamma + 0.48\ \text{MeV}$$

实际上 BF_3 中子计数器是通过测定中子核反应产生的 α 粒子间接测定中子。也可以将含 B 固体材料涂在管壁上，当慢中子穿过管壁，与 ^{10}B 产生核反应，从而测定中子。

e. 盖格-弥勒计数器(简称 G-M 计数器或盖格计数器)

G-M 计数器是工作在雪崩区的电离室，入射射线或粒子只起“点火”作用。只要有一对正负离子形成，就产生雪崩放电，输出脉冲幅度很大，达几伏到几十伏，与入射射线能量无关。因此只作注量率测量，表示入射粒子或射线的个数。

为了使雪崩放电及时停止，除了工作气体之外，还加入一定成分和浓度的猝灭气体。猝灭气体吸收能量而分解，使雪崩放电猝灭。当猝灭气体在雪崩放电中逐渐消耗，该计数器性能将逐渐变坏，直至报废。因此，猝灭气体的消耗决定了G-M计数器的使用寿命。

f. 闪烁计数器

闪烁计数器是一种工作原理有别于各种电离室的，使用非常广泛的放射性射线探测器。它由闪烁体和光电倍增管(GDB)组成。闪烁体将入射射线或粒子的能量转化为光能。即入射的射线或粒子将能量传递给闪烁体，使之激发，在退激时，将能量以荧光的形式放出。并且，荧光强度与入射射线能量成正比。当荧光照射到光电倍增管的光电阴极上，它将发射光电子，在高压作用下光电子在再生极(或称"打拿极")上倍增。最后在阳极上收集到一个大幅度的电脉冲。其幅度与入射射线能量成正比。

闪烁体种类繁多，分别对不同的射线敏感，用于不同的场合。主要有以下几类：

ZnS(Ag)：银激活的ZnS多晶薄片，用于测α射线。

塑料闪烁体：含对联三苯等发光物质的塑料，可制成各种形状，对多种射线有效，工作中主要用于测定β射线。

NaI(Tl)：铊激活的碘化钠单晶体。测定γ射线和X射线的主要闪烁体。测定X射线的用薄片(1～2 mm厚)闪烁体；测定γ射线用大体积闪烁体；测弱放射性用"井型"闪烁体。NaI容易潮解，必须密封。

BGO锗酸铋($Bi_4Ge_2O_{12}$)闪烁体：不潮解，密度大而等效原子序数高，探测效率高，但分辨率较差。

Li玻璃：含Li(其中^{6}Li丰度为90%以上)的玻璃闪烁体，利用中子与^{6}Li的核反应：

$$n + {}^6Li \longrightarrow \alpha + {}^3T + 4.786\ MeV$$

来探测中子。

g. 半导体探测器

从原理上讲，半导体探测器就是一个电压反接的PN结晶体二极管。由于电压反接，产生电流极小。当射线穿过PN结区，电离的正负离子产生微弱电流，形成与入射射线能量成正比的电脉冲。为了提取微弱电流信号，必须在低温条件下使反向电流极小，体积和表面漏电流极小，并使用特殊的电荷灵敏前置放大器。

金硅面垒(GM)半导体探测器：在N型单晶硅上蒸镀极薄的金，形成PN结。接反向电压，使阻挡层加厚，能有效地吸收射线能量。这种探测器适合测量穿透能力较弱比电离较大的α、β粒子。

PIN型半导体探测器：面垒型探测器的PN结厚度有限，不能探测穿透能力较强的X射线和γ射线。为此，在PN结中加入厚层本征区(I)形成PIN结构。I区可以是高纯的半导体材料，如HPGe探测器；也可以用漂移补偿的办法形成，如Si(Li)、Ge(Li)漂移型探测器。

半导体探测器没有放大作用，输出信号幅度很小，必须使用高质量的电荷灵敏前置放大器。

为防止补偿物质的反漂移和减小表面漏电、体积漏电和热噪声的干扰，某些探测器需要在液氮温度(−196℃)下工作和保存。目前已经研制出一种电制冷PIN半导体探测器。轻便、小体积，适合于测量X射线。

h. 热释光探测器

热释光探测器是一种固体储能探测器。受射线照射后，原子中的电子可能受激而进入高能带的"陷阱"而长期滞留。当再次受热会获得少量能量而返回基态并同时发光——热释光。测定热释光的注量可以推算该探测器所受到的累计辐射量;同时,在各种条件下的剂量监测、考古、地质年代测定等方面也都有重要作用,因而得到广泛应用。

(3) 脉冲示波器

示波器是观测研究电子电路交流工作状态的极重要的有效工具。研究检测脉冲特别是随机脉冲,必须使用脉冲示波器,脉冲示波器除了具备电子示波器功能外,在 y 轴电路里增加延迟线,具备了延迟功能,使 y 信号到达 y 偏转板的时刻延迟了 Δt,确保第一个信号前沿全部显示出来,两种示波器测量信号的差别,如图 1.3 所示:

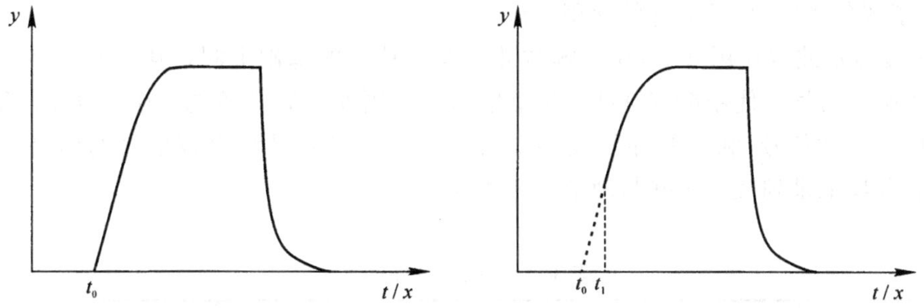

图 1.3　不同示波器的测量图形

由图 1.3 看出脉冲示波器显示的波形从 0 开始,能测到整个波形。

(4) 万用表及使用注意事项

现代的万用表的功能增加了许多,除 A、V、Ω、db 外,还增加了测量三极管 β 值和测温度、电容、电感、频率等功能。这就要求使用者测量时,一定要在准确选定量程、极性后,才能将测棒碰触测点,千万不可慌忙草率,导致万用表功能损坏甚至整表报废。

操作失误损坏万用表,通常有以下几种情况:

a. Ω 挡位误测电压、电流,致使 Ω 挡分配电阻烧坏,特别是较高电压时有爆破声、冒烟、恶臭,无法再测电阻。

b. A 挡位误测电压致使分流电阻烧损,失去测电流功能。

c. 低电流挡测大电流、测较高电压,低电压挡测高压都会使电表精度变差,或损坏电表。

严防电阻、电流挡位误测电压,特别是较高电压。数字万用表更要注意正确使用,任何操作失误都将会导致整表报废。

3. 实验设备

(1) 元器件、探测器展示板	
(2) NIM 通用机箱及电源	1 台
(3) 各种 NIM 标准插件	1 套
(4) 精密脉冲信号发生器	1 台
(5) 同轴电缆及接头	1 组
(6) 脉冲示波器及连接总线	1 台

(7) 万用电表(500 型 D 或 FM—10、数字表) 1 台

4. 实验步骤

(1) 清点设备工具。

(2) 观察探测器展示板上的各种探测元件的外形及内部结构(未经允许千万不要拆开元器件),并画出各探测元件的示意图。

(3) 观察 NIM 标准通用机箱及低压电源外观及可看到的内部结构、根据实验原理的介绍,初步了解各 NIM 标准插件的使用方法。

(4) 复习示波器使用方法,在了解脉冲示波器特征的基础上测量从精密脉冲信号发生器输出的脉冲信号。使用精密脉冲发生器输出一个幅度 2 V,频率为 1 000 Hz,上升时间为 0.5 μs 的负脉冲信号,利用脉冲示波器观察该脉冲信号并且测出该信号的前沿、脉宽、频率、周期,分项记录到表 1.3 并与理论进行比较。

表 1.3 输出信号记录表

	脉冲幅度	脉冲前沿	脉冲宽度	脉冲频率	脉冲周期
脉冲发生器显示值					
实测					

(5) 用万用表试测 NIM 机箱右侧±6 V、±12 V、±24 V 电源并记录到表 1.4。

表 1.4 电源电压记录表

理论	−6 V	+6 V	−12 V	+12 V	−24 V	+24 V
实测						

(6) 实验完毕检查仪器正常后,向老师报告,清理交回仪器、工具。

5. 实验报告

(1) 各主要核信息探测器的工作原理及应用的场合?

(2) 各主要核信息探测器的使用注意事项?

(3) 实验数据整理、解释列表并说明产生差别的原因?

(4) 防护安全注意事项。

6. 思考题

(1) 如何利用探测器和各种 NIM 标准插件组建一套测量 X 射线的 X 荧光能谱仪?

(2) 脉冲示波器与普通电子示波器有什么区别? 在核辐射测量中,为什么只能用脉冲示波器观察核脉冲信号?

实验2　G-M 计数管的信息传送和放大

1. 实验目的和意义

G-M 计数管是一种工作在盖革区的气体探测器，它能够探测 γ、β 射线。曾广泛使用于 20 世纪 60 年代。由于其只能记录粒子的数目，不能鉴别粒子的种类和能量，随着多种高灵敏度高分辨率探测元件的问世，G-M 计数管大都被取代。但是，由于它具有灵敏度高、稳定性好、输出幅度较其他探测器大、使用方便、成本低廉等特点，在现代某些辐射剂量监测和高能物理实验中仍得到广泛的应用。

在核仪器中，由于核信息探测器输出的脉冲信号内阻大，为了有效地将该脉冲信号传送出去，需对该信号进行处理，这就是核信号的传送和放大电路，主要包括阻抗匹配和功率放大。在本实验中，要求学生掌握以下知识：

(1) 熟悉 G-M 计数管工作原理，了解实际结构和使用方法；

(2) 掌握阻抗匹配的必要性；

(3) 了解信号传递方法和实际电路；

(4) 进一步熟悉脉冲示波器、数字万用表的使用方法；

(5) 掌握按照电路图查对电路板上元器件的方法；

(6) 掌握检测实际电路的交流、直流工作状态和判断其正常工作与否的基本方法。

2. 实验原理

(1) G-M 计数管工作原理

G-M 计数管工作在电离曲线(见图 2.1)的 V 区。射线粒子射入计数管时，在撞击管内气体分子过程中，只要能使一个分子电离，产生一对正负离子，在高压电场加速下，这对离子将快速运动，电离沿途的气体分子。离子对数以几何级数方式猛增，即所谓"雪崩"，立即形成全管放电，放电电流在阳极负载 R_1 上形成了负向电压脉冲，标志着这个射线粒子被记录下了。由于每个射线粒子只起到"点火"的作用，所以 G-M 计数管只能用于射线、粒子的计数，而不能用于对射线、粒子的能量测量。

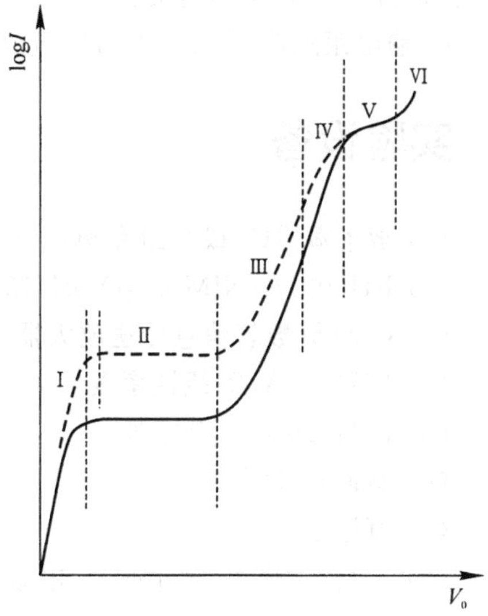

图 2.1　电离曲线

（2）G-M 计数管信号传送与放大电路

图 2.2 的 T_1 是 G-M 计数管，是个高阻器件，即它的内阻很高，输出信号电流很小，因此必须经过阻抗匹配电路才能与输入阻抗较低的晶体管后续电路连接以确保 G-M 计数管核脉冲信号的正常输出。另外，虽然 G-M 计数管的输出幅度大于其他探测器的输出幅度，但经长电缆传输后信号可能衰减，为保证输出信号被后续电路有效记录，需对 G-M 计数管输出核脉冲信号进行功率放大。

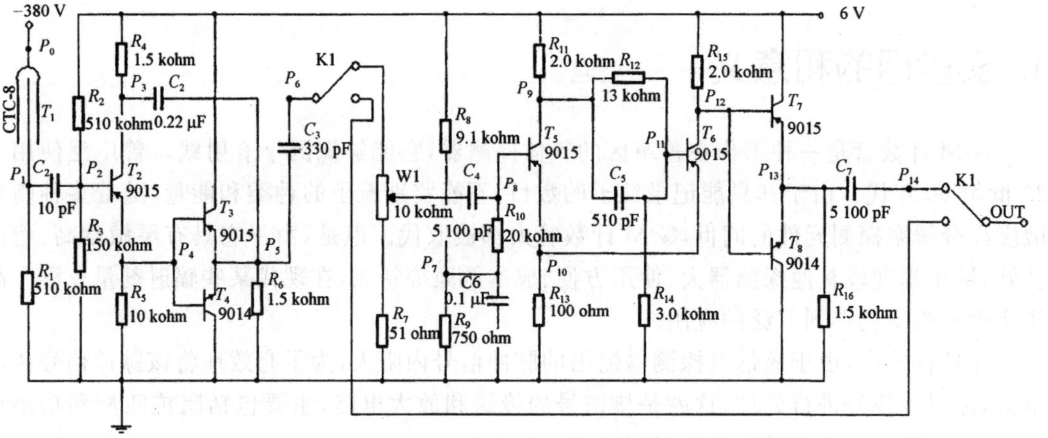

图 2.2 实验电路原理图

a. 阻抗匹配电路：由 T_2、T_3、T_4 及相连的阻容组成：

T_2、R_5 等为第一级跟随器，输入阻抗很高，可达几十 kΩ 以上。

T_3、T_4、R_6 为互补跟随器，输出阻抗较低，仅几百 Ω；互补保真了脉冲前沿。C_2 是自举电容，提高了跟随器放大系数，使其很接近 1。

b. 放大器：由 T_5、T_6 及相连的阻容组成。R_{13} 是两级放大的电流负反馈电阻，经 T_5、T_6 两级的倒相，T_6 输出仍是负脉冲。

c. 输出跟随器：由 T_7、T_8、R_{16} 组成，输出阻抗较低，能与后续晶体管电路匹配。

3. 实验设备

（1）放射源 ^{137}Cs 或密封在塑料瓶中的铀矿石粉	1 个
（2）FH0001A（NIM 机箱）、BH1222 机箱电源及检修电缆	1 套
（3）G-M 计数管信息传送放大器	1 台
（4）FH1009A(B)线性率表	1 台
（5）BH1220 自动定标器	1 台
（6）脉冲示波器	1 台
（7）万用表	1 台
（8）工具（尖嘴钳、大小改刀、电烙铁）	1 套

4. 实验步骤

(1) 按所列“实验仪器设备”查对数量及完好情况。

(2) 从机箱内抽出 G-M 计数管传送放大插件,并抽掉两侧护板。

(3) 按照图 2.2 电路原理图查对电路板上各对应元件的位置。

(4) 测量静态工作电压。

电路静态工作电压正常与否是决定动态性能的极重要的数据,以此可推知电路的动态工作情况。

a. 在断开电源的情况下,用检修电缆把 G-M 计数管信息传送放大器插件与机箱 42 芯电源插座连接好。

b. 把高压电源调到 0 V。

c. 打开机箱总线电源开关和插件电源开关。

d. 按电路原理图所标的 $P_1 \sim P_{13}$ 节点测量其直流静态工作电压,填入表 2.1 中。

表 2.1 直流静态工作电压 单位:V

工作点	P_1	P_2	P_3	P_4	P_5	P_6	P_7	P_8	P_9	P_{10}	P_{11}	P_{12}	P_{13}
电压/V													

e. 高压检测

① 用 600 V 静电伏特计或高内阻电压表高压挡测量,或用数字万用表 1 000 V 挡测量。但比静电伏特计测的结果都有较大的负误差,原因是高压电源功率小内阻高。

② 电压表正端接地,负端接 P_0 点。打开 G-M 传送放大插件的高压开关,电压表指示出 G-M 阴极负高压:$U_{P_0}=$ ____ V。

(5) 交流工作状态测量:

a. 示波器 ch1 衰减调 1 伏挡,ch1 测棒接到 P_1 点,Time 钮调到 50 μs。按下触发“常态”开关。

b. 将放射源逐渐移向 G-M 计数管,示波器上的波形亮度较清楚时即可。

c. 调触发“电平”钮使波形稳定;调 ch1 衰减钮,得适当脉冲幅度;调 Time 钮得适当宽度。测波形参数,按表 2.2 规定项目测量,并把数据填入表内。

(6) 放射源计数率测量

a. G-M 信息传送放大器插件输出口与定标器和率表插件的信号输入口,用同轴电缆接通,打开它们的电源开关。

b. 将放射源移到 G-M 计数管附近,启动定标器进行 30 s 测量。读数 10 次。观察其变化情况;取平均值。同时观测出率表上的读格:________脉冲/分,________格。

(7) 检查核对所测定各种数据波形无误后,逐个关闭高压和其他插件电源、拆下各种连线。整理仪表工具,履行交还手续。

表 2.2 波形记录

电路	测点	波形	幅度/V	宽度/μs	前沿/ns	失真
G-M	P_1					
自举跟随器	P_2					
	P_3					
	P_4					
	P_5					
放大器	P_8					
	P_9					
	P_{10}					
	P_{12}					
跟随器	P_{13}					

注意事项：

(1) 放射性工作源尽量远离(50～60 cm)身体，尤其是头部和眼睛等。

(2) 接触过工作源的手，未洗前严禁触摸口、鼻、眼等部位，防止内照射。

(3) 注意轻拿轻放仪器及配件，特别是易碎件，以防损坏，注意手不要触碰高压电路。

5. 实验报告

(1) 整理静态、动态参数分析准确程度，如有偏离说明原因。

(2) 讨论各测量点波形变化的原因。

(3) 描述 G-M 管工作波形的特点和决定其波形特点的因素。

(4) 说明互补电路和自举电路的工作原理和在信号输出中的作用。

(5) 说明用定标器和计数率表测量计数率时，所得结果有一定差别的原因，应该如何证实你的推论。

6. 思考题

(1) G-M 计数管工作在电离曲线的哪一部分？输出为什么会形成负脉冲？其幅度宽度和哪些参数有关？

(2) 第一跟随器输入、输出阻抗有多大？作用是什么？

(3) 互补跟随器优点是什么？哪个是自举电路，作用是什么？

(4) 长距离传送信号为什么要用跟随器作为输出级？

(5) G-M 计数管可与高输入阻抗的器件如场效应三极管、CMOS 电路直接匹配连接吗？为什么？

实验 3　放射性现象的统计特征

1. 实验目的和意义

放射性是一种具有统计特征的随机现象。研究放射性必须用统计方法；而只有用统计的观点和方法才能深入理解放射性现象。因此，统计理论是核物理最重要的基础理论之一。放射性现象的统计特征与偶然误差有相似之处，它们都服从于高斯分布和泊松分布。但其实质是不同的：偶然误差是指在测量某一数值时，由于某些不确定的原因而引起测量数据的涨落，但它存在一个客观的、固定的真值。而放射性现象本身就是随机的，单位时间的蜕变数本身就在变化；只有经过长时间测量，利用统计方法才能对其蜕变参数得出比较清晰的概念。

放射性现象和由此产生的射线或粒子无法用肉眼观察。必须使用某种探测器来记录。测量数据包含了多种因素引入的误差，但仍然可以反映放射性现象的统计特征。

在实验 2 中已经了解了 G-M 计数器的特性。在此基础上，进一步熟悉 G-M 计数器特性的测定和工作状态的调整；并在固定状态下测定放射性产生射线的计数率，进行统计。

通过实验要求学生掌握以下知识：

(1) 学习 G-M 计数器工作特性(坪曲线) 的测定和工作状态的调整；

(2) 掌握定标器下阈的调节和剔除噪声以及低幅度本底的方法；

(3) 观察放射性现象的统计特征；

(4) 学习统计成果的图表表示和参数计算方法。

2. 实验原理

(1) "统计"是指对大量数据进行综合评价。放射性现象的统计特征也需要通过长时间多次测量，采集大量数据(样本)才能观察到。若测量数据为 x，当采集的样本个数为无穷大(个数很多)时，其数据在平均值 $\overline{x}$ 附近按一定规律分布。这一规律可以用下式来描述：

$$P(x) = \frac{(\overline{x})^x}{x!} \cdot e^{-\overline{x}} \tag{3-1}$$

即泊松分布。

或用高斯正态分布来描述：

$$P(x) = \frac{1}{\sqrt{2\pi\overline{x}}} \cdot e^{-\frac{-(x-\overline{x})^2}{2\overline{x}}} \tag{3-2}$$

这里 $P(x)$ 是测得计数为 x 的概率。当 x 很小时服从泊松分布；当 x 大于 10 时，泊松分布与高斯分布非常接近。放射性测量仪器取得的数据，在一般情况下都比较大。所以常利用高斯分布来描述放射性测量数据。高斯分布也可以写作：

$$P(x) = \frac{h}{\sqrt{\pi}} \cdot e^{-h^2(x-\overline{x})^2} \tag{3-3}$$

$$h = \frac{1}{\sqrt{2}\sigma} \tag{3-4}$$

其中，$P(x)$ 表示观测值 x 出现的概率；h 称为“精确度指数”；σ 称为“标准误差”。标准误差 σ 直接确定了正态分布曲线的宽度。当 σ 越大时，则曲线越平坦。

图 3.1 表示高斯正态分布的图像。当 $x = \overline{x}$ 时，曲线有极大值，由精确度指数 h 确定。重复测量的数据越分散，测量精度就越低。σ 越小，曲线越窄；根据高斯分布的基本理论，当概率为峰值的一半时分布曲线的宽度为：

$$\text{FWHM} = 2(2\ln 2)^{1/2} \cdot \sigma = 2.35\sigma \tag{3-5}$$

FWHM 称为半高宽度。在半高宽度范围内，x 在 $(x-\sigma)$ 到 $(x+\sigma)$ 置信区间的概率为 68.3%。

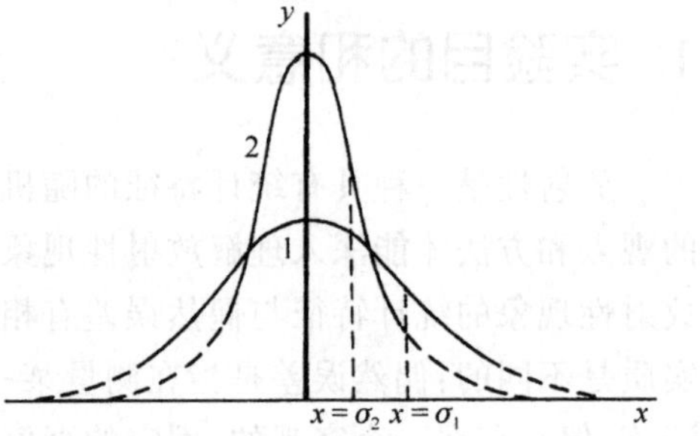

图 3.1 高斯正态分布曲线

(2) 统计规律的研究，必须对大量数据进行观察、分析。因此，需要采集大量数据，即进行多次（为计算方便，常取 100 或 200 次）读数。每一次读数都在其平均值附近变化。差别大的概率低，差别小的概率高，在 $\pm\sigma$ 范围内的概率理论值为 68.3%。

(3) G-M 计数器工作状态的调整。

G-M 计数器由盖格和弥勒发明，因此用他们的名字命名。G-M 计数器是气体探测器的一种。在实验 2 中已经使用过。在其阴极和阳极之间所加高电压的高低直接决定其工作状态。其电压特性表示如图 3.2 所示。

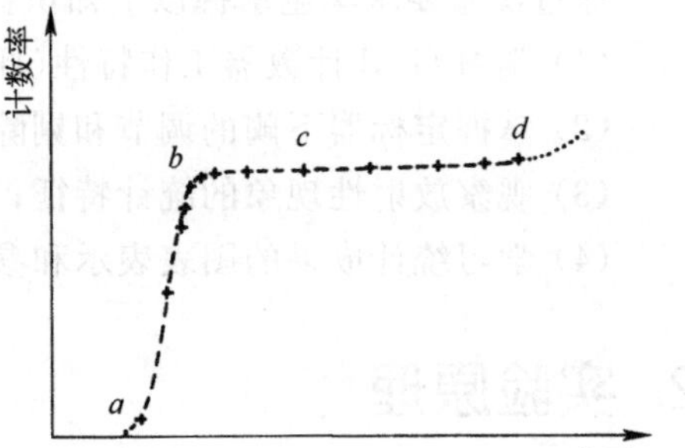

图 3.2 G-M 计数器电压特性曲线

在高电压较低时，计数器内电场不足以引起雪崩放电，输出脉冲幅度很小而不能被记录。当高电压加高，可以引起雪崩放电时，只要在计数器灵敏区内有一对正负离子存在，将引起雪崩放电。输出脉冲信号迅速加大，而被后续电路记录（图 3.2 中 ab 段）。随高电压继续增高，雪崩放电的范围和电流也继续加大，但其脉冲数目或计数率(注意，是计数率)将基本不变(图 3.2 中 bd 段称为“坪”)。但由于对自持放电猝灭不完全和负离子的形成，引起的乱真放电会随工作电压升高而略有增加，将会导致假计数增多，从而使坪区计数率仍会随工作电压升高而略有增加，即出现坪斜。当高电压进一步增高，大量的雪崩放电电荷形成强放电电流，甚至一部分电荷不能被猝灭而进入连续放电区，将消耗大量的猝灭气体（图 3.2 中 d 点以后区域）。这时，计数率迅速增加，可能使计数器损坏。

测量 G-M 计数器电压特性的目的是正确选择其工作状态。因而，在发现计数率略有增加时（c 段的后部），应立即降低高压，不必测量完整的坪曲线，避免损坏计数器。在 bd 段，计数率随高压的变化最小，称为计数器的“坪”；$V_d \sim V_b$ 称为坪长；而 d 点和 b 点计数率的差除以坪长则称为 G-M 计数器坪的斜率 R_p。可用公式表示如下：

$$R_p = \frac{I_d - I_b}{V_d - V_b}$$

将工作电压选在 c 段的前部。在 c 段，计数率随高压的变化率最小，工作状态比较稳定。

3. 实验设备

(1) 天然铀矿石（在塑料瓶中用石蜡密封）	1 瓶
(2) G-M 计数器及前置放大器	1 套
(3) 高压电源	1 台
(4) NIM 低压电源及插件机箱	1 套
(5) 定标器	1 台
(6) 连接电缆	1 组

设备连接框图见图 3.3：

其中工作放射源为石蜡密封在塑料瓶中的天然铀矿石。

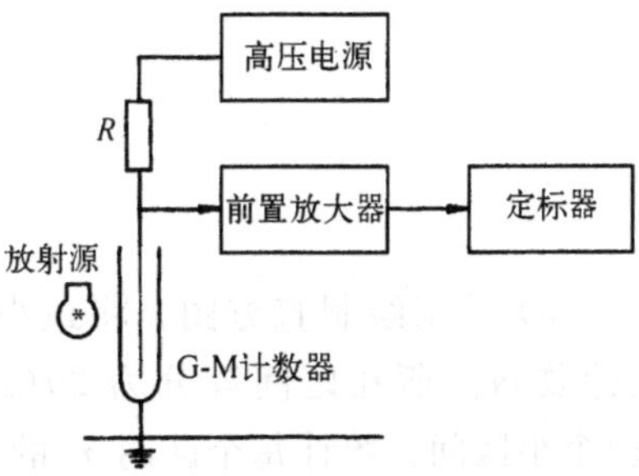

图 3.3 设备连接框图

4. 实验步骤

(1) 熟悉所使用的设备和电路插件。按设备连接框图连接好各个插件。经教师检查后再接通电源。

(2) 将高压电源调节旋钮调到最低。定标器上的甄别器甄别电位处于最低。

(3) 放好放射源（距探测器约 5 cm）。打开高压电源，逐渐升高高压电源电压；在不同高压点，用定标器记录输出信号的计数率。测定G-M计数器的“坪曲线”并记录在表 1 中。并选定其工作电压。将高压调到工作电压位置，即坪曲线的前半部 c 点。

(4) 移开放射源，测量实验室本底，这时计数率应很低。若仍然较高，说明有大量仪器噪声进入定标器。适当提高定标器甄别器的甄别阈，使定标器自动抑制噪声。

(5) 移近放射源，使定标器 30 s 记一个数。移动放射源，使计数在 3 000～5 000 范围内。

(6) 固定仪器状态（包括电压状态和几何状态！），长时间（1 h 以上）多次（100～200 次）读数并记录在表 2 中。同时注意仪器稳定性。

(7) 实验操作完毕，关闭电源。整理好个人实验桌上设备，经教师检查后离开实验室。

注意事项：

(1) 使用放射性工作源（经简封的开放性铀矿石）要注意安全，不要打开塑料容器！

(2) 不要触及高压！

5. 实验报告

（1）绘制 G-M 计数器工作曲线，即坪曲线。表示固定条件下，计数率与高压电源电压的关系。

（2）手工绘制散点图。定标器是按选定时间读数的，即每一次读数之间的间隔是相等的，可以按等间距在方格纸上，用散点展示读数次序一计数的关系（见图 3.4）。

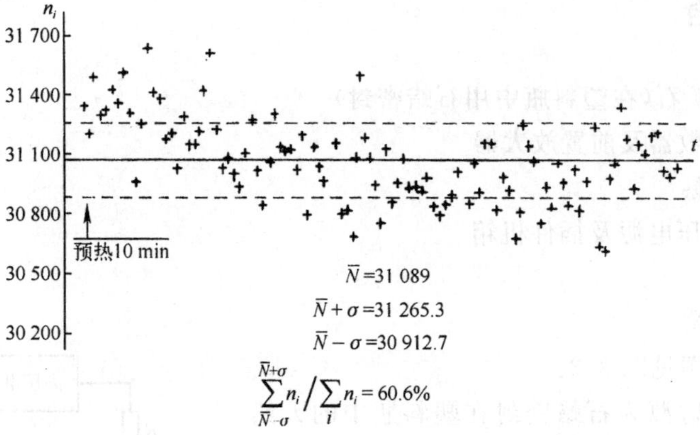

图 3.4 计数散点图

（3）手工绘制直方图。将最小计数 N_{min} 到最大计数 N_{max} 所在区间等分为 20（或其他数目，自选）个小区间。统计每个区间 x_i 的读数个数 n_i，作 $x_i - n_i$ 直方图（见图 3.5）。

（4）数据统计

a. 计算平均值 $\overline{N}$；

b. 计算标准误差 σ；

c. 统计在 $N \pm \sigma$ 范围之内所占面积与总面积之比。

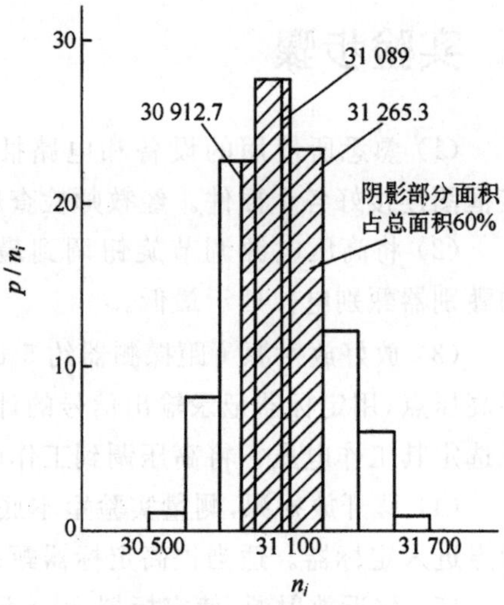

图 3.5 计数直方图

记录格式：

（1）工作条件；

（2）仪器工作状态；

（3）实验数据（见表 1）。

表 1 G-M 计数器坪特性测试数据

高压	计数/30 s			平均	备注
	1	2	3		

表 2 1小时内仪器计数的变化

顺序	1	2	3	4	5
1					
2					
⋮	⋮	⋮	⋮	⋮	⋮
19					
20					

6. 思考题

（1）为什么测定 G-M 计数器电压特性曲线时，不能加过高的电压？为什么工作点要选择在"坪"的前部？

（2）为什么要用定标器中甄别器的下阈切掉仪器噪声？这时噪声是否还存在？

（3）为什么要调整放射源一探测器的距离，使计数率在一定范围内？计数率太高或太低有什么影响？

（4）若统计区间的大小(Δx)不同时，直方图会有什么变化？

（5）直方图不圆滑，不对称说明了什么问题？

实验 4　α 射线在空气中的吸收

1. 实验目的和意义

α 射线是放射性核素 α 衰变时发射的带电粒子。测定和研究 α 射线的能量特征和注量率，对确定放射性核素的种类、进行核安全检测都有重要意义。此外，在核素鉴定、核分析中，也常用到 α 方法。因此需要掌握 α 测量技术。

测定 α 射线可以采用核乳胶、α 电离室（α 杯）、ZnS(Ag)闪烁计数器、流气正比计数器等方法。而金硅面垒半导体探测器具有操作方便、稳定性较好、探测效率较高的特点。学习使用金硅面垒半导体探测器探测 α 射线，对掌握其他半导体探测器的使用也有帮助。

测定 α 射线在物质中的吸收，通常有两种办法：其一，是在放射源与探测器之间加吸收物质（薄膜），研究 α 射线穿过薄膜时的衰减；其二，是改变放射源与探测器之间的距离，研究 α 射线穿过空气时的吸收。这两种方法在可操作性、参数精度和几何位置校正等方面都存在一些困难。本实验拟采用改变气压（改变空气密度）的办法来研究空气对 α 射线的吸收。这也是一种新的尝试。由于不需要反复打开探测器密封室和改变探测系统几何位置，不必做立体角校正，测量数据的精度也可以得到提高。

通过本次实验，学生要学习以下内容：

(1) 复习和验证 α 射线的基本特性及其与物质作用的基本理论；

(2) 熟悉金硅面垒半导体探测器的工作原理和基本结构；

(3) 学会金硅面垒半导体探测器的使用方法；

(4) 了解低真空系统的组成和应用；

(5) 学习和理解采用不同方法研究、解决问题的思维方法。

2. 实验原理

(1) 金硅面垒半导体探测器是在 N 型硅晶体表面蒸镀上很薄的金层；由于电子和空穴的扩散，在其界面上形成势垒。当加上反向电压时，将形成一定厚度的耗尽层（PN 结区），并处于绝缘状态。当带电粒子穿过薄金层进入结区时，将损失能量形成电子-空穴对。在电场作用下电子-空穴对向两极漂移而形成微弱的电荷脉冲，此脉冲经电荷灵敏前置放大器阻抗变换，输出幅度与探测器输出的电荷量成正比的电压脉冲。由于耗尽层较薄，只适合探测穿透能力很弱的 α 射线。β 射线在耗尽层中，只损失少量能量，形成脉冲幅度很低；而金硅面垒半导体探测器对穿透能力很强的 γ 射线极不敏感。

(2) 金硅面垒半导体探测器在原理上相当于一个 PN 结晶体二极管。在其两端需要加一定的反向电压。必须注意所加偏置电压的极性和幅度。因此在安装和使用金硅面垒半导体探测器之前，必须仔细阅读说明书。

金硅面垒探测器安装在密封容器中。其输出端经短导线直接接到电荷灵敏前置放大器的输入端(见图 4.1)。再经前置放大器放大、阻抗变换之后送到后续电路处理。

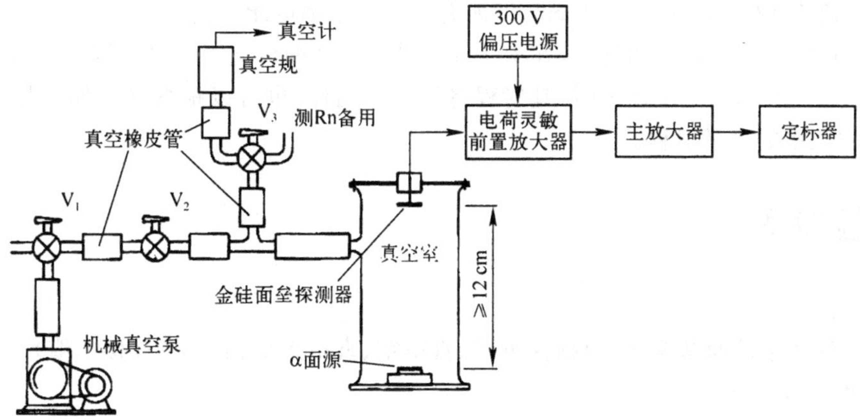

图 4.1 金硅面垒探测器 α 吸收实验装置示意图

(3) α 粒子与空气分子(包括 O_2，N_2 等)相互作用，在 n MeV 能量范围内，产生核反应和卢瑟福散射的几率都很小，可以忽略不计。α 粒子主要与核外电子碰撞，并将一部分能量传递给电子。由于 α 粒子的质量远大于电子的质量，所以每次碰撞传递给电子的能量很少，并且 α 粒子的运动方向几乎不变。在单位距离上碰撞的次数取决于空气中分子的密度，即在 α 粒子的运动路径上分子的多少，亦即空气气压的大小。

α 粒子在空气中的射程 R_0 可以用经验公式计算，当 α 粒子的能量在 4～8 MeV 范围内，这时

$$R_0 = 0.318E^{3/2} \tag{4-1}$$

式中，R_0——标准状况下 α 粒子在空气中的射程；

E——α 粒子的能量。

由此可见 α 粒子的射程与其能量并非线性关系，天然放射性核素发射的主要的 α 粒子的最大射程为 8.62 cm($^{212}_{84}$Po，8.785 MeV)。各种 α 辐射体发射不同能量 α 射线的射程与能量的关系如图 4.2 所示。

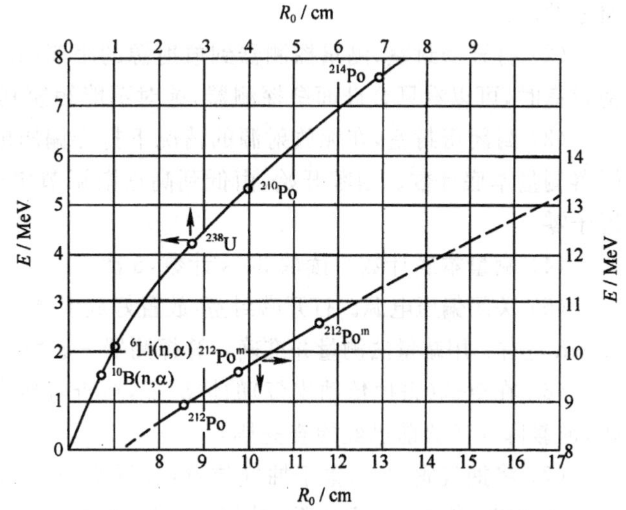

图 4.2 不同能量 α 射线的射程与能量的关系

(4) α 粒子在空气中按直线运动。当其能量完全消耗之后，形成氦核。在 1 atm 空气中的射程一般为 5～6 cm；若在真空中进

行测量，其当量射程就等于实际距离（试样表面至探测器表面的距离）乘以空气气压，如实验装置所示。实际距离为12 cm，当气压为1 atm时，不论是用^{241}Am面源（E_α，5.486 MeV）还是^{238}U面源（4.756，4.185 MeV），α粒子都不会有12 cm的射程，计数率很小（本底）；气压为0.5 atm时，当量距离为12×0.5 cm，可能有α粒子达到这一当量射程；而气压为0.1 atm时，当量距离为12×0.1 cm＝1.2 cm，即所有的α粒子都可能被记录。

由此可知：改变容器中的气压，在探头几何结构不变的情况下可以换算α射线在空气中的当量射程。相反，当气压加大时，其射程将缩短。同样，也可以根据气压换算标准状况下α射线在空气中的当量射程。

3. 实验设备

设备清单：

（1）α射线金硅面垒探头（包括探测器、真空室、真空系统、支架及连接电缆）	1套
（2）前置放大器	1台
（3）300 V偏压电源	1台
（4）压力测量系统	1套
（5）α面渠	1个
（以上设备为各组公用）	
（6）主放大器、单道分析器及定标器	各1台
（7）连接电缆	1组

设备连接框图（见图4.1）。

4. 实验步骤

（1）按连接框图连接真空系统及电路。经教师检查后，一定在关闭偏压的情况下再接通电源。

（2）打开密封室，测量探测器到放射源的距离（扣除放射源厚度，用减量法计算）。打开密封室时，可以看见金硅面垒探测器，绝对不能触摸其镀金层。以免损坏探测器。

（3）封闭密封室，在无放射源的情况下打开偏压电源，按说明书推荐值调节偏压。用定标器测量本底计数。由零开始，由低到高逐渐调节定标器下阈的阈值；使本底计数很小，接近于零。

（4）测量本底计数。读取30 s计数，5次。

（5）关闭偏压电源。打开密封室，放置好放射源。使放射源上表面距探测器表面为12～13 cm左右。用减量法测量并准确计算探测器－放射源上表面的距离（准确到0.5 mm量级）。

（6）在空载（去掉传动皮带）的情况下，检查机械真空泵的旋转方向是否正确（这十分重要，但教师在实验前已经检查完毕）。

（7）将抽气阀门V_1置于抽气位置（连通真空室与机械泵）。去掉机械泵出气口塞子装好传动皮带；接通机械泵电源；抽气。开始时，机械泵发出的声音较沉闷；十几秒钟以后，声音变得清脆。V_3接通真空计，真空表指示在10^{-2} mmHg左右，关闭阀门V_2。

(8) 关闭机械真空泵，立即旋转真空阀门 V_1 对机械真空泵放气。

(9) 测量最低气压(实际是 10^{-2} mmHg 量级)的 α 射线计数。记录气压值；读取 30 s (根据计数率大小可选择)计数 3～5 次，取平均值。

(10) 打开真空阀门 V_1，关闭 V_1；再打开 V_2，关闭 V_2，对真空室缓慢放气。在一定气压(气压增量约为 0.02～0.05 atm)下读取 30 s 计数，3～5 次。分别记录下气压值、计数及其平均值，直到恢复 1 atm 为止。共计 15～25 个测点。

(11) 关闭偏压电源。打开密封室。取出放射源。重新封闭密封室。打开偏压电源，测量本底计数。与实验开始时测量的本底计数比较。

(12) 手工及时绘制草图。表示气压 - 计数率曲线。检查曲线光滑程度；确定需要补点的位置。

(13) 根据需要，并得到教师同意后，重复步骤(7)～(10)项的内容。

注意事项：

(1) 金硅面垒探测器的表面是很薄的金镀层；极易损坏，不能触摸。

(2) 金硅面垒探测器工作过程中需要避光。打开密封室时，必须关闭偏压电源。

(3) α 射线源是高含量铀矿石薄层，虽然经过简单遮挡，但仍然是开放性放射源。注意安全。不要打开塑料盒；更不要接触放射源表面。

5. 实验报告

(1) 详细阐述本实验的目的和意义，以及采用改变气压测定 α 粒子当量射程的原理。

(2) 说明金硅面垒探测器的工作原理、特点、使用方法和注意事项。

(3) 说明金硅面垒探测器探头的机械结构特点。

(4) 说明不同真空度下，等效距离的意义。

(5) 手工作图，表示气压(等效距离) - 计数率的关系。

(6) 查对平衡 U 的 α 射线能量及其公认射程与实验中测量的结果是否吻合。

(7) 心得体会和建议。

记录格式：

(1) 实验工作环境及条件

(2) 仪器工作状态

(3) 实验数据

a. 本底计数

测量时间	实验开始			平均	实验结束			平均
本底计数								

b. α 计数

气压	当量距离	计数/30 s				备注
		1	2	3	平均	
⋮	⋮					

6. 思考题

(1) 金硅面垒半导体探测器与普通半导体二极管有何异同？用普通二极管能不能探测α射线？

(2) 测量α射线时，不考虑β和γ射线的干扰，其理由何在？

(3) 测量前后的本底计数是否相同？说明其相同或不同的原因。

(4) 为什么打开真空室时特别强调要关闭偏压(加在探测器上的高压电源)？

(5) 探测器与放射源的实际距离是不变的。用改变气压，并用气压值来表示其等效距离的依据何在？这样做有哪些好处？

实验5　NaI(Tl)闪烁探测器的组成及其“坪”曲线的测定

1. 实验目的和意义

闪烁探测器出现于20世纪40年代中期，经过几十年的发展，它已经成为相当完善的探测器。就其应用可分为① 能谱测量；② 注量测量；③ 时间测量；④ 剂量测量，其中剂量测量包含强度测量和能量测量。虽然目前γ射线及X射线测量领域，半导体探测器有突出的优点，但是在医学、工业等应用领域以及核物理实验中，闪烁谱仪特别是NaI(Tl)单晶γ谱仪使用仍然相当广泛。

NaI(Tl)闪烁谱仪通常由NaI(Tl)闪烁体、光电倍增管(GDB)和后续电子仪器组成。要使一台NaI(Tl)闪烁谱仪正常工作，并且达到最佳工作状态，就必须为其提供适当的工作高压。若高压取得偏低，会有两种结果，一是测量不到数据；二是由于电源的波动致使输出结果与输入能量不再保持线性关系，当我们用探测系统输出端的电信号特征来判断输入端的放射性特征时，就会出现错误；若高压取得偏高，则测量的结果里包含大量被放大了的噪声数据，使探测器的能量分辨率下降，还会大大缩短探测器的寿命。高压太高也会引起最后几个打拿极之间电压降低，放大倍数减小。所以选择一个合适的工作高压，其意义重大。我们必须注意到：闪烁计数器的“坪”的概念与正比计数器的“坪”有所区别。闪烁计数器的“坪”不但取决于其本身的特征，还与后续电路的工作状态密切相关。即必须在后续电路一定和射线照射量率一定范围的情况下(正常工作状态下)来测定其计数率随高压的变化。测定NaI(Tl)闪烁谱仪的坪曲线，取其坪的平坦处对应的高压为工作电压。

通过本实验，学生可以学到：

(1) 熟练掌握NaI(Tl)探测器的组成及结构；

(2) 深刻认识NaI(Tl)闪烁探测器坪曲线测定的目的和意义；

(3) 掌握NaI(Tl)闪烁探测器工作曲线中坪形成的原因，理解其影响因素；

(4) 掌握闪烁探测器坪曲线测定的方法。

2. 实验原理

闪烁探测器组成如图5.1所示。它主要由闪烁体和光电倍增管组成。当γ射线照射到闪烁体上时产生二次电子，它使闪烁体中原子、分子发生电离和激发。处于激发态的原子核退激时会发出大量光子。这些光子不是单色的，而是一个从可见光到紫外光的连续谱。但是对于特定的闪烁体总可以找到一、两种特定波长的光，它的发射概率最大。在激活剂的配合下，光子将穿越闪烁体本身而打到光电倍增管光电阴极，通过光电效应，在GDB光电阴极内表面产生光电子。光电子在GDB内部高压形成的电场作用下，逐级倍增，在GDB阳极上收集大量的电子，进而形成电信号。电信号的幅度正比于入射射线的能量。

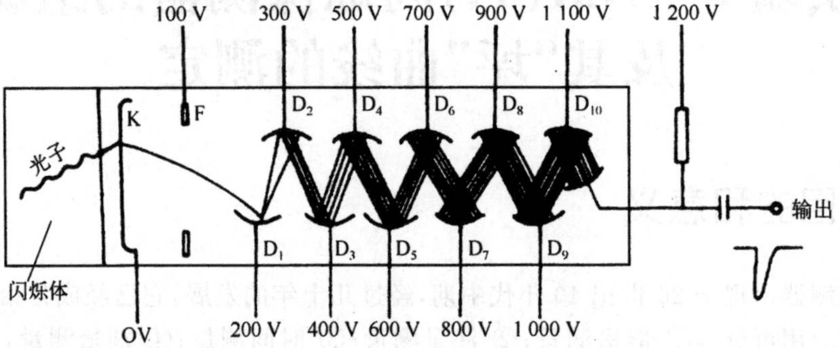

图 5.1 光电倍增管

闪烁探测器的坪曲线是在核辐射注量率不变的情况下，研究闪烁探测器输出的计数率随光电倍增管工作高压变化关系而作出的一条曲线，一般情况下，这条曲线会出现一段比较平缓的区域，我们把它叫做“坪”。

当所加工作高压在一定的范围时，由于所有核辐射信号幅度均已达到后续电路的阈值。当工作高压在此区间增大时，触发后续电路而被记录的核辐射信号个数变化较小，而噪声信号仍然未达到阈值要求。所以此区间的计数率仍然保持不变。注意，由于个别较大的噪声脉冲此时也可能达到阈值，所以“坪”会随工作高压升高而略有抬高。

当所加工作高压继续增大时，由于此时的放大倍数足够大，将所有的噪声信号都充分放大，使得其幅度超过后续电路阈值，所以计数率会突然升高，“坪”区结束。通常，以工作电压在坪区开始，每增100 V时计数率增长的百分比来表示坪斜。

闪烁探测器“坪”是否出现与很多因素有关，比如晶体和GDB的性能、仪器的放大倍数和甄别阈值，也与探测器的能量分辨率、射线的能谱有关。例如同一型号的晶体，能量分辨率高的易形成“坪”曲线，入射射线能量单一时比能量复杂时出现的“坪”要好。对于GDB来说，要得到“坪”区长和“坪”斜小的曲线，应选用阳极灵敏度大和暗电流小的GDB，阳极灵敏度大有利于提早进入坪区，暗电流小有利于坪区向高压方向延伸。

“坪”曲线测出来后，探测系统的高压往往选在坪曲线的前1/3～1/2处对应的高压值。这样当高压、放大倍数、甄别阈等发生少许变化时，测得计数率不会变化很大，从而改善仪器的工作稳定度，减小外界因素对测量结果的影响。

3. 实验设备

设备清单：

(1) NIM机箱和电源 1套

(2) 1 000 V可调高压电源 1台

(3) 线性脉冲放大器 1台

(4) 定标器 1台
(5) 单道分析器 1台
(6) NaI(Tl)闪烁计数器 1台
(7) ^{137}Cs 放射源 1个
(8) 连接线缆 1组

设备连接框图见图 5.2：

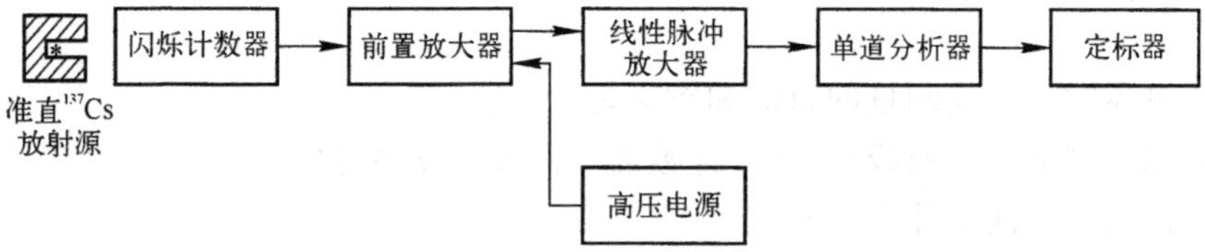

图 5.2 设备连接框图

4. 实验步骤

(1) 清点、检查，连接仪器。

(2) 将高压调节为 0 V。

(3) 连接好仪器设备，请教师检查后再打开仪器电源，使仪器充分预热。

(4) 将准直的^{137}Cs 放射源放到距探测器 10～20 cm 处。

(5) 缓慢转动高压细调旋钮，使电压逐渐增高，寻找有较明显计数时的电压，称为阈电压。

(6) 找到阈电压后，电压每升高 10 V，测量一次计数，每次测量 2 min，直到坪区测完为止。注意，在坪区即将结束计数率略有增高时，应及时将高压调低。

(7) 测量完毕，检查实验数据完整、无误后，将“高压”旋钮调至最低。依次关闭高压和电源。

(8) 整理好个人实验桌上设备，经教师检查后才能离开实验室。

注意事项：

(1) 使用放射源时注意安全，不要让放射源长时间对着身体；更不要对着眼睛。

(2) 调节高压时要非常细心，特别是进入坪区后。

(3) 在计数略有增高时，及时降低高压。

5. 实验报告

(1) 根据测量数据绘制出坪曲线。

(2) 根据坪曲线和数据，计算坪斜和坪长。

(3) 确定探测器的工作高压值。

(4) 讨论“坪”曲线的特征。

(5) 心得和建议。

记录格式

不同高压下的计数率

高压						
计数/120 s						

坪斜＝________

6. 思考题

(1) 探测器“坪”曲线测量的目的和意义是什么？
(2) 闪烁探测器“坪”曲线和 G-M 计数器坪曲线有哪些异同？
(3) 坪曲线在坪区为什么不平？

实验6 NaI(Tl)闪烁谱仪测定γ射线谱及能量刻度

1. 实验目的和意义

γ射线能谱的测定和研究，在核辐射探测、核理论研究、核安全防护和核技术应用中都具有重要的意义。

γ谱分析的任务是通过γ谱判断核素种类以及含量，这就需要对谱仪进行能量刻度和效率刻度。本次实验的内容就是针对适用于γ射线测量的NaI(Tl)闪烁谱仪进行能量刻度。本次实验的主要目的是通过对NaI(Tl)闪烁谱仪的能量刻度，使学生认识和了解谱仪刻度的基本原理及其过程，认识各种源的γ射线能谱，了解γ射线在与物质作用时各种吸收、散射过程对能谱分布的贡献；同时，使学生掌握NaI(Tl)闪烁谱仪工作状态的选择、调整和使用方法，为学生在以后的工作和学习中根据要求正确使用闪烁谱仪打下基础。

铀矿是一种天然放射性矿石，是核工业的矿物原料，是核工业的起点。除铀矿之外，在自然界还存在钍矿、钾盐矿，它们都具有明显的放射性。如何从射线能谱的角度来区分不同放射性核素，对寻找和开发铀矿资源具有非常重要的意义。

铀、钍等重放射性核素在衰变的过程中会形成一个放射性系列，而这些核素的地球化学性质各不相同，在长期(若干万年以上)的地质变迁中，同一系列的比例关系会发生变化。这也会反映在射线谱成分的变化上。

通过这次实验要求学生掌握以下知识：

(1) 掌握NaI(Tl)闪烁谱仪的工作原理和工作状态的调节；

(2) 认识NaI(Tl)闪烁谱仪的技术性能和使用方法；

(3) 掌握谱仪能量刻度的基本原理；

(4) 学会计算谱仪的能量分辨率；

(5) 掌握^{241}Am，^{137}Cs，钾盐及平衡铀矿石的γ射线谱的特征；

(6) 学会多道谱仪的使用方法；

(7) 对测量误差进行分析。

2. 实验原理

(1) NaI(Tl)闪烁谱仪的组成

NaI(Tl)闪烁谱仪由NaI(Tl)闪烁体、光电倍增管、射极输出器和高压电源以及线性脉冲放大器、单道脉冲幅度分析器(或多道分析器)、定标器等电子学设备组成见图6.1。

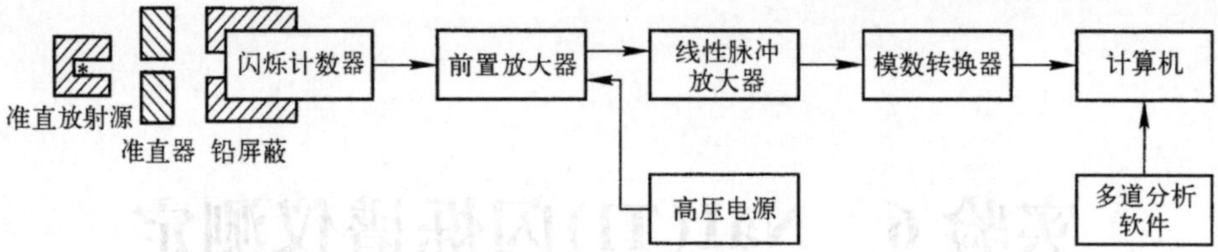

图 6.1 NaI(Tl)闪烁谱仪的组成

(2) γ 能谱的形成

γ 能谱仪探测 γ 射线，主要是测量 γ 射线在探测元件(如 NaI(Tl))中产生的次级电子，这些次级电子在探测元件中损耗能量并转化为光子，光子在光电倍增管阴极上打出光电子经再生极倍增。使入射的 γ 射线的能量与 γ 能谱仪产生的脉冲幅度成正比。

a. 光电峰的形成

当 γ 射线与 NaI(Tl)晶体发生光电效应时，所产生的光电子能量几乎等于入射光子的能量，即

$$E_{光电子} = h\nu_0 - \varepsilon \approx h\nu_0 \tag{6-1}$$

若光电子能量全部损耗在晶体里，则光电子在晶体中形成的脉冲代表 γ 射线的能量，在 γ 射线能谱中，对应于谱图中的光电峰。

当 γ 射线与 NaI(Tl)晶体发生康普顿效应时，若康普顿效应所产生的散射光子留在晶体内，并与晶体发生光电效应而产生次级电子，则次级电子形成的脉冲会叠加到反冲电子所形成的脉冲上，所以次级电子与反冲电子所叠加脉冲幅度就等于入射光子所形成的光电子脉冲幅度，在 γ 射线能谱中，对应于谱图中的光电峰。这种现象称为累计效应。

当 γ 射线与 NaI(Tl)晶体形成电子对效应时，电子对的动能为：

$$E_{对} = h\nu_0 - 1.02(\mathrm{MeV}) \tag{6-2}$$

正电子很不稳定，容易湮没而辐射出两个能量为 0.511 MeV 的光子，湮没辐射的 γ 光子仍可产生次级电子。若这两个湮没辐射 γ 光子产生的次级电子都留在晶体内，能量全部损耗在晶体里，则这些次级电子产生的脉冲将会叠加到形成电子对所产生的脉冲上，这时叠加的脉冲幅度等于入射光子所形成的光电子脉冲幅度，在 γ 射线能谱中，对应于谱图中的光电峰，从而使入射光子的光电子形成的脉冲数又得到累计。

综上所述，光电峰不仅是光电效应产生的，而且还包括了康普顿效应的累计；以及对于能量大于 1.02 MeV 的光子的光电峰，还包括形成电子对效应的累计，故光电峰亦称为“全能峰”。

b. 康普顿坪台的形成

当 γ 射线与 NaI(Tl)晶体发生康普顿效应时，仅有部分能量传给反冲电子。反冲电子的能量随着散射角的变化而连续变化，因而反冲电子的能量是连续的。这些连续能量的反冲电子形成的脉冲，在 γ 射线能谱中，对应于谱图中的康普顿坪台。

c. 反散射峰的形成

有一部分光子没有被晶体吸收，当它穿过晶体时，与晶体直接接触的物质(如光电倍增管的光阴极)使其产生 180°反向散射射线，返回到晶体中引起的光电峰，相应能量与入射能量相关。一般在 200 keV 以下。

d. 逃逸峰的形成

当 γ 射线能量大于 1.02 MeV 时，其与 NaI(Tl)晶体会发生电子对效应。若湮没辐射中的两个光子中的一个光子飞离晶体，其中一个光子与电子对产生叠加脉冲，即在谱图上会形成一个单逃逸峰；若两个光子全都分离了晶体，即在谱图上会形成一个双逃逸峰。

综上所述，一个单能量的 γ 射线在探测元件中形成次级电子的能量分布是很宽的，而且是很复杂的。

如图 6.2 示出了^{137}Cs的 γ 能谱图。1 号峰是全能峰；2 号峰是反散射峰；3 号峰是钡(^{137}Cs的衰变子体)的 K-X 射线峰，能量为 32.2 keV；4 为康普顿边；6 号峰为 Pb 的特征峰；4、2 号峰和 2、3 号峰之间就是康普顿坪台 5。

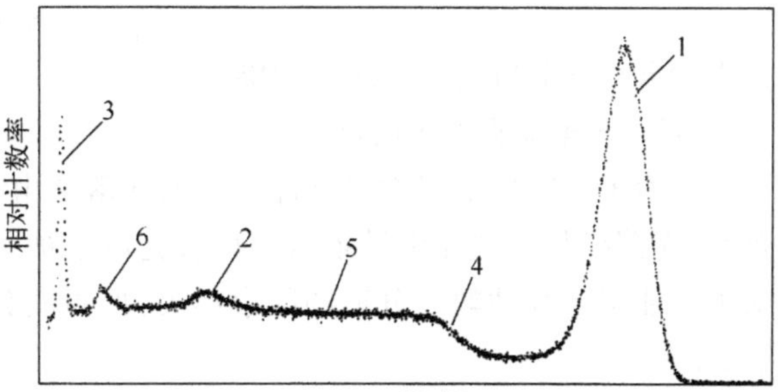

图 6.2 ^{137}Cs 的 γ 射线能谱

(3) 能量线性及刻度

能量刻度就是在谱仪确定的使用条件下(包括谱仪的组成元件和使用参数，如高压、放大倍数、时间等)，利用已知能量的 γ 放射源测出对应能量的峰位(道址)，然后作出能量和峰位(道址)的关系曲线。有了这样的能量刻度，那么测到了未知谱峰位(道址)就可以找出射线能量。

典型的能量刻度曲线近似为一条直线，此直线不一定通过坐标原点。它近似可用线性方程写出：

$$E(x_p) = bx_p + a \tag{6-3}$$

式中，x_p——峰位；

a——直线的截距(为 0 道所代表的能量)；

b——直线斜率，即每道所对应的能量间隔。

通过测量已知放射源能量所对应的峰位(道址)，得到多组(x_p,$E(x_p)$)数据，这些数据经过线性拟合，从而得出刻度系数 a 和 b。由此，测到了某一个峰位就可以找出射线能量。

每一种核素的核特征，经过多年众多科学工作者的努力已经积累了大量的数据，并编写了核数据表《核素常用数据表》(1977 年，原子能出版社)。中国科学院高能物理所根据相关资料和实际工作经验又编写了不同能量的 γ 射线所对应核素的表格，给核素种类的判别创造了必要的条件。即在多道 γ 谱仪上读取 γ 射线能量后，可以方便地推断发射这一能量 γ 射线的核素；然后，根据这一核素的数据寻找相关 γ 谱作为旁证，确认推断的正确性。

(4) γ 谱仪基本性能及表征

NaI(Tl) 闪烁谱仪的基本性能由能量分辨率、线性及稳定性来衡量。能量分辨率表示能谱仪能否分开不同能量粒子的本领。在探测器输出脉冲的形成过程中存在着统计涨落。即使是确定能量的粒子的脉冲幅度，也仍然具有一定的分布。能量分辨率有两种表示方法，一种是以半宽度能量表示；另一种是以相对半高宽表示。

第一种用半宽度能量表示。通常把分布曲线极大值一半处的全宽度称为半高宽度，即 FWHM。将全能峰最大值的一半对应的道数，按能量刻度曲线折合成能量值表示，单位为能量单位,keV 或 MeV。

第二种用相对半高宽表示。

$$\eta = \Delta Ch.N/Ch.N \tag{6-4}$$

式中,$\Delta Ch.N$——半高宽度所对应的道址的个数;

$Ch.N$——入射射线所对应的峰位。

能量分辨率也可以表示为:

$$\eta = \Delta E/E \tag{6-5}$$

式中,ΔE——半高宽度所对应的能量间隔;

E——峰位所对应的能量。

NaI(Tl) 闪烁谱仪输出脉冲幅度的涨落是由很多因素决定的。它不仅与闪烁体的发光效率、光阴极材料的光电转换效率以及光电子被阴极收集的效率有关;另外还与电子学线路附加的能引起脉冲幅度分散的因素相关,如幅度分析器的道宽、高压电源不稳定性、脉冲堆积、噪声等。

因此,在实验中,需要考虑以下因素,进行必要的调整,以期达到 NaI(Tl) 闪烁谱仪可能实现的最好分辨率。① NaI(Tl)闪烁体与光电倍增管阴极之间保持良好的光学接触;② 参考光电倍增管高压推荐值,并作适当调整,使得在保持能量线性条件下,输出脉冲幅度最大;③ 合理选择单道分析器的道宽;④ 根据放射源的活度,选择合适的源与闪烁体之间的距离。

3. 实验设备

(1) ^{241}Am 放射源(能量为 26.4 keV 和 59.54 keV)、^{137}Cs 放射源(能量为 661.66 keV)、钾盐和平衡铀矿石(具有多种能量) 各 1 个

(2) NIM 低压电源及插件机箱 1 套

(3) 1 000 V 高压电源 1 台

(4) 探测器(NaI(Tl)闪烁晶体、光电倍增器和前置放大器一起封在屏蔽盒中) 1 套

(5) 线性脉冲放大器(能谱放大器) 1 台

(6) 多道能谱分析器(模数转换器、计算机及软件) 1 套

(7) 准直器 1 个

设备连接框图如图 6.1 所示。

负高压经置于前置放大器盒内分压电阻加到闪烁计数器上,闪烁计数器输出脉冲信号经前置放大器阻抗变换(不宜采用前置放大器的“×10”放大状态)后,送到主放大器,放大成形的模拟脉冲信号经 ADC 转换为数字信号之后,由 MCA 处理,进行相应的计算和显示。

由于在未知样品中 γ 射线能量跨度较大(n keV～n MeV),要注意调整仪器工作状态(主要是高压和放大器放大倍数),以保证全谱显示和保持能量刻度的线性。

4. 实验步骤

(1) 按设备清单清点设备,确认完好无损;

(2) 按设备连接图连接好仪器，注意信号极性，经教师检查认可后接通电源；

(3) 将高压调到 600 V(或推荐值)；

(4) 启动 MCA，显示宽度 2 048 道；

(5) 将^{137}Cs源放到测量位置；

(6) 调节主放大器的放大倍数，使^{137}Cs的 662 keV 的 γ 射线的全能峰在 500 道左右，以便最大能量(2 620 keV)能在 2 048 道中全部显示。固定并记录仪器工作状态；

(7) 分别测量^{241}Am，^{137}Cs，^{40}K和平衡铀矿石(含少量钍)的 γ 射线能谱，用 MCA 谱处理软件读取其峰位，根据测量结果，运行 Excel 软件，作能量刻度并列出能量计算公式；

表 6.1 核素能量表

核素	^{241}Am	^{137}Cs	^{40}K	铀(钍)矿石				
				^{214}Pb	^{214}Bi	^{214}Bi	^{214}Bi	^{208}Tl
能量/keV	59.54	662	1 460	352	609	1 120	1 764	2 620

(8) 对铀矿石 γ 谱中较弱、较不明显的谱线进行测量、计算其能量，与公认值比较，判断谱线的来源；

(9) 由获得的^{137}Cs γ 谱计算 NaI(Tl)闪烁谱仪的分辨率；

(10) 核对实验数据完整无误后，关闭电源，清点仪器，经教师检查后结束工作。

注意事项：

(1) 实验中使用了放射源。注意安全！

(2) 所有的实验参数经调试后，在实验过程中，切莫再更改！

(3) 铀矿石为半开放性放射源，切莫触摸。离开实验室前，注意洗手！

5. 实验报告

(1) 叙述辨认复杂 γ 谱成分(能量计算和来源判别)的原理和方法；

(2) 实验中使用的^{40}K，铀钍矿虽然用石蜡密封在塑料瓶中，但仍属半开放性放射源，注意保持试样的完好，防止放射性污染；

记录格式：

a. 实验参数设置

高压：________ V；放大器输入极性："________"(正、负)；多道能谱分析器下甄别阈：________；总道数：________；定标器甄别阈：________。

b. 数据记录格式

能量刻度

谱线	^{241}Am	^{137}Cs	^{40}K	铀(钍)矿石				
				^{214}Pb	^{214}Bi	^{214}Bi	^{214}Bi	^{208}Tl
能量/keV								
峰位								

拟合刻度曲线，得到 $E(x_p)=bx_p+a$。

校验和能量分辨率计算

峰位(道址)				……
能量标准值/keV				……
能量计算值/keV				……
能量分辨率 η				……

6. 思考题

(1) 谱仪的能量刻度近似看作为线性的(能量刻度曲线)，若不是线性的该如何进行能量刻度？

(2) 定标器甄别阈的用途是什么？用与不用对实验是否有影响？若有影响，有何影响？

(3) 为了使闪烁谱仪有较好的分辨率，你认为应该注意哪些方面？应采取何种措施？

(4) 你能简述出 NaI(Tl)闪烁体的发光原理吗？

(5) 你能简述出谱仪能量刻度的全过程吗？

实验 7　γ 辐射仪的标定

1. 实验目的和意义

在放射性测量过程中，通常是通过测量放射性核素放射出的 α、β、γ 等射线的计数率来确定放射性核素的含量，由于影响测量射线计数率的因素很多，如探测器的类型、仪器性能、测量几何条件等，致使放射性核素的含量与核测量仪器的计数率的正比关系得不到正确反映，为此，需要使用放射性标准源对仪器进行刻度标定，使仪器的计数率与标准源含量（或照射量率）之间保持确定的正比关系，以便使用统一的物理单位衡量放射性核素的数量或辐射量，这一刻度过程称为仪器的标定。γ 辐射仪广泛用于放射性勘察，环境放射性检测，石材放射性检测等需要测量放射性强度的领域。其原理是利用核探测器（如碘化钠闪烁探测器）将 γ 射线转化成可识别的电脉冲信号，通过记录单位时间内电脉冲的个数反映该测点的照射量率，从而推断出放射性物质的放射性活度。γ 辐射仪的标定是野外放射性测量工作中的一项重要内容。

通过实验要求学生掌握以下知识：

(1) γ 辐射仪标定的必要性和标定原则；

(2) 掌握利用点状镭源标定 γ 辐射仪原理；

(3) 掌握各种标定法，特别是空中标定法的内容和实施步骤；

(4) 学会 γ 辐射仪标定数据的处理以及结果的应用。

2. 实验原理

(1) γ 辐射仪标定的必要性和标定原则

按核辐射测量操作规范，新 γ 辐射仪在正式使用之前以及在实际测量工作中必须定期（每月 1～2 次）进行标定，除此之外，在下列情况下也必须重新标定：

a. 调换探测元件及电路主要部件；

b. 仪器受强烈震动，严寒、酷热等影响；

c. 标定后长期未使用（仪器搁置 15 d 以上）；

d. 相对误差超出允许范围。

(2) 点状镭源标定辐射仪原理

点状镭源由于便于携带、运输和保管，很方便用于野外放射性测量中 γ 辐射仪的标定。设空间内无对辐射的吸收与散射，距点源不同距离 r 处的 γ 射线照射量率 $\dot{X}$ 可按下式计算：

$$\dot{X}=\frac{P}{r^2} \tag{7-1}$$

式中，P——标准源常数(单位为 μR/h)，它表示距标准源 1 m 处的 γ 射线照射量率。各标准源的 P 值在出厂说明书中已给出。

r——距离，以 m 为单位。

实际工作中，将探测器固定，移动标准源改变距离 r，按上式计算照射量率，并测出不同 r 对应的读数。一般每一测程的标定曲线上应按照射量率均匀分布 5～7 个点，作出标定曲线图，根据标定曲线，找出仪器读数与 γ 射线照射量率之间的关系。

(3) 空中标定法

用点状镭源标定辐射仪的方法一般有地面标定法和空中标定法，由于地面标定法受散射射线的影响较大，影响辐射仪的标定准确度，所以通常采用空中标定法。

所谓空中标定法就是利用标定支架将辐射仪和点状镭源挂在离地面 1.5 m 的空中进行仪器标定的方法。先选定一个空旷的场地(如操场)，周围 4 m 到 5 m 范围内没有建筑物，立上两根标定支架，两个支架的间距为 5 m 左右，在两支架之间 1.5 m 高处拉一根直径 2～3 mm的铁丝，将辐射仪探头安上铅套与点状镭源用吊环分别悬挂在铁丝两边，同时保证探头与点状镭源在同一条直线上，用卷尺测定探头与点状镭源的距离，如图 7.1 所示。标定时，移动点状镭源来改变两者之间的距离，每移动一定距离，通过公式(7-1)计算出该点的照射量率 $\dot{X}$，并记录下该点辐射仪的计数，测量多个点以后，利用最小二乘法得出仪器的计数率 n 与照射量率 $\dot{X}$ 的关系，该关系即刻度函数，从而完成了辐射仪的标定。

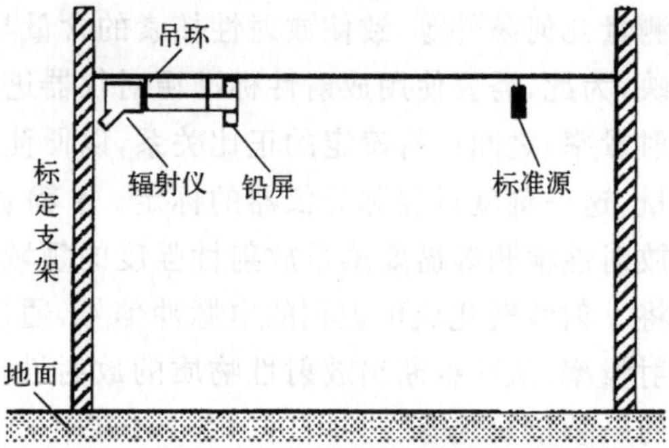

图 7.1 空中标定法

3. 实验设备

(1) 5 号点状标准镭源 1 个

(2) 数字 FD-3013 γ 辐射仪 1 台

(3) 标定架一套 1 台

(4) 卷尺、铅屏

4. 实验步骤

(1) 找一空旷的场地(如操场)周围 4 m 到 5 m 范围内应没有建筑物，立上两根标定支架，两个支架的距离为 5 m 左右，在两支架之间 1.5 m 高处拉一根直径 2～3 mm 的铁丝。

(2) 熟悉 FD-3013 γ 数字辐射仪的使用方法，开机预热半小时。

(3) 将 FD-3013 γ 数字辐射仪探头套上铅套与点状镭源用吊环分别挂在铁丝的两边，

注意源中心与探头中心在同一水平线上，同时将探头与源之间的距离用卷尺标记，探头处为零，每隔 0.5 m 作个标记，一直标到 3 m 处。

（4）测本底，将 FD-3013 γ 数字辐射仪打到"min^{-1}"量程上，同时将点状镭源拿走，（距离探测器 20 m 以上）重复测量本底 3 次，将数据记录。

（5）将点状镭源悬挂在 3 m 标记处，利用公式(7-1)计算源在该处时，对应 FD-3013 γ 数字辐射仪探头处的理论照射量率（公式中 P 标准源常数对应 5 号点状镭源为 77 μR/h），用 FD-3013 γ数字辐射仪测量 3 次，将数据分别记录，测完后，将点状镭源向前移动 0.5 m，即 2.5 m处，计算出理论值，并实测 3 次，以此类推，直到在 0.5 m 处，将数据整理填入表 7.1。

表 7.1　γ 数字辐射仪测量数据表

探头与源的距离/m	探头处理论上的照射量率 $\dot{X}$/(μR/h)	仪器的测量值 n_1/min^{-1}（读数-本底）	仪器的测量值 n_2/min^{-1}（读数-本底）	仪器的测量值 n_3/min^{-1}（读数-本底）	仪器的测量平均值 $\bar{n}/min^{-1}$
3					
2.5					
2					
1.5					
1	77				
0.5					

（6）将以上表格数据利用最小二乘法，得出计数与照射量率的关系函数。

（7）在现场实测几个点，利用标定的结果计算出这几个点的照射量率。

（8）关闭 FD-3013 γ 数字辐射仪，将点状镭源放回铅罐，整理好其他实验器材，一起交回实验室。

注意事项：

点状镭源辐射较强，不能直接用手拿。注意安全。

5. 实验报告

（1）简述用空中标定法标定 γ 辐射仪原理和方法；

（2）整理测量数据，得出计数与照射量率的关系函数；

（3）利用标定结果，计算野外实测点的实际照射量率；

（4）讨论可能产生误差的因素。

6. 思考题

（1）辐射仪标定的内容和对象是什么？

（2）能否将辐射仪与点状镭源靠得很近进行仪器的标定？为什么？

（3）在空中标定时，为什么需离地面 1.5 m 以上？

实验8　γ射线在物质中的吸收

1. 实验目的和意义

γ射线的测量在核辐射探测工作中占有非常重要的地位。例如，在核物理研究中，测量原子核激发能级、核衰变纲图、短核的寿命以及进行核反应实验等都离不开γ射线的测量；同时，在放射性矿石分析、测定堆燃料元件的燃耗、实现某些裂变产物的流线分析以及在环境保护工作中分析污染物成分或进行活化分析等也都离不开γ射线的测量。因此，研究γ射线与物质的相互作用、γ射线在物质中的衰减规律、吸收物质的吸收系数以及学习γ射线探测器的使用等就显得特别重要。

当γ射线穿过物质时，其注量率(单位时间内进入单位截面积小球的粒子数)将逐渐衰减。对于单能窄束γ射线，在物质中符合负指数衰减规律。本实验利用放射性核素^{137}Cs衰变产生的γ光子(能量为0.662 MeV)，经准直器准直后，通过观察^{137}Cs仪器谱上全能峰的计数率的变化，研究其在不同吸收物质中的衰减规律，并计算出各吸收物质的吸收系数。

本实验的目的是学习一些工作插件，例如单道、线性率表、定标器的工作原理和使用方法；并在此基础上，利用NaI(Tl)闪烁计数器验证单能窄束γ射线在穿过物质时遵守指数衰减规律，并由此计算出各吸收物质的吸收系数。

通过实验要求学生掌握以下知识：

(1) 学习单道谱仪的调节和使用方法；

(2) 学会利用单道谱仪和线性率表选取放射性核素的全能峰位置；

(3) 学会手工和电脑绘制物质厚度-计数的关系曲线图；

(4) 掌握物质吸收系数的测量和计算方法；

(5) 比较不同吸收物质间吸收曲线的差异。

2. 实验原理

(1) γ射线的吸收

当γ射线穿过物质时，γ射线不断地损失能量，最后被物质吸收。γ射线与物质相互作用主要有三种形式：光电效应、康普顿效应和形成电子对效应。这三种主要作用形式发生的几率与光子能量、吸收物质的原子序数有关，如图8.1所示。一般来说，低能量的光子与物质作用的主要形式是光电效应；中等能量的光子与物质作用的主要形式是康普顿效应；高能量的光子与物质相互作用的主要形式是形成电子对效应。

(2) 窄束

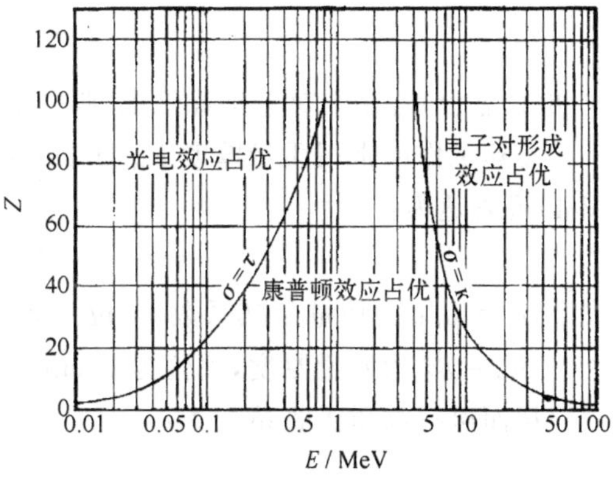

图 8.1 γ 射线三种主要相互作用与光子能量的关系

当 γ 射线穿过一定厚度的物质时，有些与物质发生了相互作用，有些则没有。如果光子与物质发生光电效应或电子对效应，则光子完全被物质吸收；如果发生康普顿效应，则光子被散射，部分能量被吸收，散射光子亦可能穿过物质层。因此，穿过物质的 γ 光子通常由两部分组成，一部分是没有发生相互作用的光子，其能量和方向均无变化；另一部分是发生过一次或多次康普顿效应的散射光子，其能量和方向皆发生了变化。

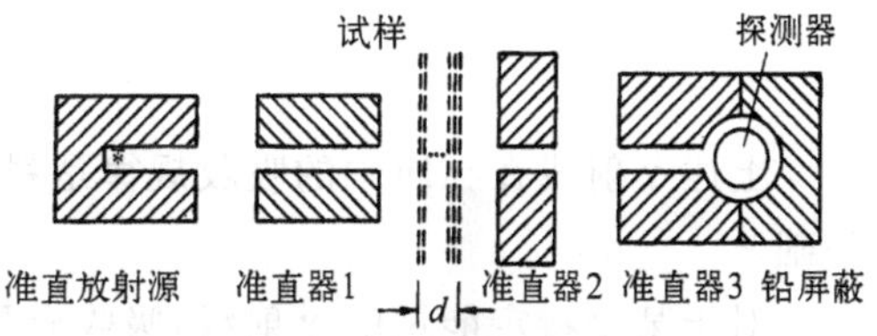

图 8.2 窄束 γ 射线实验装置

若在 γ 射线束中不包含散射成分，则该射线束称为"窄束"。换言之，窄束 γ 光子是由未经相互作用或称为未经碰撞的光子所组成。在实际的工作中，通常是通过如图 8.2 所示的实验装置得到窄射线束。首先，射线源经过准直装置进行准直，放射出一束窄而平行的射线；其次，探测器周围用屏蔽物质遮挡，以免周围散射射线被记录，而且吸收屏比较薄；再次还需要对探测器经准直，从而得到窄射线束。

(3) γ 射线在物质中的衰减规律

在单能窄束 γ 射线穿过物质时，因 γ 射线与物质将会发生光电效应、康普顿效应和形成电子对效应等，注量率将逐渐衰减，注量率的衰减服从指数衰减规律，即：

$$I = I_0 e^{-\mu d} \tag{8-1}$$

式中，I——γ 射线穿过物质后的注量率；

I_0——γ 射线穿过物质前的注量率；

μ——物质的线吸收系数(单位为 cm^{-1})；

d——物质的厚度(单位为 cm)。

在相同的实验条件下，某一时刻的计数率总是与该时刻 γ 射线的注量率成正比，因此上式中的注量率与物质厚度的关系可以用计数率 n(仪器读数)与物质厚度的关系来代替，因此式(8-1)亦可写为：

$$n = n_0 e^{-\mu d} \tag{8-2}$$

式中，n——γ 射线穿过物质后的仪器测量的计数率；

n_0——γ 射线穿过物质前的仪器测量的计数率。

公式(8-2)表示 γ 射线遵循典型的指数衰减规律。在线性坐标系中是一条光滑的逐渐减弱的指数曲线。若对式(8-2)两端取对数，则得到：

$$\ln n = \ln n_0 - \mu d \tag{8-3}$$

从而可得物质吸收系数为：

$$\mu = \frac{1}{d}\ln\left(\frac{n_0}{n}\right) \tag{8-4}$$

式(8-3)显示，若在半对数坐标纸上，吸收曲线将是一条直线，直线斜率的绝对值即为 μ。

实际工作中常用质量厚度 R_m(g/cm^2)来表示吸收体厚度，以消除密度的影响。因此式(8-1)可表达为：

$$n(R) = n_0 e^{-\mu_m R_m} \tag{8-5}$$

式中，$\mu_m=\mu/\rho$ 为质量衰减系数，单位为 cm^2/g；

$R_m=\rho d$ 为质量厚度，单位为 g/cm^2。

从而可得物质吸收系数为：

$$\mu_m = -\frac{1}{R_m}\ln\frac{n(R)}{n_0} \tag{8-6}$$

物质对 γ 射线的吸收能力也经常用半吸收厚度 $d_{1/2}$ 表示。所谓半吸收厚度 $d_{1/2}$ 就是使入射的 γ 射线强度减弱到一半时吸收物质的厚度，记作：

$$d_{1/2} = \frac{\ln 2}{\mu} = \frac{0.693}{\mu} \tag{8-7}$$

上述 γ 射线在物质中的吸收规律是料位计、密度计、厚度计等核仪表及屏蔽设计的物理基础。

对于某一特定能量的 γ 射线，吸收介质的密度 ρ 和原子序数 Z 对其吸收系数有重要意义。单元素的相关参数在手册中可以查到，而复杂介质的等效原子序数 $\bar{Z}$ 可以用经验公式计算：

$$\bar{Z} = \left(\frac{\sum a_i \cdot Z_i^4}{\sum a_i \cdot Z_i}\right)^{1/3} \tag{8-8}$$

式中：a_i——i 元素在复杂分子中的原子个数；

Z_i——i 元素的原子序数。

3. 实验设备

(1) 准直的 ^{137}Cs 放射源　1个

(2) NaI(Tl) 闪烁计数器及前置放大器　1套

(3) 1 000 V 高压电源　1台

(4) 吸收物质：不同厚度的聚氯乙烯片、大理石片、木片、铝片、玻璃片、铁片等　若干片

(5) 千分尺　1个

(以上为公用设备)

(6) NIM 电源及机箱　1套

(7) 线性脉冲放大器　1台

(8) 单道分析器　1台

(9) 定标器　1台

(10) 线性率表　1台

设备连接框图见图 8.3：

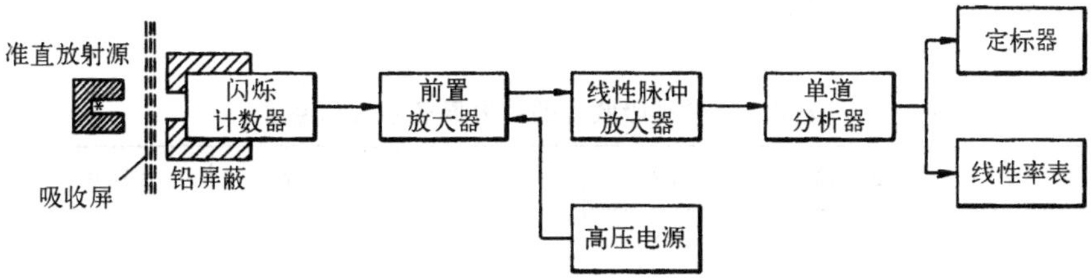

图 8.3 设备连接框图

4. 实验步骤

(1) 熟悉所使用的设备和电路插件。按设备连接框图连接好各个插件。经教师检查后再接通电源。

(2) 按推荐值调节好高压。单道分析器处于微分状态。使仪器充分预热。

(3) 调节单道阈值,从低到高,根据线性率表指针的变化,寻找^{137}Cs 的全能峰,由此来设置单道阈值和道宽。

(4) 根据计数率和误差要求选取合适的计数时间(30～60 s),调节定标器甄别阈,从而抑制噪声和周围放射性散射射线的干扰。

(5) 固定放射源与探测器的位置,测量无吸收屏时的计数 N_0。

(6) 利用千分尺测量各吸收屏片的厚度,并标记在吸收屏片上。

(7) 先用一片聚氯乙烯片为吸收片,记录其厚度,并在此厚度下测量计数 3 次,求出平均值 $\overline{N}$ 和平均计数率 $\overline{n}$;依次累加吸收屏片,记录其厚度,并在累加的厚度下测量计数 3 次,并求出平均值 $\overline{N}$ 和 $\overline{n}$;由此作出一条 $d-\overline{n}$(厚度-计数率)曲线。

(8) 按照步骤(7),分别测量大理石片、木片、铝片、玻璃片、铁片,并相应地作出每一种材料的 $d-\overline{n}$ 曲线。

(9) 实验操作完毕,检查数据完整无误后,关闭电源。整理好个人实验桌上的设备,经教师同意后,离开实验室。

注意事项:

(1) 实验中使用了放射源。切莫让准直器的小孔对着人体,尤其是眼睛,注意安全!

(2) 所有的实验参数经调试后,在实验过程中,切莫再更改!

(3) 吸收片的厚度测量要准确,误差要求与计数率测量误差相当。

(4) 离开实验室前,注意洗手!

5. 实验报告

数据处理主要有两种方法:

(1) 手工法

a. 手工在半对数坐标纸上绘出各种吸收物质的吸收曲线($d-\overline{n}$ 关系曲线)。

b. 测量该曲线的斜率,该斜率就是所要求的 μ。

c. 比较不同物质的吸收系数,对其差别作出说明(为了便于比较,表 8.1 示出了多种吸收片的等效原子序数和密度）。

表 8.1 多种吸收片的有效原子序数和密度

吸收片	聚氯乙烯	大理石	木片	铝片	玻璃片	铁片
等效原子序数	13.9	15.1	7.0	13	10.6	26
密度（g/cm³）	1.2～1.4	2.6	0.5～0.6	2.754	2.4～2.6	7.1～7.9

（2）电脑绘制法

a. 打开 Excel，输入聚氯乙烯片、大理石片、木片、铝片、玻璃片、铅片和铁片的吸收厚度，及各点 3 次记录的计数率；再利用 Excel 里面的公式编辑器，计算出各点计数率的平均值 $\bar{n}$；利用 Excel 里面的画图软件，绘制出点线图 $d-\bar{n}$。

b. 在 Excel 里，利用指数函数对 $d-\bar{n}$ 点线图进行拟合，并选中显示公式和 R^2 值。由拟合出的指数函数，直接读出各吸收物质的吸收系数。

c. 比较不同物质的吸收系数。对其差别作出说明。

记录格式：

a. 实验参数设置

探测器高压：________ V；放大器输入："____"（正、负）；单道分析器阈值：________；道宽：________；测量方式：________；定标器甄别阈：________。

b. 数据记录格式

吸收体	厚度/mm	计数率 n_1	计数率 n_2	计数率 n_3	平均值 $\bar{n}$
聚氯乙烯片	⋮	⋮	⋮	⋮	⋮
大理石片	⋮	⋮	⋮	⋮	⋮
⋮	⋮	⋮	⋮	⋮	⋮

6. 思考题

（1）单道分析器上的"阈值"和"道宽"指的是什么意思？

（2）如何利用单道分析器和线性率表筛选出 ^{137}Cs 的全能峰位置？

（3）提高定标器甄别阈的意义是什么？若是为了去除噪声，噪声能否全部消除？

（4）测量时如果不用定标器甄别阈抑制散射本底，是否对实验有影响？如何测量本底计数？在数据处理时如何扣除本底计数？

（5）同一个吸收体放在探测器一侧测量与放在放射源一侧测量的计数是否相同？若不同，分析其原因。

实验 9　铀矿床(模型)的勘探

1. 实验目的和意义

铀矿是目前核工业唯一的矿物原料。铀矿资源的勘查是核工业的第一步。铀矿作为一种战略物资不可能完全依赖进口,必须立足于国内铀矿资源的普查、勘探和开发。

寻找铀矿床,从地质学的角度出发,应首先通过对岩石、矿床、地层、构造等方面的分析,与已知矿床进行对比,划定有利区域;然后利用铀及其衰变子体的放射性,用 γ 测量方法圈定有利地段和放射性铀矿床的具体位置;最后再进行综合勘察,确定矿床的几何参数,矿物组成和元素品位。因此学习使用 γ 测量勘察铀矿床的基本方法具有重要意义。此外,在其他具有放射性异常的矿产资源勘察中或不同岩性区域的划分中也可以发挥 γ 测量的独特长处。

通过本次实验,学生可以学到:

(1) γ 测量的基本方法;

(2) 放射性异常与铀元素分布的关系;

(3) 现场测量资料成图的方法;

(4) γ 异常的解释。

2. 实验原理

(1) 具有放射性是铀矿的主要特征之一。铀系列的放射性子体会发射很强的 γ 射线,加上铀矿床周围的分散晕,会在其周围较大的范围内形成明显的 γ 射线异常区域。于是,利用测定 γ 射线照射量率寻找铀矿就成为一种行之有效的常规方法。

测定地表的 γ 射线照射量率通称为"γ 测量",根据使用手段的不同,又分为航空 γ 测量(用飞机在天空一定高度测量)、地面 γ 普查(按一定路线在地表测量)、γ 详测(按一定网络在地表测量)和 γ 编录(在山地工程的人工揭露面上详细定量测量)等。但其测量方法都是在地形图上,并按一定测网(线距 $n\times10$ m～$n\times10^2$ cm 不等)进行测量,并将测量结果标在地形图上,标明 γ 异常的准确位置。这一异常区域就可能是铀矿床之所在。

(2) ^{238}U 会自行衰变形成系列,当系列处于平衡时,^{238}U 及其子体的比例关系是恒定的。其主要的 γ 辐射体是 ^{214}Pb 和 ^{214}Bi。^{238}U 及其衰变子体之间存在地球化学性质迥异的 ^{226}Ra 和气态元素 ^{222}Rn。由于在地表风化环境下,Ra 的迁移特性不同和气态 Rn 的扩散使其平衡关系被破坏。我们测量到的 γ 异常主要是 ^{214}Pb 和 ^{214}Bi 的贡献,并不能完全代表 ^{238}U 的数量。再加上 ^{40}K 和 ^{232}Th 系列的干扰,使测量结果的解释复杂化。

(3) 测网的布置由成图的精确程度来确定其点线距,地质勘察工作中称为"比例尺"。

成图比例尺越大，要求精细程度越高，点线距越密。例如在1∶10 000的测量中，用比例尺1∶10 000的地形图作底图，线距取100 m，点距则取10 m，异常处可加密到5 m。而在发现γ异常后，在异常处小面积内进行详测时，用1∶1 000的地形底图，则用10 m的线距和1 m的点距对异常进行准确圈定见图9.1。

(4) 在实验室进行铀矿勘察实验具有较大的难度。一方面是很难找到具有放射性异常的区域供测量用；另一方面也不允许实验室靠放射性异常区太近，以避免强放射性本底和污染。

为此，采用模型实验的方法，将一般的铀矿石分成若干份，用石蜡密封在塑料瓶中。平时放在放射源库保管，在做实验时取出，按一定分布埋在地下10 cm深处，地面铺上30 cm×30 cm的地砖或画上网格作测网进行测量。

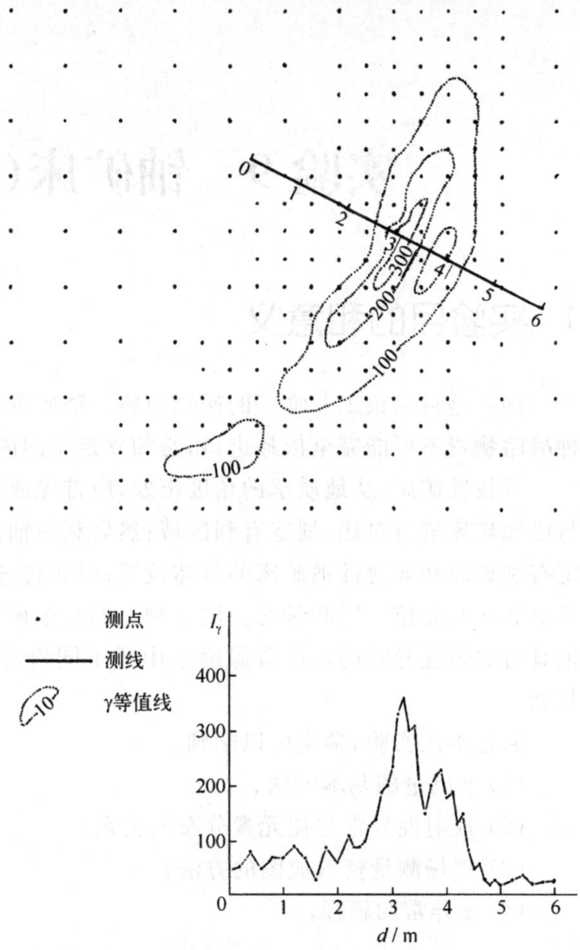

图9.1 地面γ测量成果示意图

3. 实验设备

经标定的便携式辐射仪一台，若没有辐射仪，或者没有进行标定，也可以用闪烁计数器读取计数率，直接成图。闪烁计数器测量系统由实验5所述方法组成，用220 V交流市电供电。

4. 实验步骤

(1) 模型的制作

a. 取一些50 ml至200 ml的塑料瓶(普通药瓶)分别盛大半瓶铀矿石，上面用纸塞紧，用石蜡封口，加盖、编号。

b. 粗略测定其γ射线计数率，分别标明其γ辐射的等级(强、中、弱)。

c. 在较开阔平坦的地方挖10 cm深，15～30 cm宽，长1.5～2 m的不规则的小沟，将一定数量(准确点数，以备回收)装有铀矿石的塑料瓶分散放到小沟中，较强的放在中间，较弱的放在两边和两端，以模拟矿体的形态。盖土，表面再铺上30 cm×30 cm的地砖，作为测网，编号。

(2) γ测量

a. 按网格逐点测量，并作详细记录。

b. 需要加密测点时，在点号栏内注明加密点的位置。

c. 成图。在方格纸(实际工作中是地形图)上标明测线、测点的位置，并在各测点位(实际工作中是用另一张描图纸蒙在地形图)上写上计数率或用仪器标定资料换算的照射量率。

d. 用手工勾画等值线图。也可用相应的计算机软件画出等值线，并与手工作图比较。

e. 在异常区垂直异常方向作详测测线，加密测点进行测量。点距等于或略大于探测器直径，并根据测量数据作剖面图(见图 9.1)。

注意事项：

(1) 使用辐射仪时，注意电池电压的变化，用工作源(很弱的^{137}Cs源)随时检查仪器稳定性。

(2) 注意加密测点(包括点与点之间和测线之间)追索异常，保证资料的完整性和可靠性。

(3) 若使用实验室用闪烁计数器时，要将 220 V 交流市电引出，在测量现场使用，注意安全。

5. 实验报告

(1) 简要说明γ测量的原理和实际用途。

(2) 简述γ测量的方法。

(3) 绘制γ测量异常平面图和主要异常剖面图。

(4) 讨论异常图的特征。

(5) 心得和意见。

记录格式：

(1) 工作环境

(2) 仪器工作状态

(3) 实测数据

线号：________

点号	计数率/s^{-1}				照射量率	备注
	1	2	3	平均计数率		
⋮	⋮	⋮	⋮	⋮	⋮	⋮

6. 思考题

(1) 核工业中目前主要利用^{235}U作为核燃料，为什么我们经常提到^{238}U，而不是^{235}U?

(2) γ测量方法可以用于钾盐矿和与钍共生的稀土元素矿的勘察，以及划分花岗岩与其他岩石、地层的分界。此外,在磷块盐(主要的磷矿)的勘察中也发挥了良好的作用,为什么?

(3) γ异常与铀矿床的空间位置是否一定一致?会受到哪些因素的影响?

(4) 当铀矿中U-Ra平衡被破坏时,可能有什么结果?

(5) 在实际工作中测网的点-线距应如何考虑?取决于哪些因素?

实验 10　正比计数器测定元素 X 射线谱

1. 实验目的和意义

正比计数器是核辐射探测实验中常用的探测设备之一。它比电离室输出脉冲幅度大，探测灵敏度高。在低能测量中，能量分辨率虽不及 Si(Li)探测器，但明显优于闪烁探测器。具有价廉、简单、轻便、能在常温下工作的特点。尤其是在计算机解谱方法取得进展的情况下，正比计数器更加受到核辐射探测实验工作者的注意。因此，在低能 γ 射线和 X 射线的测量中应用十分广泛。该计数器的主要缺点是脉冲幅度随计数器工作电压变化较大，且容易受外来电磁干扰，因此对高压电源稳定性要求较高。

认识正比计数器，了解正比计数器的特征和应用条件，学会正比计数器工作状态的选择、调整和使用方法，使学生在今后的工作中能根据工作要求正确选择和使用正比计数器，是本实验的主要目的之一。只有通过实践，在应用过程中才能掌握一种工具或设备的使用方法。而正比计数器在测定 X 射线谱方面具有独到的优点。因此，利用正比计数器测定 X 射线谱是掌握其特性的一条很好的途径。

与此同时，还可以使学生了解 X 射线的激发条件；认识 X 射线谱的特征。为学习 X 射线荧光的基本原理和在实际工作中应用 X 射线荧光分析方法提供直观的了解。

通过这次实验要求学生学习：

(1) 正比计数器的工作原理和基本特性；

(2) 正比计数器工作状态的选择和使用方法；

(3) X 射线的激发条件和 X 射线谱的特征；

(4) 元素 X 射线能量与其原子序数的关系——莫塞莱定律；

(5) 多道谱仪的使用方法。

2. 实验原理

(1) 正比计数器的工作原理和基本特性

a. 正比计数器是工作在正比区的脉冲气体电离探测器，它由圆筒状金属阴极和丝状阳极组成，阴极(或加外壳)组成密封的灵敏区。在密封的管体中充以惰性气体和猝灭气体(见图 10.1)。其几何形态，尤其对丝状阳极的圆度、直度和光洁度要求都很高，对其分辨率的好坏起到决定性的作用。

测量 X 射线的正比计数器都装有很薄的 Be 窗，由于 Be 在空气中稳定而原子序数小($Z=4$)，低能 X 射线能够进入灵敏区而被记录下来。Be 窗的厚度大约在 0.05～0.2 mm，是正比计数器机械强度最脆弱的部分。使用时要特别注意。

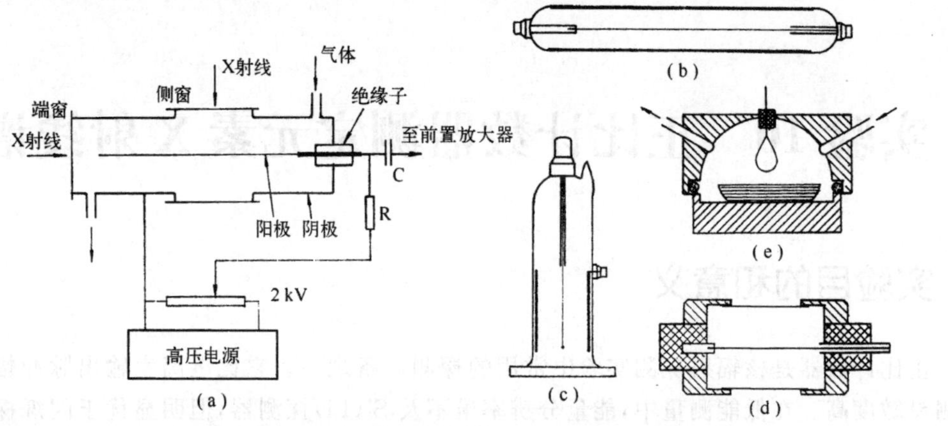

图 10.1　正比计数器的基本结构

a—组成结构示意；b—柱形；c—钟罩形；d—鼓形；e—半球形(流气式)

在射线通过电极间的气体时，电离产生的电子和正离子在电场作用下，分别向阳极和阴极漂移。正离子质量大，且沿漂移方向电场由强到弱，因此电场的加速不足以使它发生电离碰撞。而电子不然，越接近阳极，电场越强。到达某一距离后，电子在平均自由程上获得的能量足以与气体分子发生电离碰撞，产生新的离子对，同样，新的电子又被加速，再次发生电离碰撞。漂移电子愈接近阳极，电离碰撞的概率也愈大。不断增殖的结果便形成了气体放大。这里的气体放大系数决定于气体的性质、压强、工作电压 V_0 和电极半径；输出脉冲幅度与初电离成正比。所以正比计数器既能用于计数测量又能作能谱测量。

b. 正比计数器的基本特性包括电极形状、填充气体、寿命及工作电压等。这里主要讲解寿命和工作电压特性。密封的灵敏区充有惰性气体和猝灭气体。惰性气体是 0 族元素(Ne,Ar,Kr,Xe)；而猝灭气体主要是一些有机化合物(甲烷、乙烷、丙烷、丁烷、异丁烷)的蒸汽。在工作过程中有机分子吸收正离子能量而分解，防止二次放电——猝灭。在猝灭过程中猝灭气体将逐渐消耗。因而正比计数器具有一定的使用寿命。一般商品在 $10^9\sim10^{10}$ 次计数，上海应用物理研究所研制的正比计数器具有较高的水平，寿命最高可达 10^{13} 次计数。由于正比计数器具有一定的寿命，所以要避免长时间在强辐照下工作。

正比计数器要求在一定电压下工作。电压太低，多次电离次数较少，输出脉冲幅度低而不能正常工作(见图 10.2a)；电压太高，多次电离次数很多甚至雪崩放电，使计数器损坏(见图 10.2d)。在正常工作电压范围内，虽然输出电脉冲幅度随电压的增高而增高，但其脉冲计数率基本不变(见图 10.2b～d)。计数率随电压的变化曲线称为正比计数器的坪曲线(见图 10.2)。坪曲线的三个特征参量分别是起始电压、坪斜和坪长。起始电压相当于计数管放电的阈电压。在坪区，计数率仍随电压升高而略有增加，表现为坪的斜度，称为坪斜。以工作电压开始，每增100 V时计数率

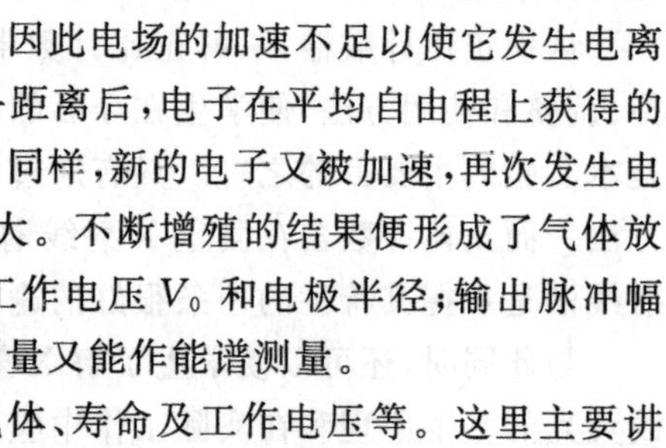

图 10.2　正比计数器的坪曲线

增长的百分点来表示。坪区的长度与猝灭气体的性质、含量有关。

(2) 特征 X 射线及其能谱

a. 从原子物理的基本理论可知：核外内层电子在一定能量入射射线或粒子的激发下，会产生跃迁而发射特征 X 射线。这一过程是量子化的，即入射射线或粒子必须具有高于其吸收限 K_{ab} 或 L_{ab} 的能量才能激发。所以在设计 X 射线测量装置时，必须考虑受激元素的吸收限和激发源能量之间的关系。

元素 X 射线的全能峰代表了元素 X 射线的能量。元素原子序数与其 X 射线的能量关系用莫塞莱定律来描述，其最初形式为：

$$\sqrt{\upsilon} = a(Z - b) \tag{10-1}$$

式中，υ——X 射线频数；

Z——待测物质原子序数；

a、b——常量。

可见特定原子序数的物质发出的 X 射线频数是一定的，我们称这样的 X 射线为特征 X 射线。特征 X 射线的频数近似和原子序数的平方成正比。而全能峰峰位与射线能量之间，取决于探测器性能。在通常情况下保持线性关系（见图 10.3）。

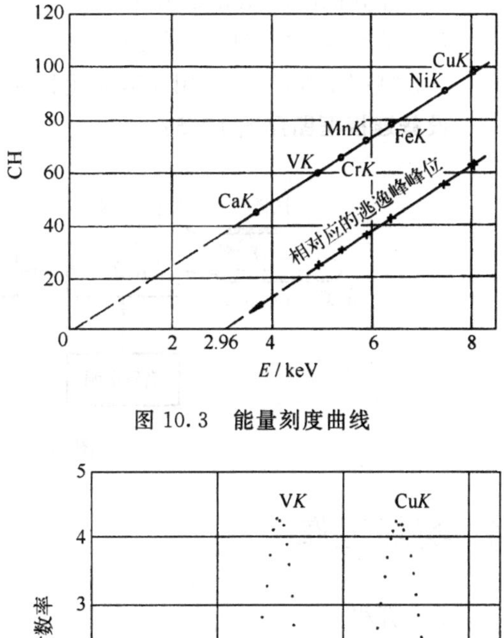

图 10.3 能量刻度曲线

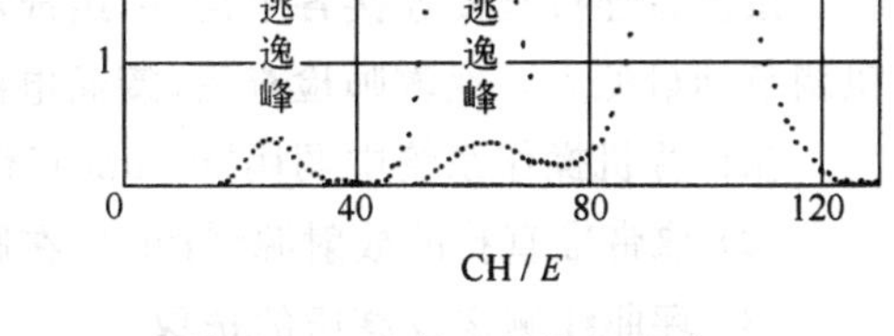

图 10.4 元素 X 射线仪器谱

b. 元素 X 射线谱，理论上是线谱。探测器在工作过程中各个环节都有涨落；由于在探测器中还存在能量的传递和转换，因而使谱线复杂化。在仪器上显示的谱线称为该谱线的“仪器谱”。结合射线与物质作用的理论，可以观察到：全能峰、逃逸峰、康普顿边及康普顿平台。全能峰主要是由于射线与气体发生光电效应形成，当然包括部分康普顿散射和电子对效应的贡献。康谱顿边及康谱顿平台的形成原因是由于康普顿散射角是随机变化的，反冲电子能量也随之连续变化。若反冲电子和散射光子同时被记录，全部能量消耗在探测元件中时，核信号将并入全能峰；若散射光子未被记录，则形成信号幅度连续变化的康普顿平台；而康普顿平台的高能端界限为 180°散射时反冲电子所获得的最大能量——康普顿边。逃逸峰主要是由于能量为 E 的光子射入探测器与探测器的工作介质相互作用时，产生工作介质的特征 X 射线；而工作介质对本身的 X 射线是透明的，有一部分光子逃逸到管壁上与器壁相互作用，被器壁吸收掉大小等于工作介质特征 X 射线的能量，剩下的能量被探测器吸收掉，它所形成的峰称为逃逸峰，其能量与全能峰之差为工作介质的特征 X 射线能量。对于同一介质的正比计数器为一定值(见图 10.3 和图 10.4);认真观察正比计数器测定的元素 X 射线仪器谱,与理论课学习的知识对照。在谱线上能观察到其中的大部分谱线。

3. 实验设备

设备清单:

(1) 充 Xe(或充 Ar)薄 Be 窗圆柱型侧窗正比计数器 1 只

(2) NIM 低压电源及机箱 1 套

(3) 高压电源

前置放大器(与正比计数器一起封在屏蔽盒中)

线性脉冲放大器

模数转换器(ADC)

计算机(含 winmca 程序) 各 1 台

(4) 带准直孔的^{238}Pu 放射源 1 个

(5) "单"元素样品片(用元素氧化物加黏合计热压成薄片) 1 套

设备连接框图见图 10.5:

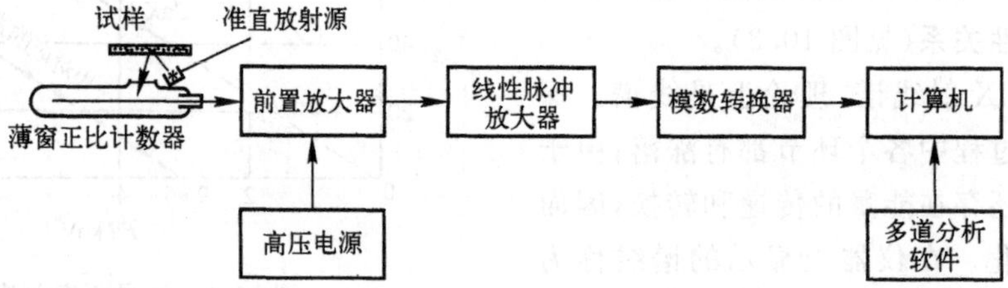

图 10.5 设备连接框图

4. 实际工作

(1) 开机

清点和熟悉各个插件的工作原理和面板上各个旋扭、开关的作用;

按设备连接框图连接各个插件,组成测量仪器。注意高压电源的极性,并将输出电压旋钮调节到最低点。经教师检查后,接通电源。打开计算机和 NIM 低压电源;

在计算机操作系统中调用"winmca"程序。

(2) 取带准直孔的放射源^{238}Pu,放在距正比计数器窗口约 5 cm 的位置(可适当调节)。

(3) 坪曲线测定及高压的选取。

在"winmca"正常工作的情况下,逐渐增加高压电源输出电压。在各个电压下,测定谱峰的面积(表示计数)和峰位,计算计数率 n。注意其分辨率的变化。高压电压不要超过 1 200 V。

(4) 能量刻度。

即时作草图,表明高压电压与峰面积(计数率)的关系,即"坪曲线";选平坦区域的前段作为工作电压。注意并记录高压电压改变时峰位的变化。

将探头改为激发状态(见图 10.6)。分别测定单元素的 X 射线谱,观察各单一元素 X 射线谱的形态;辨认光电峰、逃逸峰等,尽量寻找具有特征的谱线,锻炼自己的观察能力;熟悉它们的特征,记录它们的峰位。

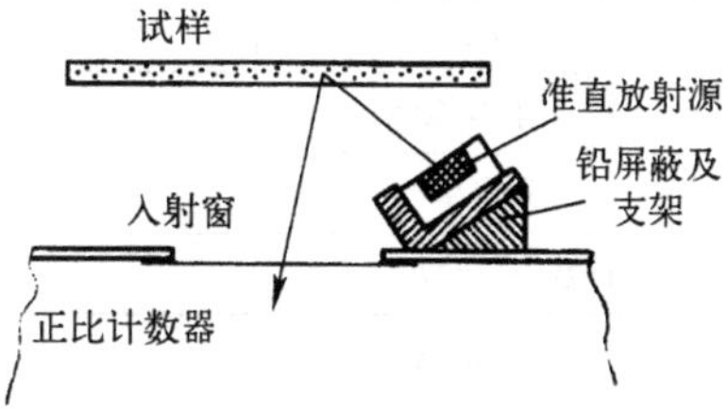

图 10.6 激发几何布置

用^{238}Pu作激发源,放上 As 样片。调节放大器放大倍数,使其峰位在 1 000 道左右。调整 ADC 下阈,切去低幅度强噪声。在工作状态和几何条件一定的情况下,分别测定 Ca,Ti,Mn,Fe,Cu,Zn,As,Sn,Ba 和 Pb 的单元素样品的 X 射线谱。计算能量与峰位的关系(见附录元素 K 系谱线能量表),并手工作图得到能量刻度曲线。计算元素 K 系谱线能量(先记下峰位再根据能量刻度曲线计算)与元素原子序数的关系。使用计算机 Excel 软件作能量与峰位的关系曲线;并计算其线性方程的参数及相关系数。验证能量线性关系。

根据能量刻度曲线计算逃逸峰的能量,并与该元素的特征峰比较。

(5) 元素定性分析

用 1 元和 5 角硬币或其他材料放在样品位置上,测量其 X 射线谱。用自己绘制的能量刻度曲线和测定材料的特征 X 射线谱,定性分析其元素成分。

注意事项:

(1) ^{238}Pu是 X 射线源,具有很薄的铍窗。应注意保护,严防铍窗破损。

(2) 切勿将^{238}Pu的出射窗对准身体,尤其是眼睛,以免辐射损伤。

(3) 爱护试样,不要搞碎。

(4) 工作完毕后仔细洗手。

5. 实验报告

(1) 描述元素 K 系 X 射线产生的条件和仪器谱的特征。在^{238}Pu激发下 Sn,Ba 和 Pb 元素的谱线为何与其他元素的 K 系谱线不同?讨论并由此总结出 K 系及 L 系 X 射线的激发条件和谱线特征。

(2) 计算全能峰、逃逸峰及和峰的能量,解释它们的能量关系。

(3) 用表格和图形表示元素特征 X 射线能量与其原子序数的关系以及能量与峰位(道址)的关系。

(4) 定性分析硬币或其他材料的元素成分。

记录格式:

(1) 工作环境

(2) 仪器工作状态

(3) 实验数据

① 高压调节

高压				
As元素全能峰位				
分辨率				
计数/t(计数率)				

② 测元素谱

元素	$E_{K,L}$	峰位	逃逸峰	备注

6. 思考题

(1) 用ADC下阈甄别掉噪声的意义何在？这时噪声是否还存在？

(2) 测定坪曲线时，开始出现计数(a点)与哪些因素有关？

(3) 为什么要缓慢升高计数器高压？为什么在计数率略有增高时(d点)及时停止增高并立即降低高压，而且工作电压要选在坪区的前部(c点)？

(4) 你所测定的未知样品(硬币或其他材料)的X射线能量与公认值(查表值)是否完全相同？产生误差的原因何在？

(5) 为什么K系谱线和L系谱线在能量和能谱结构上有明显差别？用^{238}Pu源激发，为什么观察不到重元素(Sn,Ba,Pb)的K系X射线？

实验 11　康普顿-吴有训散射谱与散射角的关系

1. 实验目的和意义

γ 射线作为一种电磁辐射，与物质作用可产生光电效应、散射效应和电子对形成等多种作用过程。美国核物理学家康普顿深入研究了 γ 射线在介质中的散射现象，为电磁辐射的量子理论提供了强有力的支持。为此，获得了 1927 年诺贝尔物理学奖。中国科学家吴有训在他的老师康普顿的工作的基础上详细研究了散射谱成分的变化，发现了散射谱成分分布与物质原子序数 Z 之间的关系，丰富了电磁辐射散射理论的内涵。因此，在核物理学中，通常称为康普顿-吴有训散射。吴有训先生回国以后，培养了一大批核物理学家，为我国核物理学研究和核工业的发展奠定了坚实的基础。

本实验根据康普顿-吴有训散射原理，在比较理想的条件下研究散射射线谱（吴有训称为“移动谱线”）的能量随散射角的变化。并验证散射理论的正确性，讨论产生实验误差的原因。

通过实验，应该让学生学到以下几方面的知识：

（1）熟悉康普顿-吴有训散射理论；

（2）了解散射现象与散射角和散射体物质成份之间的关系；

（3）散射射线计数率随介质原子序数的变化趋势；

（4）散射角和散射能谱的测量方法。

2. 实验原理

（1）散射射线的能量

γ 射线在电子上发生散射。由于 γ 射线的能量远大于电子的动能，因此可以将这一物理过程看做是具有一定动能和动量的 γ 粒子在静止的自由电子上的散射（见图 11.1）。一部分能量传递给反冲电子，而散射射线的能量 E'_γ 为：

$$E'_\gamma = \frac{E_\gamma}{1 + \frac{E_\gamma}{m_0 c^2}(1 - \cos\theta)} \qquad (11\text{-}1)$$

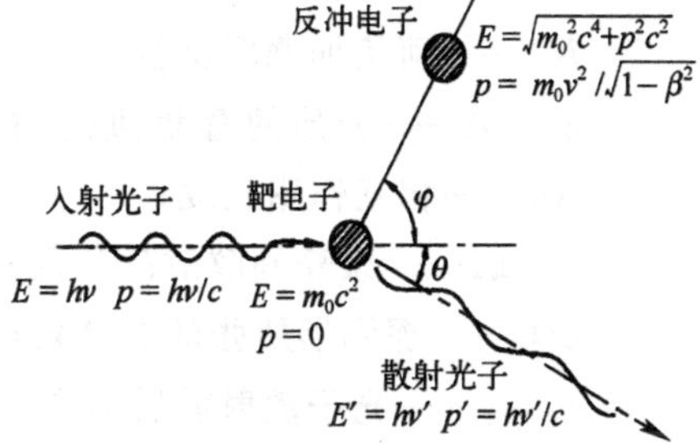

图 11.1　康普顿散射示意图

式中，E_γ——入射射线能量，单位为 MeV；

m_0——电子静止质量；

c——光速；

θ——散射角；

$m_0c^2=0.511\ \text{MeV}$。

反冲电子能量 E_e 为：

$$E_e = E_\gamma - E_{\gamma'} = \frac{E_\gamma^2(1-\cos\theta)}{m_0c^2+E_\gamma(1-\cos\theta)} \tag{11-2}$$

当 E_γ 一定时，就可以计算不同 θ 的散射射线能量。当 $\theta=0°$，则未发生散射；当 $\theta=180°$时，称为反散射，散射射线能量最小。

对于同一能量的 γ 射线，在介质中散射射线能量随散射角的变化，吴有训称之为“移动谱线”，见图 11.2。

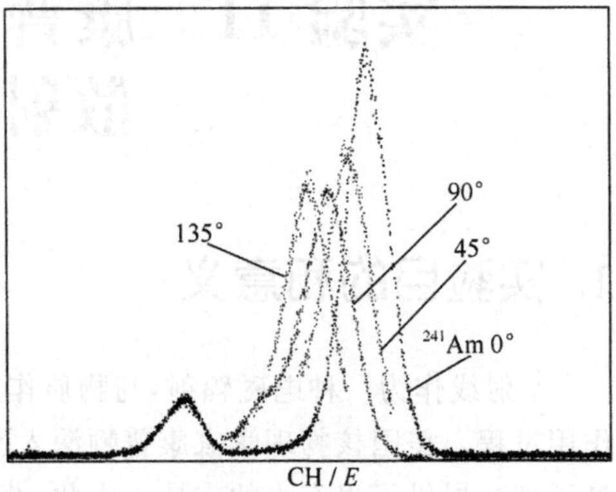

图 11.2 散射射线谱的形态

(2) 散射截面

1929 年，克莱因(O. Klein)和仁科芳雄(Y. Nishina)首先在理论上提出了康普顿散射的微分截面的表达式：

$$\frac{d\sigma}{d\Omega} = \frac{r_e^2}{2}\left\{\frac{1}{1+\alpha(1-\cos\theta)^2}\left[1+\cos^2\theta+\frac{\alpha^2(1-\cos\theta)^2}{1+\alpha(1-\cos\theta)}\right]\right\} \tag{11-3}$$

式中，r_e——经典电子半径，

$\alpha=E/m_0c^2$。

将上式对 4π 空间积分后，可以得到散射截面。散射截面不仅在讨论散射问题时十分重要，而且在研究 γ 射线在介质中的吸收时也是重要的物理量。

(3) γ 射线在介质中的散射

在能量较高的 γ 射线入射到不太重的元素介质中时，主要是康普顿散射。设想如图 11.1 所示的情况，一窄束 γ 射线入射到介质中的体积元 V 内与自由电子发生散射，在 θ 方向上的散射射线经准直之后到达探测器。根据散射截面的定义，散射光子数等于入射光子数、介质中单位面积上的自由电子数和散射截面等三个物理量的乘积，同时还应考虑到入射光子和散射光子在介质中的吸收。因此，探测器所接收到的散射光子数为：

$$n_s = n_i N_A \rho\left(\frac{Z}{A}\right)\Delta L \frac{d\sigma}{d\Omega} d\Omega_d \exp(-\mu_1 x_1 - \mu_2 x_2) \tag{11-4}$$

式中，n_i——入射光子数；

N_A——阿伏加德罗常数；

ρ、Z、A——介质的密度、原子序数、原子量；

ΔL——相互作用长度；

$d\sigma/d\Omega$——康普顿散射微分截面；

$d\Omega_d$——探测器所张的立体角；

μ_1、μ_2——光子散射前后的介质线性吸收系数；

x_1、x_2——光子散射前后在介质中走过的路程。

从式(11-4)可以看出，在测量条件相同、几何布置相同的情况下，由于 $Z/A\approx0.5$，可见，

散射 γ 光子数与介质的密度 ρ 成正比，与光子在介质中的吸收系数有指数关系。于是，探测到的计数率 n_{det} 与 ρ 成正比关系：

$$n_{edt.} \propto \rho \tag{11-5}$$

式(11-3)、式(11-4)、式(11-5)是康普顿散射应用的重要物理基础。

3. 实验设备

设备清单：

(1) 测角平台	1 台
(2) 带准直器准直孔 5 mm 的 ^{241}Am 源(10^8 Bq 量级)	1 只
(3) 带铅屏蔽罩、窗口直径 3～4 cm 的闪烁计数器	1 台
(4) 1 500 V 高压电源(工作电压－800 V～－600 V)	1 台
(5) 线性脉冲放大器	1 台
(6) 模数转换器(ADC)	1 台
(7) 计算机(装有 MCA 软件)	1 台
(8) NIM 电源机箱	1 套
(9) 散射体：有机玻璃、石墨、Al、Fe、Cu、Sn、Pb($40\times\phi15$)	1 套
(10) 连接电缆	1 组
(11) 能量标样：Cu，Mo，Ag，Sn，Ba，Nd 的塑料样片	1 组

装置连接见图 11.3：

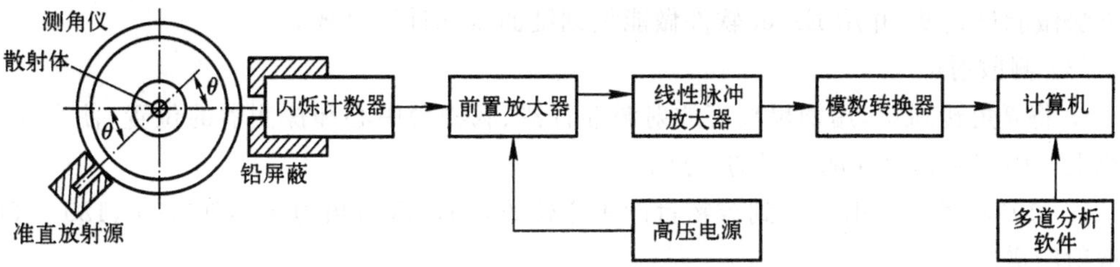

图 11.3 设备连接框图

散射平台实际上是一个测角仪；工厂有专用的设备销售，称为“康普顿散射平台”。也可以用经纬仪或分光计等有测角功能的设备改制。其内圈固定，上有游标，可读出角度的分值数。中心为载物台，可放置散射体。外圈可动，上有 360°刻度，可读出转角的度数。与外圈相连的平台上固定放射源。

从散射原理看，对中、低原子序数的散射体而言，^{137}Cs 发射的 662 keV γ 射线散射效应占优，便于测量。但需要活度较高的^{137}Cs 源。

在实验室进行实验教学不宜用高能源，建议用^{241}Am 为宜，一方面^{241}Am 发射的准单色软 γ 射线(59.54 keV)便于防护准直，另一方面所用散射体的尺寸也可以小一些。^{241}Am 的活度建议在 10^8 Bq(即 10 mC_i量级)。

散射体放置在固定平台的中心位置，保持位置不变。探测器固定在与内圈连为一体的支架上。探测器需要加铅屏蔽罩减小周围放射性物质发射的射线和放射源一次射线的干扰。但窗口不宜过小，以免计数率太低，影响测量精度。

探测器可以采用普通的闪烁计数器或 Si-PIN 半导体探测器。前者价格低，使用方便，但分辨率较差。后者分辨率较高，可以测量到瑞利散射峰和谱线的细节；Si-PIN 探测效率较低，要求放射源有更高的活度。从验证散射理论，二者都是可以的。在使用 Si-PIN 探测器时，若用 XR-100，应将信号输入 ADC，再经 USB 接口输入计算机；而用 XR-123 时，则直接将探测器输出信号经 USB 接口输入计算机。

闪烁计数器输出信号接入放大器正输入端（负端 50 Ω 接地），信号经放大后经 ADC 进入计算机 USB 接口，由 MCA 显示散射谱。

4. 实验步骤

（1）实验设备

a. 按设备清单清点设备。

b. 按连接图连接好仪器设备，经教师检查认可后接通电源。装好放射源。

c. 检查高压电源的极性后，调节高压到推荐值（教师提供）。

（2）仪器能量刻度

a. 在 0°位置上，去掉散射体，在探测器窗口加 2 mm 直径的准直孔。测定 ^{241}Am 一次射线谱。调节放大器的放大倍数，使 ^{241}Am 59.54 keV 软 γ 谱在 1 024 道显示屏中处于约 600 道的位置（能显示全谱，并且 1 keV 大约相当于 10 道便于估计能量变化）。

b. 将 θ 角调到最大，（放射源与探测器靠近）分别将不同样片放在载物台上，按实验 6 的方法做能量刻度，并用 Excel 软件做能量刻度曲线和计算公式。

（3）测散射谱

a. 将 θ 角转到 0°，用钢尺校正放射源准直器、载物台中心和探测器的位置，使之在一条直线上。固定载物台和测角仪的 0 点。

b. 分别将各种散射体放到载物台的中心位置，测定散射角为 30°，60°，90°，120°，150°时的散射图谱。

c. 将各个角度的散射谱存入计算机。

（4）资料整理

a. 在实验过程中，用 MCA 软件读取散射谱光电峰位和根据能量刻度公式计算各相应角度散射峰能量 $E'_\gamma(\theta)$。了解实验进程。

b. 详细记录仪器工作状态和散射峰形态、峰位，记录其他谱线的峰位，谱线特征。用 MCA 的多谱对比功能对比不同角度的散射谱与 59.54 keV 原始谱。

注意事项：

（1）10^8 Bq 的 ^{241}Am辐射较强，注意辐射安全。

（2）若用正比计数器作探测器时，注意保护 Be 窗。

（3）在 0°位置上，可在探测器前加准直器，以免计数率太大。

5. 实验报告

（1）详细说明康普顿-吴有训散射效应的理论和意义。

（2）描述散射平台的结构特点和工作原理。

（3）描述散射射线的特征和放射源一次射线的关系。

（4）根据原始记录整理出实验结果，包括不同角度散射射线的峰位、能量，与理论计算值的误差。原始数据附后。

（5）根据原始记录和计算结果比较不同元素的散射特点。

（6）讨论实验结果。

（7）问题和建议。

记录格式：

（1）能量刻度

元素	谱线名	能量/keV	计数率 cps	峰位	备注
Cu					
Mo					
Ag					
Sn					
Ba					
Nd					

（2）散射射线（样表）

散射体	散射角	峰位(CH)	实测能量/keV	计算能量/keV	其他谱线能量/keV
	30°				
	60°				
	90°				
	120°				
	150°				
	30°				
	60°				
	90°				
	120°				
	150°				

6. 思考题

（1）验证康普顿-吴有训散射理论的实验为什么要用较强的放射源？

（2）为什么在实验室用^{241}Am 为宜，它具有哪些特点？若选用^{137}Cs 源，你估计实验设备要做哪些改动？

(3) 为什么事先要对测量设备进行能量刻度?

(4) 测角仪的读数要精确到分还是秒? 根据哪些因素进行估计?

(5) 为什么要使不同角度散射计数率控制在一定范围以下?

(6) 能否辨认干扰谱的名称及来源? 如何证明?

实验 12　等效密度测定(骨密度计)

1. 实验目的和意义

应用 γ 射线吸收方法测定物体的等效密度，即不均匀物体单位体积的质量，是一种简捷、有效的方法。在医学上诊断人体是否缺钙的骨密度计就是根据这一原理制成。骨密度计的工作原理如图 12.1 所示。

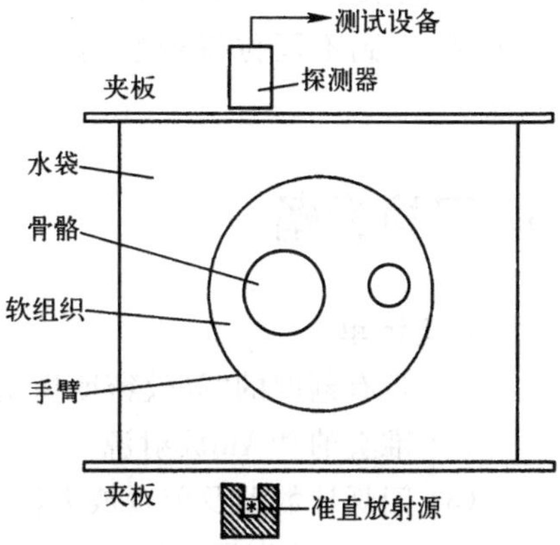

图 12.1　骨密度计工作原理图

图 12.1 中的示意图代表人的小臂，包括骨骼和肌肉。外加的水袋使测量物体的外形比较规则，避免测量结果的畸变。

本实验的目的是模拟骨密度计，用手动扫描方式测量在不同位置密度的变化曲线。使学生了解骨密度计的基本原理和工作方法。

通过实验要求学生掌握以下知识：

(1) 掌握 γ 射线的吸收与物质密度的关系；

(2) 熟悉 γ 射线吸收系数的计算方法；

(3) 掌握等效密度测量应用于骨密度计的工作原理；

(4) 学习等效密度测量成果的表示方法。

2. 实验原理

单能窄束 γ 射线在物质中的吸收服从指数衰减规律。即

$$N = N_0 e^{-\mu d} \tag{12-1}$$

式中，N——γ 射线穿过物质后的仪器测量计数；

N_0——γ 射线穿过物质前的仪器测量计数；

μ——介质的吸收系数，cm^{-1}；

d——物质的厚度，cm。

单能窄束 γ 射线的在物质中的吸收还可以用质量吸收系数 $\mu_m = \mu/\rho$（ρ 为物质的体密度，$g \cdot m^{-3}$）表示，则式(12-1)还可以改写成：

$$N = N_0 e^{-(\mu/\rho)\rho d} = N_0 e^{-\mu_m \rho d} \tag{12-2}$$

将 ρd 称为物质的质量厚度，单位是 $g \cdot cm^{-2}$。

式(12-2)两端取对数变换得到：

$$\ln N = \ln N_0 - \mu_m \rho d \tag{12-3}$$

从而可得出物质体密度为：

$$\rho = \frac{1}{\mu_m d} \ln\left(\frac{N_0}{N}\right) \tag{12-4}$$

因在实际应用中，不知物质的厚度 d 和质量吸收系数 μ_m，不能直接由上式计算体密度 ρ，而是用标准物质进行标定。由于条件的限制，本实验只是要求通过测量，得到一个由多种密度不同的物质组成的等效密度模型，简称密度靶的密度变化曲线，比较各个物质的密度大小的变化和推断其几何形状，故不必进行标定。

本实验模拟医学上骨密度计的工作原理，在一块轻物质（泡沫）中插入 3 种密度不同、规格形状不同的（较）重物质，并将其密封起来做成一个密度靶，进行等效密度测定。手动移动密度靶，得到不同位置密度的变化曲线，然后对 3 种不同密度的（较）重物质做出相应的判断。

3. 实验设备

设备清单：

(1) 带有刻度的“等效密度模型” 1个
(2) 准直的 ^{241}Am放射源 1个
(3) 闪烁计数器及前置放大器 1套
(4) 1 000 V 高压电源 1台
(5) NIM 电源及机箱 1套
(6) 线性脉冲放大器 1台
(7) 定标器 1台

设备连接框图见图 12.2：

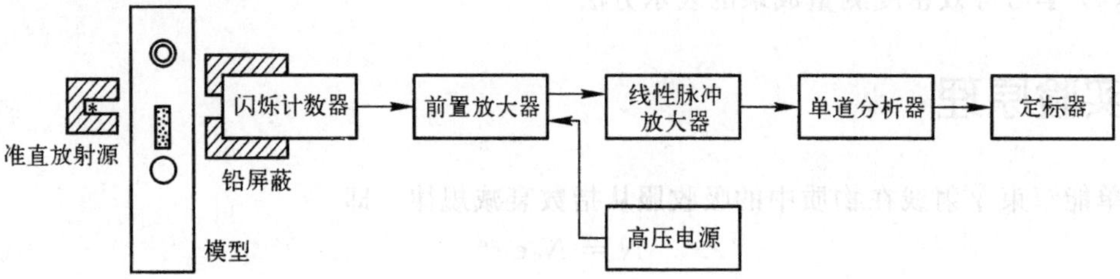

图 12.2 设备连接框图

4. 实验步骤

(1) 清点和熟悉所使用的设备和电路插件。按设备连接框图连接好各个插件。经教师检查后再接通电源。

(2) 按推荐值调节好高压（−600 V）。使仪器充分预热。

(3) 移开放射源。调节定标器阈值，切掉仪器噪声。注意：本实验使用了强放射源。切莫让准直器的小孔面对着人体,尤其是眼睛。注意安全!

(4) 根据实测计数率和统计误差要求选取合适的计数时间(30 s)。

(5) 将放射源和探测器固定在同一水平线上。

(6) 将带有刻度的密度靶放在放射源和探测器中间,按靶上的刻度移动,每次移动 1 cm,在计数率明显改变(遇到重物质)时加密(0.25 cm/次)。每移动一次刻度,测量计数 3 次,并取平均值。注意:移动等效密度靶时,不要改变放射源和探测器的几何位置。

(7) 随时手工作图,了解测量结果的变化。

(8) 实验操作完毕,检查实验数据,关闭电源。整理好个人实验桌上设备后,再离开实验室。

5. 实验报告

(1) 手工绘制靶刻度-计数的关系曲线图。

(2) 解释曲线变化规律。尤其注意一些小的变化细节。并与你原来设想的规律比较。

(3) 检验实验数据的重复性。

(4) 用 Excel 软件作图,并与手工绘制图比较。

(5) 比较等效密度密度靶中 3 种(较)重物质的密度大小,并根据曲线的形态判断出物质的规格形状。

(6) 心得和建议。

6. 思考题

(1) 等效密度靶中等效密度物质空心与实心曲线形态有何不同?

(2) 移动等效密度靶时,遇等效密度物质时若不加密,对曲线形态是否有影响?会有怎样的影响?

(3) 若等效密度靶中等效密度物质密度较大,放射源和探测器要做哪些相应的改变?

实验 13 镀层、涂层厚度的 X 射线荧光测量方法

1. 实验目的和意义

在很多物体表面，为了防潮、防锈或为了某些特殊需要，常在其表面镀上或涂上一层其他物质，这些镀层或涂层的厚度一般都有一定要求，否则会影响到产品的质量和生产成本。因而表面镀层、涂层厚度的测量在工业生产中占有重要地位。

测量镀层或涂层厚度有多种方法，如测定其磁性、电性或者取样进行称量或在显微镜下直接测量。其中有些方法可以达到很高的精度。但这些方法大多有一定的限制，或者对镀层的物性有一定的要求，或者需要取样进行破坏性检验，难于做到实时、在线、非破坏性检测。

早在 1965 年，勃克斯(L. S. Birks)就研究了铜表面镀金层厚度与金特征 X 射线计数率之间的关系，由此开启了 X 射线荧光方法测厚之先河。同时，人们看到：应用 X 射线荧光方法比较容易达到非破坏性、实时、在线检测的目的；为自动控制生产流程提供了必要的先决条件。勃克斯提出的方法只涉及镀层或涂层物质本身的特征 X 射线，与底层物质没有直接关系，因而这套方法也完全适合金属、非金属薄层的测量。其条件是薄层的 X 射线能被有效地激发和测量。

通过本次实验，学生可以学到：

(1) 镀层或涂层元素特征 X 射线计数率与其厚度满足指数增长的关系；

(2) 在指数增长曲线的起始段，函数关系可简化为线性函数关系；

(3) 建立厚层与薄层的概念，学习用参数 μd 来判别厚层和薄层；

(4) 建立“质量厚度”的概念，认识质量厚度与线性厚度的关系和应用条件。

2. 实验原理

(1) 基本依据

由 X 射线荧光计数率的基本公式：

$$I_K = \frac{KI_0W_K}{\mu}(1 - e^{-\mu d}) \tag{13-1}$$

可以知道镀层元素 K 的特征 X 射线计数率 I_K 与镀层厚度 d 直接相关，满足指数增长规律。当测量装置(激发源、探测器和几何布置等)一定，镀层物质成分一定时，综合灵敏度因子 KI_0、K 元素含量 W_K 和镀层对 K 元素特征 X 射线的吸收系数 μ 保持一定。于是，I_K-d 之间保持准确的指数增长关系(见图 13.1)。

对特定的测量装置进行刻度，即用已知厚度的镀层，在装置上测定元素特征 X 射线计数率，并绘制工作曲线（见图 13.1）或计算拟合方程。在测定未知试样时，则可以根据测量数据 I_K 计算相应的厚度 d。

在实际工作中，镀层或涂层的厚度都在 $n\sim n\times10$ μm 量级，若 $\mu d<0.01$，则式(13-1)可以简化。在 KI_0W_K 和 μ 为定值时，用多项式展开，并忽略高次项时，可以得到：

$$I_K = KI_0W_Kd \qquad (13\text{-}2)$$

即 I_K 与 d 保持线性关系。实际上是图 13.1 起始段的直线部分。当镀层或涂层厚度很小时，可以用直线拟合 I_K-d 函数，给计算带来很大方便。

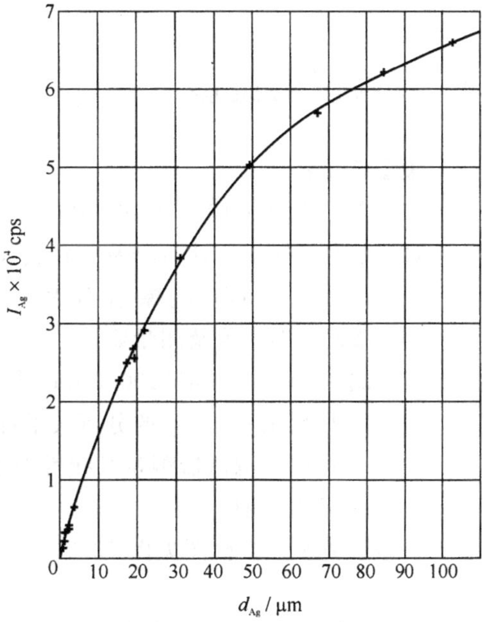

图 13.1 I_K-d 关系图

(2) 计算公式

在式(13-1)中，参数 μ、d 可以用长度单位，分别是 mm 和 mm^{-1}。若取"质量厚度"为单位，即：

$$\mu d = (\mu/\rho)\cdot\rho d \qquad (13\text{-}3)$$

式中，ρ 为镀层或涂层物质的密度，$d_m=\rho d$（单位[cm · g/cm³]=[g/cm²]）称为质量厚度；而 $\mu_m=\mu/\rho$（单位 cm^2/g）称为质量吸收系数。

质量厚度表示单位面积上的质量，在研究物质对射线的吸收和散射时应用广泛。在一定密度范围内，μ_m 变化不大，计算方便。

(3) 装置和试样的选择原则

在实验条件下，很难在短时间（2～3 学时）内得到均匀可测量的镀层或涂层。比较理想的方法是选用极薄（μm 量级）的金属薄片模拟镀层，覆盖在其他金属表面上，进行测量。金属薄片必须平整，以减小几何位置变化引起的误差。也可选用优质的书写纸或打印纸作薄层，模拟镀层或涂层进行实验。一般书写纸或打印纸都在纸浆中加入含钙的物质（主要是石灰石和滑石）作添加剂。优质纸张中添加剂混合比较均匀，厚度也比较均匀，引入的误差较小。

由公式(13-2)可以看出：I_K-d 曲线的斜率为 KI_0W_K，即镀层中供测量元素的含量 W_K 必须较高，而在特定测量装置上其综合灵敏度因子 KI_0 也必须较大。W_K 较高是比较容易满足的：镀金、镀镍、镀铬或镀钛层中 W_K 都为 1 或接近 1，因防锈油漆层也可以选择其中高含量元素（非底层元素）作为测量元素。而 KI_0 则与激发条件（E_0、I_0）、探测条件（探测元件种类、入射窗厚度）和元素种类（K_{ab}、光电吸收系数 μ、荧光产额 ω_K 和分支比 g 等）有关。当选定的测量元素原子序数较小时，其荧光产额、X 射线能量都较小，不便测量。当其原子序数 Z 小于 15 时，将成为能量 X 射线荧光方法中的"盲区"。若镀层、涂层厚度较大，$I-d$ 曲线进入曲线部分，也给工作带来不便。

3. 实验仪器设备

设备清单：

(1) 激发源^{55}Fe(10^9 Bq)或^{238}Pu(5×10^8 Bq) 1个

(2) 薄窗充气正比计数器及前置放大器 1套

(3) +1 500 V高压电源、主放大器、单道分析器、定标器、计数率表 各1台

(4) 激发源准直器及测量窗口 1套

(5) 试样：100.0 mm×100.0 mm 含Ca优质纸(薄打印纸) 若干张

* 用感量0.1 mg的分析天平称量其质量并计算质量厚度，在纸张角上标明。

* 用螺旋测微器测量其线性厚度，分别在四角及中部测量取算数平均值，在纸张角上标明。

测量装置及连接框图见图13.2。

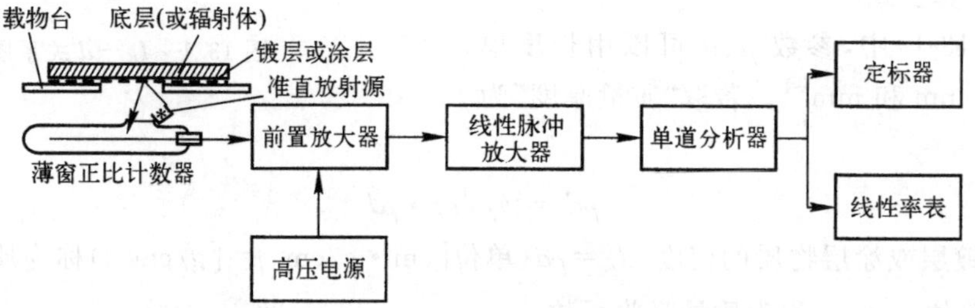

图13.2 设备连接框图

4. 实验步骤

(1) 根据装置连接框图仔细连接各仪器插件。

(2) 检查各插件的工作状态、极性。高压的极性和电压值在实验10中已选定。经教师检查无误后开启电源。

(3) 调整单道脉冲幅度分析器的工作状态。

a. 将一块含Ca较高的样品(一块大理岩或含$CaCO_3$的塑料片)放在测量位置上。

b. 单道处于微分状态。选道宽0.1～0.2格；下阈由低到高缓慢逐渐提升。这时率表的指示也随之变化，指针读数的极大值点为特征X射线能量的对应值。读数增大的起始点到终止点为特征X射线能量所对应的谱峰位置。

c. 用定标器记录，重复上一步骤，并准确确定谱峰的起始点和终止点。将单道分析器的下阈调到起始点；道宽调到终止点和起始点的差值。所记录的脉冲数即代表特征X射线谱峰的面积。

(4) 在测量窗口上放上一张含Ca的纸，压上"底层"(有机玻璃板)模拟在底层上涂上一层含Ca的涂层。记录纸片的质量厚度、线性厚度和特征X射线计数率。

(5) 逐渐加多纸片，表示含Ca涂层加厚。并以计数率—厚度手工作图。

（6）用 Excel 软件作图，求拟合曲线和数学表达式。

注意事项：

（1）正比计数器是本次实验的关键器件，由于要测定低能 X 射线，所用正比计数器的入射窗都较薄，容易破损，因而对入射铍窗要倍加保护，切勿接触，更不能刻划。

（2）正比计数器的高压极性和电压要正确调整，切勿过高。

（3）本实验选用的是密封低能放射源，按规定使用是绝对安全的。由于是低能源，其密封窗为铍窗，容易破损，因而绝对不能触摸，刻划。若铍窗破损，造成放射性泄漏后果严重！

5. 实验报告

（1）绘制计数率—厚度曲线，讨论用线性厚度和质量厚度展示实验数据的差别。

（2）用 Excel 软件计算计数率—厚度曲线的表达式和相关系数。

（3）讨论其误差来源。

记录格式：

（1）工作环境

（2）仪器工作状态

（3）实验记录

a. 调整单道脉冲幅度分析器的工作状态，道宽 0.1 格

阈值					…
率表示值					…
单道计数率					

b. 模拟镀层厚度测量

镀层线性厚度					…
镀层质量厚度					…
计数/30 s					…

6. 思考题

（1）用薄层覆盖模拟直接涂敷可能引入哪些误差？如何减小这些误差？

（2）所选择元素（特征 X 射线能量）不同时，涂层厚度的测量范围有没有变化？

（3）激发源的选择对测量结果有什么影响？

（4）若“底层”不是有机玻璃，而是铁板或铜板，能否同时测定涂层和底层的特征 X 射线计数率？如何测定？它们又将遵循什么样的变化规律？

（5）为什么用计数率表调节选择单道分析器工作状态而不用定标器？

下　篇

实验 14　直流高压获取与性能测试

1. 实验目的和意义

在探测系统中，直流高压起到保证探测器正常工作的作用。不同的探测器所需的工作电压不一样。可借助探测器的坪曲线确定探测器的工作电压，使之正常稳定的工作。可见直流高压的获取对探测系统意义重大。

高压电路由两大部分组成：振荡电路和整流电路。振荡电路是一种正反馈电路，将直流低压转变为交流再升压为交流高压。此电路具有一定的特殊性，了解它的特点，对其工作状态的测试和判断可以使学生得到锻炼。由交流高压再转变为直流高压的倍压整流电路也是核仪器中常用的电路之一，必须有所了解。如果高压的获取采用直接将 50 Hz 市电直接升压、整流，则要求变压器的体积较大，不利于仪器的便携性。

本实验通过电感三点式振荡电路及倍压整流滤波电路来获取直流高压，希望达到以下目的：

(1) 了解直流高压获取的意义；

(2) 掌握直流高压获取的原理；

(3) 掌握直流高压的性能参数测试方法及注意事项。

2. 实验原理

在电工电子学类基础课程中，我们都学过低压交流变换成低压直流的几大步骤，分别是整流、滤波、稳压。而高压交流变成高压直流时往往只经历倍压整流、滤波。此时采取的滤波电容一定要耐高压。以上所讲全是交—直流变换，那么如何实现直低—直高变换呢？我们知道含有动态元件(L，C)的电路叫做动态电路。动态电路在换路时存在过渡过程。我们就是利用此过渡过程将加给实验板的直流低压(比如 6 V)振荡成交流信号，此交流信号经过功率放大处理后送入变压器升压，从而得到交流高压。交流高压经过倍压整流和滤波电路从而可获得直流高压，本次实验电路如图 14.1：

图中 T_1、C_1、R_2、C_2、L_2、R_3、R_1 构成电感三点式振荡电路，T_2 是推动管，T_{B1} 是变压器，T_3 是 3DD15D 功率输出管，T_{B2} 是升压变压器，D 是变压器中的二极管整流柱。C_4 和 C_5 起到控制逆程尖脉冲作用。

由于电路中存在着 L、C 动态元件，所以上升时刻有过渡过程，当刚接通电源后，$I_b\uparrow\rightarrow I_e\uparrow$，此时变化的电流信号经 C_2 到达电感的时间要比经 R_4 到达电感的时间短，从而在 L_2 1 端产生正感应电动势，3 端出现负感应电动势，2 端出现正感应电动势。2 端通过 C_1 接入 T_1 的基极从而使 I_b 进一步增加，即形成正反馈。所以 T_1 的射极急剧上升，当 T_1 进入饱和区后

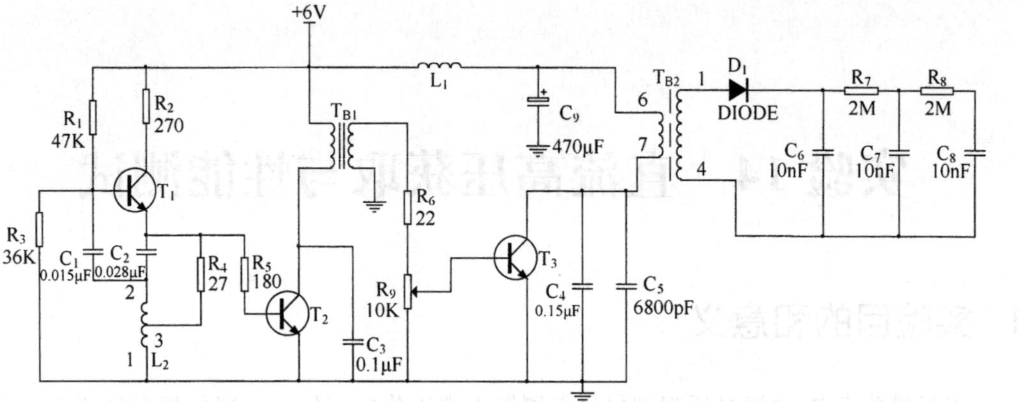

图 14.1 高压电路图

集电极电流 I_c 几乎不变，可理解为直流，对于电感来说直流时电感电压有趋于零的趋势，所以此时电感电压下降。由于电磁感应上端将出现负极性电压，通过 C_1 接入 b 极后使 $U_b\downarrow\rightarrow I_b\downarrow\rightarrow I_e\downarrow$ 端为负 $\rightarrow I_b\downarrow$ 从而输出负极性，很快 T_1 进入截止区，由于电磁感应 L_2 极性翻转，从而有新的一轮正极性输出和负极性输出，如此往复从而形成振荡波形。图中的 C_2 起到起振作用。此时输出的振荡波形见图 14.2。

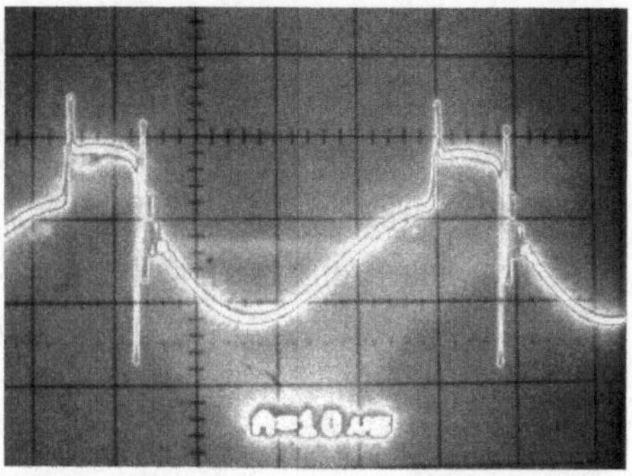

图 14.2 振荡波形图

T_2 又名推动管，是因为功率输出管 T_3 对输入电流要求比较大，振荡出来的电流非常弱，T_2 起到对振荡电流初步放大作用，T_{B1} 则使电流进一步放大，所以 T_{B1} 初级线圈绕组多于次级线圈的绕组。这样 T_3 输出管就得以推动工作，使得信号功率得到放大。T_{B2} 使得变压器电压升高若干倍后，经过整流滤波得到直流高压。

高压电源的主要性能参数包括稳定度、输出电压、调节精度、输出电流、过流保护、输出阻抗和纹波电压等。

3. 实验设备

设备清单：

(1) NIM 电源 1 套

(2) 示波器 1 套

(3) MF-500B 模拟万用表 1 个

(4) 高压实验板 1 个

4. 实验步骤

(1) 在未开电源情况下,按照原理图用线将信号线和地线分别接好,经老师允许方可接通电源。

(2) 用模拟万用表 MF500—B 接 C_8 的两端。注意 MF500—B 的使用方法。

a. 红探针插入最左下角的标有"2 500 V"插孔中,黑表笔依然插在最右侧插孔中;

b. 左侧"量程选择"旋钮打到直流"2 500 V"中的 500 位置;右侧"功能选择"旋钮打到"V"处。

(3) 读出实验板所输出电压;

(4) 用示波器测出图中 A、B、C、D、E 各点振荡波形;

(5) 调节 R_9 监测输出高压;

(6) 调节 L_1 监测输出高压;

(7) 用模拟万用表测量输出电流;

(8) 测量并计算输出阻抗。

注意事项:

(1) 断电后先用螺丝刀将高压电容短路放电,以免对实验人员造成伤害。

(2) 测试功放管时注意不要引起短路,可以采取间接测量法,即测量与待测点相连接的点。

5. 实验报告

(1) 简述高压工作原理;

(2) 理论分析各点波形并同实际监测值对比进行论证;

(3) 解释高压随 R_9 、L_1 值的变化原因。

记录格式:

(1) 输出高压 $U_{GH}=$________

(2) 测量下列各点波形并记录:

A	B	C	D	E

6. 思考题

(1) 直流高压的获取原理是什么?

(2) 电感三点式振荡的原理是什么?

(3) 倍压整流电路工作原理是什么?

实验 15　线性脉冲放大电路的仿真

1. 实验目的和意义

线性脉冲放大器是核辐射测量仪器中的一个重要部件，线性脉冲放大器应包含两个功能，一个是电信号的放大，它必须完成对输入脉冲稳定的线性放大；另一个是脉冲成形，所谓成形电路是指不改变输入核信息脉冲幅度分布信息而按要求改变输入脉冲形状的电路，一个好的成形电路应当简单，易于调整，成形后脉冲幅度的分布不发生变化、脉冲持续时间短、信噪比大以及脉冲的形状应利于幅度的甄别。

本实验将利用 Multisim 电路仿真软件对线性脉冲放大电路（包括集成运算放大电路、微分成形电路、积分成形电路、极-零相消成形单元电路）进行仿真。

通过实验要求学生应掌握以下知识：

(1) 学习掌握 Multisim 电路仿真软件的操作和使用；

(2) 深入理解线性脉冲放大电路、脉冲成形电路的原理和工作情况；

(3) 掌握如何根据实际需要设计电路，并对电路进行仿真，选择合适的参数。

2. 实验原理

(1) Multisim 电路仿真软件的操作和使用

Multisim 软件是美国国家仪器公司开发出来的一个原理电路设计、电路功能测试的虚拟仿真软件，可以实现计算机仿真设计和虚拟实验，与传统的电子电路设计和实验方法相比，具有以下特点：设计与实验可以同步进行，可以边设计边实验，修改调试方便；设计和实验用的元器件及测试仪器仪表齐全，可以完成各种类型的电路设计与实验；可方便地对电路参数进行测试和分析；实验中不消耗实际的元器件，实验所需元器件的种类和数量不受限制，实验成本低，实验速度快，效率高；设计和实验成功的电路可以直接在产品中使用。

Multisim 电路仿真软件的操作和使用比较方便，采用的是 Windows 操作界面，直接点击桌面的 Multisim 软件进入 Multisim 的主窗口，主窗口如同一个实际的电子实验台。屏幕中央区域最大的窗口就是电路工作区，在电路工作区上可将各种电子元器件和测试仪器仪表连接成实验电路。电路工作区上方是菜单栏、工具栏。从菜单栏可以选择电路连接、实验所需的各种命令。工具栏包含常用的操作命令按钮。电路工作窗口两边是元器件栏和仪器仪表栏。元器件栏存放各种电子元器件，仪器仪表栏存放各种测试仪器仪表，用鼠标操作可以很方便地从元器件和仪器库中提取实验所需的各种元器件及仪器、仪表到电路工作窗口并连接成实验电路。实验电路连接好后，单击电路工作窗口上方的“启动/停止”开关，则可以方便地控制电路仿真的进行，双击实验电路中的仪器、仪表便可进行电路参数的测试和分析，从而得到仿真结果。

(2) 核模拟脉冲信号的获得

在电路设计和实验过程中，通常需要测试信号源，如利用实际中的脉冲信号发生器产生核模拟脉冲信号，在 Multisim 软件中的核模拟脉冲信号的获得主要通过软件中的脉冲发生器来实现，可通过修改其参数来实现不同幅度、不同上升时间等的模拟核脉冲信号。参数表见图 15.1。

(3) 集成运算放大电路

现代线性脉冲放大器的放大节主要是采用集成运算放大器组成，由于其低功耗，工作稳定，高速，开环增益很大，可以引入强烈的负反馈，保证了线性放大器放大倍数的线性和稳定性，得到了广泛的应用。

如图 15.2 所示为由集成运算放大器组成的反相比例放大电路，由于集成运放的开环增益大，同时引入深度负反馈，使得放大电路的放大倍数等于 R_2/R_1，保证了线性脉冲放大器中放大单元电路放大倍数的线性和稳定性。

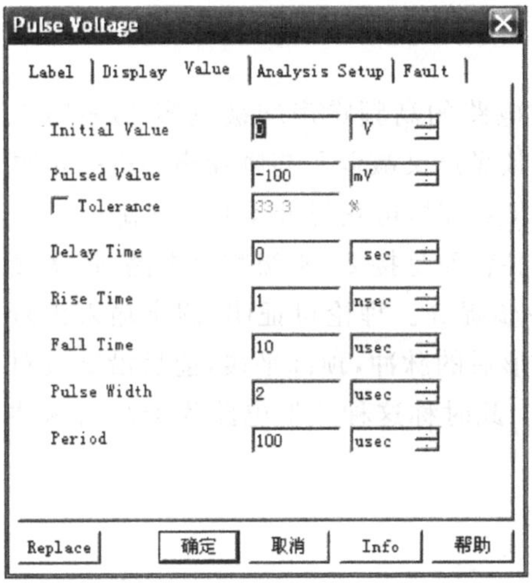

图 15.1 核模拟脉冲信号参数设置

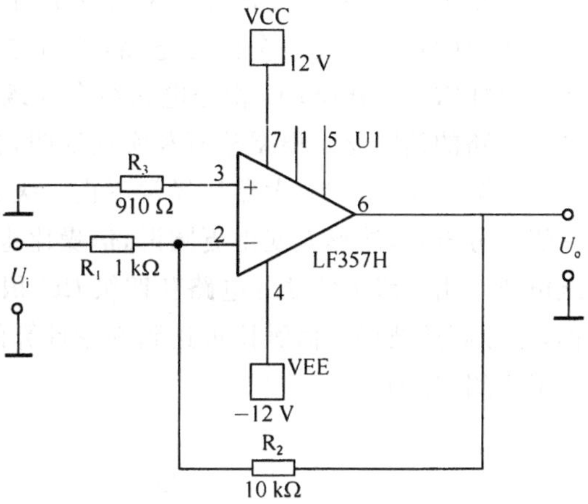

图 15.2 由集成运放所组成的放大电路

(4) *RC* 微分成形电路

RC 微分电路是最简单的成形电路，它主要用于将输入脉冲变窄并将重叠的输入脉冲区分开来。

通常核辐射探测器输出的是前沿很陡，后沿很缓的尖脉冲，脉冲延续时间较长。当计数率较高时。造成脉冲堆积幅度失真。如果这样的信号送至幅度分析器，最后得到的能谱曲线就会发生严重的畸变、谱峰偏移和展宽，这就是人们常说的计数率过载现象。这些重叠的信号经 *RC* 微分电路后，脉冲持续时间大大变小，重叠的脉冲均被区分开来，恢复了原来真实的脉冲幅度分布(见图 15.3)。成形电路输出脉冲持续时间取决于微分电路时间常数 τ。τ 越小，脉冲持续时间越短。当脉冲持续时间短到一定程度后，再减少 τ 对克服计数率过载已没有多大意义，相反却会使脉冲幅度大大减低，所以对时间常数 τ 不能取得太小，通常选为等于闪烁体的发光时间。

微分后，脉冲持续时间变短不仅对克服计数过载有利，而且对克服基线漂移也有利，同时微分电路相当于一个高通电路。微分电路以前各级产生的低频噪声电压主要降落在微分电容器的容抗上，输出信号中的低频噪声被衰减从而提高了输出信号的信噪比。

(5) *RC* 积分和高斯脉冲成形电路

要使成形后脉冲顶部变宽以利于幅度分析，最有效的方法就是在 *RC* 微分电路后再加一级或几级的积分电路。为了将二者隔开，一般 *RC* 微分电路放在放大器之前，*RC* 积分电路放在放大器之后。

核信号经 *RC* 积分电路积分后，会出现脉冲顶部变圆，幅度变小。由于经电路积分后，各种幅度的脉冲均按固定比例衰减，所以脉冲幅度的分布仍固定不变，能谱曲线不会发生畸变。

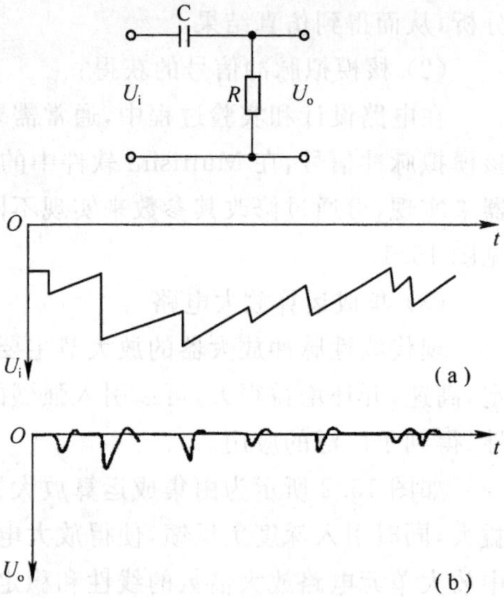

图 15.3　*RC* 微分成形电路及其输入和输出脉冲波形

积分电路实际是一个低通电路，积分电路前各级电路的高频噪声均被电容 C_2 短路至地。这样 *RC* 微分和 *RC* 积分电路组合就既减弱了低频噪声又减弱了高频噪声。进一步提高了电路的信噪比。根据分析和实践证明，在 $R_1C_1=R_2C_2$ 时，可获得最佳的信噪比。

实际使用时，在放大器后经常不止一级 *RC* 积分电路，而是接 2～4 级积分电路，每多接一级积分电路，波形就变得更圆滑，信噪比也就更进一步提高。理论可证明，假定输入为阶跃电压。由一级 *RC* 微分电路和四级 *RC* 积分电路成形后的脉冲，顶部平缓，前后沿比较对称，近似高斯波形。信噪比可达到理论计算的最佳值。此时称这种成形电路为准高斯脉冲成形电路(见图 15.4)。

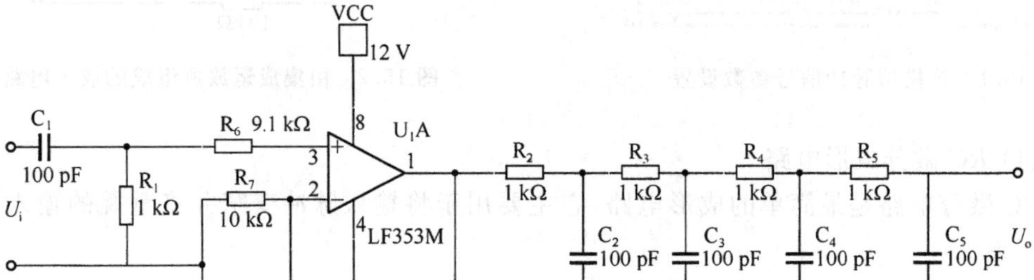

图 15.4　*RC* 积分和高斯脉冲成形电路

核信息仪器中通常设一级积分电路。即可给出足够的信噪比。*RC* 电路时间常数要根据成形放大器有良好的抗过载能力，足够大的信号幅度和较高的信噪比等要求，权衡利弊加以选择。

（6）极-零相消成形电路

从探测器输出的电压脉冲的后沿是随时间按指数规律下降的，经一级 RC 微分电路成形后，在尾部会有反向突起。当有很大的过载脉冲加到放大器输入端时，这种过载脉冲的反向突起会引起放大器相当长时间失效，将严重妨碍放大器高计数率信号下的工作。

如图 15.5 所示的是一种常用的极-零相消成形电路。选择电路 R_1C_1 等于输入信号后沿按指数规律下降的时间常数。并且 $R_1 \gg R_2$，则根据理论计算可证明：

$$U_o = U_i e^{-\frac{t}{R_2 C_1}} \tag{15-1}$$

这时输出脉冲的后沿即为一个以 R_2C_1 时间常数衰减的指数曲线，这样就削弱了反向突起。

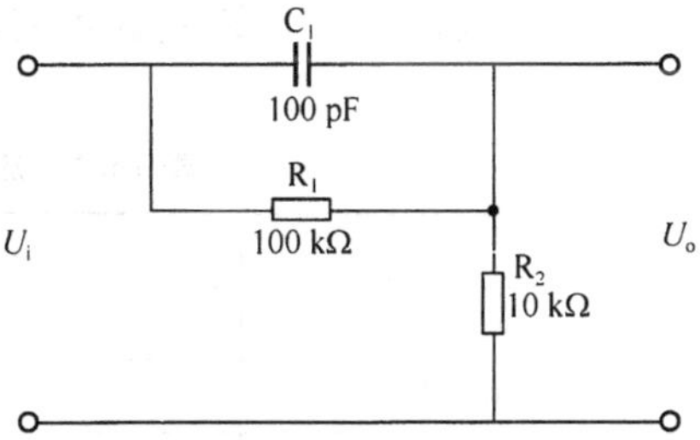

图 15.5 一种常用的极-零相消成形电路

这种成形电路特别适合于用来成形有过载脉冲的高计数率信号。但是，因为 R_1 为有限值，极-零相消的调节范围不够宽。在实际使用时，在这种成形电路后总是加有相应的积分电路，这样就可以获得单一极性，较圆顶部，信噪比较高的信号。

3. 实验设备

计算机一台及 Multisim 电路仿真软件

4. 实验步骤

（1）熟悉 Multisim 电路仿真软件的使用

（2）按照图 15.2，利用 Multisim 仿真软件画出线性脉冲放大器中放大节单元电路，同时将虚拟脉冲信号源加在电路的输入端，利用虚拟双踪示波器分别加在电路的输入端和输出端，如图 15.6 所示，准备好后开始进行以下实验仿真：

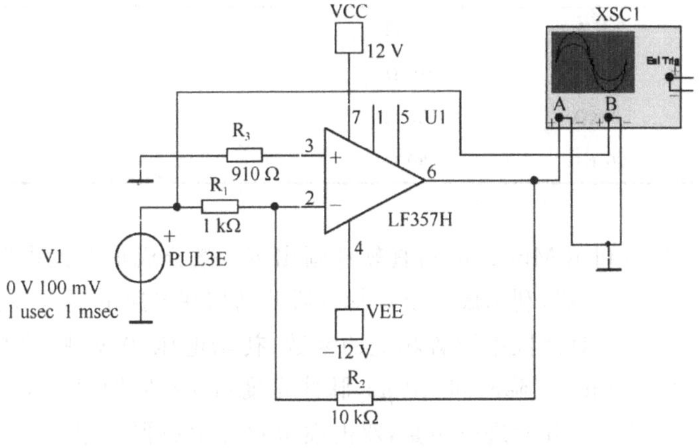

图 15.6 线性脉冲放大器放大节仿真

a. 放大节单元电路放大倍数线性的实验仿真：

双击虚拟脉冲信号源，在弹出的菜单设置相应的参数：初始电压：0 V，脉冲电压幅度：−10 mV，延迟时间：0，前沿时间：10 ns，下降时间：10 μs，脉冲宽度：1 μs，周期：1 ms。单击电路工作窗口上方的"启动/停止"开关开始进行仿真，双击虚拟双踪示波器观察仿真的结果，将结果填入表 15.1，此次仿真结束后，将虚拟脉冲信号源中的脉冲电压幅度修改为 −50 mV，其他参数不变，电路不变，依次仿真，将仿真结果均填入表 15.1 中。

表 15.1　放大器仿真——放大倍数计算记录表

U_i	U_o	A_u(理论)	A_u(仿真)
10 mV			
50 mV			
100 mV			
1 000 mV			
−1 000 mV			
−100 mV			
−50 mV			
−10 mV			

b. 放大节单元电路放大倍数稳定性的实验仿真：

双击虚拟脉冲信号源，在弹出的对话框中设置相应的参数：初始电压：0 V，脉冲电压幅度：100 mV，延迟时间：0，前沿时间：10 ns，下降时间：10 μs，脉冲宽度：1 μs，周期：1 ms。单击电路工作窗口上方的"启动/停止"开关开始进行仿真，双击虚拟双踪示波器观察仿真的结果，将结果填入表 15.2，此次仿真结束后，改变放大电路的反馈电阻 R_2 和平衡电阻 R_3，依次仿真，将仿真结果填入表 15.2。

表 15.2　放大器仿真——放大倍数调节记录表

U_i	R_2	R_3	U_o	A_u(理论)	A_u(仿真)
100 mV	5 KΩ	830 Ω			
100 mV	10 KΩ	910 Ω			
100 mV	50 KΩ	980 Ω			
100 mV	100 KΩ	990 Ω			

(3) 按照图 15.3，利用 Multisim 仿真软件画出 *RC* 微分成形单元电路，同时将虚拟脉冲信号源加在电路的输入端，利用虚拟双踪示波器分别加在电路的输入端和输出端，双击虚拟脉冲信号源，在弹出的对话框中设置相应的参数：初始电压：0 V，脉冲电压幅度：2 V，延迟时间：0，前沿时间：10 ns，下降时间：10 μs，脉冲宽度：1 μs，周期：1 ms。单击电路工作窗口上方的"启动/停止"开关开始进行仿真，双击虚拟双踪示波器观察仿真的结果，比较输入和输出脉冲在幅度和宽度上的差别；在输入信号不变的条件下，改变不同的 *R* 和 *C*，比较不

同的时间常数 $\tau=RC$ 下输出脉冲的幅度和宽度的差别。

(4) 按照图 15.4,利用 Multisim 仿真软件画出 RC 积分和高斯脉冲成形单元电路,同时将虚拟脉冲信号源加在电路的输入端,利用虚拟四踪示波器分别加在集成运放的输出端和一次 RC 积分、二次 RC 积分、三次 RC 积分、四次 RC 积分输出端,双击虚拟脉冲信号源,在弹出的对话框中设置相应的参数:初始电压:0 V,脉冲电压幅度:2 V,延迟时间:0,前沿时间:10 ns,下降时间:10 μs,脉冲宽度:1 μs,周期:1 ms。单击电路工作窗口上方的"启动/停止"开关开始进行仿真,双击虚拟四踪示波器观察仿真的结果,比较集成运放的输出脉冲与一次 RC 积分输出脉冲在幅度和宽度上的差别,比较一次 RC 积分输出脉冲与二次 RC 积分输出脉冲在幅度和宽度上的差别,同理比较二次与三次,三次与四次的差别;

(5) 利用 Multisim 仿真软件画出极-零相消成形单元电路(见图 15.5)和 RC 微分成形单元电路(见图 15.3),分别同时将虚拟脉冲信号源加在两个电路的输入端,利用虚拟双踪示波器分别加在两个电路的输出端,各双击虚拟脉冲信号源,在弹出的菜单设置相同的参数:初始电压:0 V,脉冲电压幅度:2 V,延迟时间:0,前沿时间:10 ns,下降时间:10 μs,脉冲宽度:1 μs,周期:1 ms。单击电路工作窗口上方的"启动/停止"开关开始进行仿真,双击虚拟双踪示波器观察仿真的结果,观察极-零相消成形单元电路和 RC 微分成形单元电路输出脉冲波形的区别,特别是反向突起部分。

5. 实验报告

(1) 整理表 15.1 和表 15.2 的数据,讨论线性脉冲放大器放大倍数的线性和稳定性。

(2) 将微分成形单元电路的输入与输出信号叠加在虚拟双踪示波器,分析两波形的差别,分析影响微分成形电路效果的参数。

(3) 将一次 RC 积分、二次 RC 积分、三次 RC 积分、四次 RC 积分成形信号输出在虚拟四踪示波器上叠加显示,分析每次积分后波形之间的差别,如何才能产生高斯脉冲?

(4) 将极-零相消成形单元电路的输出与 RC 微分成形单元电路输出信号叠加在虚拟双踪示波器,分析两波形的差别,分析如何尽可能减少反向突起?

6. 思考题

(1) 在实际电路中,如何提高线性脉冲放大器放大倍数的线性和稳定性?

(2) RC 微分成形和 RC 积分成形电路各自的作用是什么? 它们实际上都是什么电路?

(3) 阐述极-零相消成形电路的工作原理。

实验 16　平方反比定律的验证

1. 实验目的和意义

平方反比定律是指对一各向同性的放射点源，探测器测量到的 γ 射线计数率与放射点源到探测器距离的平方成反比的关系。在放射性测量仪器的标定中，由于放射源和探测器都具有一定的体积，不能简单地认为是两个点，只有在放射源与探测器之间的距离满足一定的条件是才能认为是两个点。因此，放射源与探测器之间的几何关系会影响仪器的刻度系数。在放射性测量中，如果实际的测量条件与仪器的刻度条件不一致，会导致测量结果误差较大，需要加以修正。

通过本次实验，学生要学习以下内容：

(1) 复习射线在物质中的衰减规律；

(2) 通过实验深刻理解什么是平方反比定律；

(3) 了解平方反比定律的适用条件。

2. 实验原理

如图 16.1 所示，假定在一半径为 r 的真空球的球心处有一各向同性的放射性 γ 点源，活度为 A。半径为 r 的球的表面上任意点，即距点源 r 处的任一点的粒子注量率 φ：

$$\varphi=\frac{A}{4\pi r^2} \tag{16-1}$$

式中，$4\pi r^2$ 是球的表面积。从式(16-1)式可以看出，距点源 r 处的任一点的粒子注量率 φ 与距离 r 的平方成反比例关系。因此，在放射性测量仪器刻度时，在知道放射源活度和放射源与探测器之间的距离的条件下，可以得到探测器所在位置的粒子注量率与仪器计数(率)的关系，即刻度系数；在放射性测量中，知道粒子注量率和放射源与探测器之间距离的条件下，可以推算放射源的活度。但是，在实际的放射性测量或放射性仪器刻度时，放射源与探测器的几何条件会限制平方反比定律的应用范围。实际测量条件下，由于探测器和放射源都有一定的体积，不能将其简单的认定为一个点。一般情况下，当两个物体之间的距离大于两个物体中体积较大那个物体直径的 5～10 倍时，可以近似的认为其中一个物体对于另一物体来说是一个点。

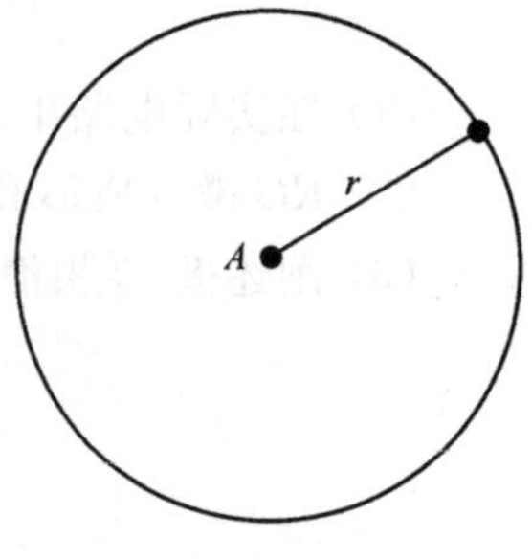

图 16.1　平方反比定律几何关系示意图

图 16.2(a)是实验室使用的一种 ^{137}Cs 放射源的示意图，放射源为圆柱形。图中黑色部

分为^{137}Cs,d 为圆柱的直径,约为 3 mm。图 16.2(b)是放射源与探测器的几何关系,D 为探测器直径。北京核仪器厂生产的 NaI(Tl)晶体直径有从 13～100 mm 多种型号。当探测器与放射源之间的距离 r 大于 5～10 倍的探测器直径 D 时,粒子注量率 φ 与 r 近似满足平方反比定律。

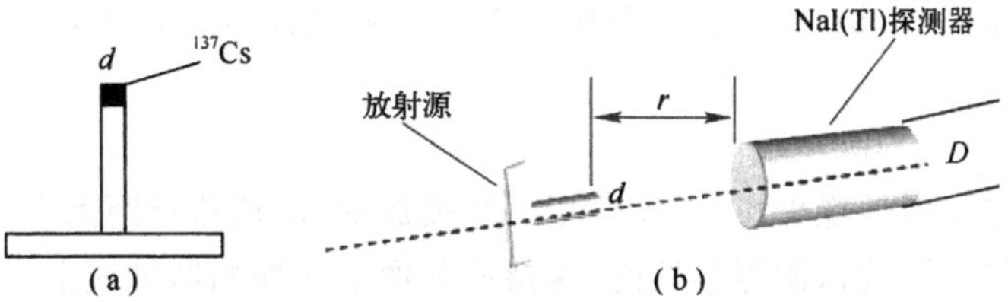

图 16.2 放射源与探测器的几何位置

除了放射源与探测器的几何关系会影响平方反比定律之外,放射源与探测器之间的空气也会影响平方反比定律。若在放射源与探测器之间存在空气,射线在穿过空气到达探测器时会被空气吸收掉一部分,即放射性测量仪器实际测得的放射源活度会小于通过理论计算得到的放射源实际活度。

3. 实验设备

(1) ^{137}Cs 点源	1 个
(2) NaI(Tl)探测器	1 套
(3) NIM 机箱及相关插件(高压电源、放大器、ADC4096)	各 1 台
(3) 电脑及相关软件	1 套
(4) 卷尺	1 个

实验仪器连接框图见图 16.3:

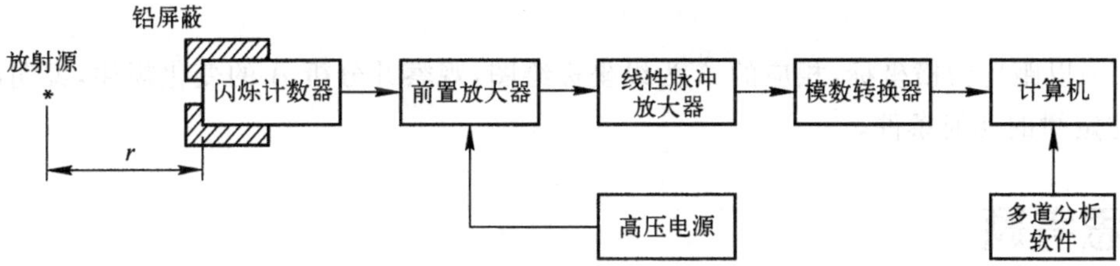

图 16.3 设备连接框图

4. 实验步骤

(1) 熟悉所使用的设备和电路插件。按设备连接框图连接好各个插件。经教师检查后再接通电源,使仪器充分预热。

(2) 按推荐值调节好探测器高压、放大器的放大倍数，并调节 ADC 的阈值，以抑制仪器噪声。

(3) 将放射源移开，测量环境本底；选定 0.662 MeV 峰的左右边界，记录峰面积。

(4) 将放射源放在探测器前不同的位置(相邻两个点之间的间隔为 10 cm)，分别测量并记录 0.662 MeV 峰的面积。

(5) 实验操作完毕，检查数据，经教师检查认可后关闭电源。整理好实验桌上设备，再离开实验室。

注意事项：

(1) 严格遵守放射源操作章程，切莫用手触摸放射源，切莫近距离直视 ^{137}Cs 源！

(2) 在移动放射源或探测器位置时，保持放射源处于探测器轴线上，以保证整个测量过程几何条件的一致性。

5. 实验报告

(1) 按表 16.1 记录测量结果，并利用测量到的不同距离上的计数率根据式(16.2)计算放射源活度：

$$A = 4\pi r^2 \varphi \tag{16-2}$$

表 16.1 数据记录表

距离 r/cm	计数率 φ				备注
	1	2	3	平均	

(2) 以距离为横坐标，相应的 A 为纵坐标绘图，观察并分析 A 的变化规律，说明满足平方反比定律的几何条件。

6. 思考题

(1) 平方反比定律的适用条件是什么？

(2) 实际工作中对偏离平方反比定律的误差如何校正？

实验 17　CMOS 单道脉冲幅度分析器

1. 实验目的和意义

单道脉冲幅度分析器的任务是把不同幅度范围的脉冲区分出来；而脉冲幅度与射线或粒子的能量相关，由此可推知放射性物质的性质。换句话说，就是分析放射性射线能谱的特征峰。若进一步测量其注量率，就可以确定放射性物质的种类和数量。单道脉冲幅度分析器是单道能谱仪的核心。

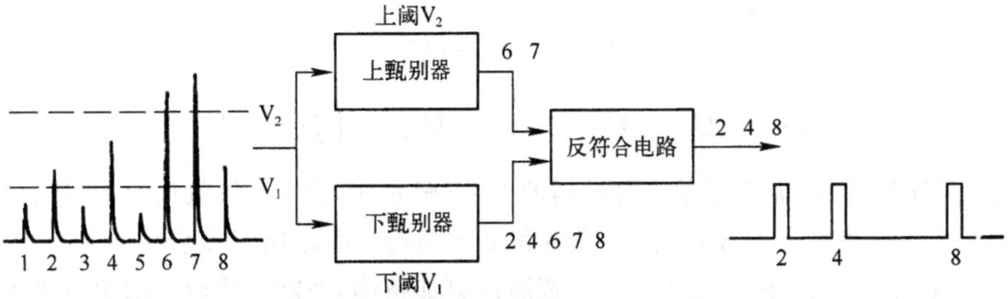

图 17.1　单道脉冲幅度分析器原理图

图 17.1 为单道脉冲幅度分析器的原理图，它包括两个脉冲幅度甄别器和一个反符合电路。阈值取得较高的叫上(限)甄别器，阈值取得较低的叫下(限)甄别器；它们的差值称为道宽。反符合电路是这样的电路：它有两个输入端，一个输入的是信号脉冲，一个输入的是阻止脉冲，前者是下甄别器输出的，后者是上甄别器输出的。当只有下甄别器被触发时，整个分析器才有信号输出；如果上下甄别器均被触发，上甄别器输出阻止脉冲；在上下输出脉冲满足反符合条件的情况下，分析器无脉冲输出。图 17.1 示的不同脉冲信号，可以分成三类：一类是输入脉冲幅度过小，两个甄别器均不能被触发，甄别器无输出信号，脉冲 1、3、5 属于这一类；另一类脉冲幅度超过下甄别阈，但小于上甄别阈，如脉冲 2、4、8，它们只能使下甄别器触发，因此反符合电路不被阻塞，可以有输出，并推动其后记录电路工作；还有一类脉冲，如脉冲 6、7 等，它们的幅度较大，既超过了下甄别阈，也超过了上甄别阈，因此它们将能同时触发上、下甄别器；上甄别器输出阻止脉冲，阻止下甄别器的脉冲通过反符合电路，所以电路使这类脉冲不能输出。可见，只有脉冲幅度在上、下甄别阈之间的脉冲才能通过分析器。

通过本次实验，要求学生做到：

(1) 了解 CMOS 单道脉冲幅度分析器的实际结构；

(2) 深入了解单道脉冲幅度分析器的工作原理；

(3) 观察各部分电路的脉冲波形；

(4) 观察反符合电路的反符合情况。

2. 实验原理

图 17.2 是 CMOS 二输入四与非门 4011 组成的单道脉冲幅度分析器电路，分析电路可知：

(1) 上甄别器：由 IC1-1D、IC1-1C、R_6 组成；

(2) 下甄别器：由 IC1-1A、IC1-1B、R_7 组成；

(3) 上、下甄别器阈值：由 W_3、W_2 调定；

(4) 上、下甄别器输出脉冲宽度：是输入脉冲升至触发阈到降至触发阈的宽度。

(5) 道宽：是 W_1 调定的比例道宽，上甄别器的输入是经 W_1 衰减后的那部分幅度（由 W_1 中心抽头确定）所以：

$$U_{T_1} = \frac{U_{T_2}}{K} \tag{17-1}$$

式中，K 为 W_1 的分压系数。

$$U_{T_1} + U_{W_2} = V_{tr} \tag{17-2}$$

$$\Delta U_{T_1} = U_{T_1} - U_{T_2} = \frac{U_{T_2}}{K} - U_{T_2} = \left(\frac{1}{K} - 1\right) U_{T_2} \tag{17-3}$$

可见，调节 W_2 同时调节了单道分析器的上、下甄别阈，调节 W_1 就调节了单道分析器的 K 值，也就调节了道宽。当 K 固定时，道宽和下甄别阈为固定比例关系。

比例道宽的特点是，在低能区用小道宽测谱更加精确，高能区用较大的道宽可提高测谱效率。

(6) 上整形器：由 IC3-1A、IC3-1B、R_8、C_4 组成，任务是上、下甄别器都触发时产生较宽的“0”电平负脉冲，关闭反符合门电路（IC3-1C）。输出脉宽 $P_{上} = 0.69\ R_8C_4$。

(7) 下整形器：由 IC2-1A、IC2-1B、R_9、C_5 组成，任务是将落入道内的脉冲整形为适当脉宽，$P_{下} = 0.69\ R_9C_5$。

(8) 前沿时差处理电路：由 R_{10}、C_6、IC2-1C 组成，任务是将下整形脉冲微分，削去前沿并保留后沿脉冲，也就是将道内脉冲延迟了时间 $P_{下}$。这是为保障准确反符合而设置的。

(9) 反符合电路：由 IC3-1C 组成，任务是在上整形输出电平控制下，只允许道内脉冲通过。

反符合过程：输入脉冲幅度高过上、下甄别阈时，由于输入脉冲前沿的过渡历程，形成下整形先触发，上整形滞后触发，下整形脉冲经时间配合电路延迟了 $P_{下}$ 时间，到达反符合电路 IC3-1C 时间正好与滞后的上整形“0”电平负脉冲关门时间准确配合，保障了反符合。另外，为了准确无误的反符合，把上整形脉冲适当加宽，让关门时间完全涵盖下整形的脉冲。

3. 实验设备

(1) CMOS 单道脉冲幅度分析器插件 1台

(2) 脉冲示波器 1台

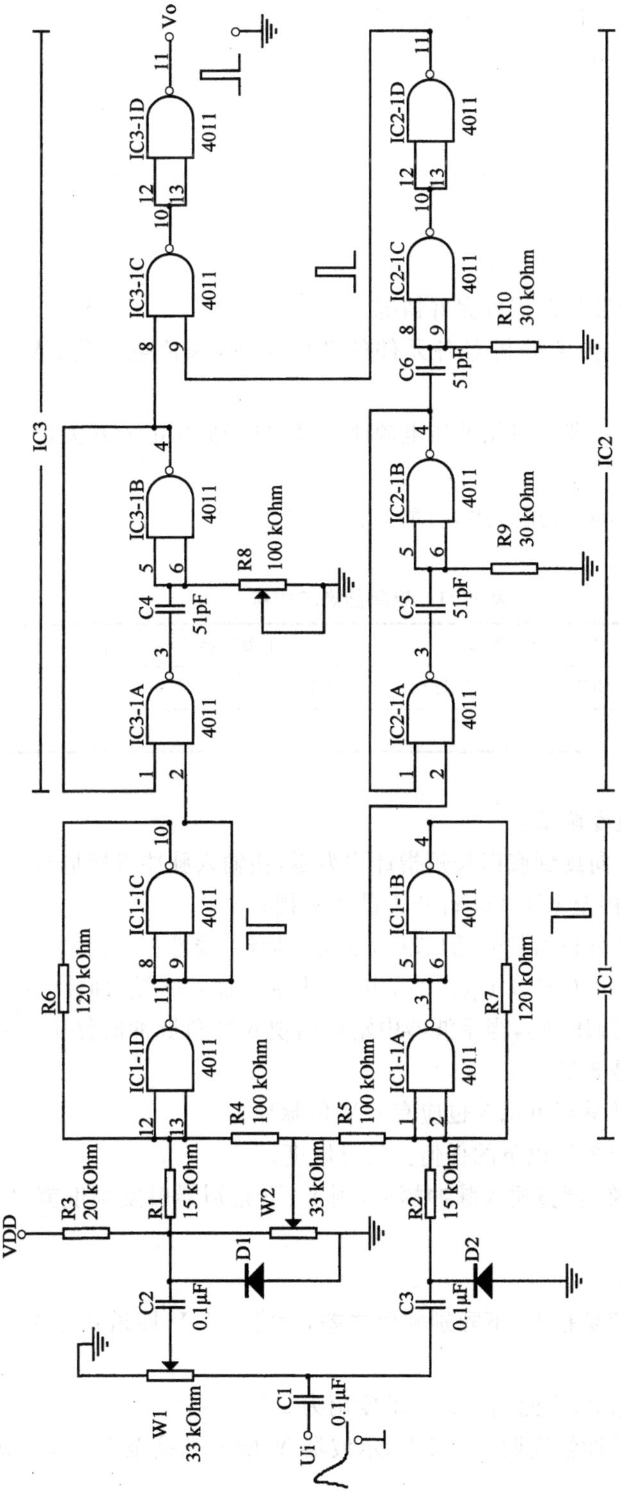

图17.2 单道脉冲幅度分析器

(3) 万用表 1台
(4) 工具 1套
(5) FH0001、BH1222 型 NIM 机箱及电源 1套
(6) 脉冲信号发生器插件 1台
(7) 自动定标器插件 1台
(8) 线性率表插件 1台

4. 实验步骤

(1) 检查仪器设备的数量及器件完好情况。

(2) 按照电路图查对幅度分析器各元件的装配位置，阈值电位器(W_2)滑变端调至接地。

(3) 用检修电缆将分析器与机箱低压电源座接通，打开低压电源开关，打开分析器电源开关(供入 6 V 电源)。

(4) 电路静态工作点测量(用万用表)填入表 17.1。

表 17.1 电路静态工作点 单位:V

下甄别阈		上甄别阈		下整形器		上整形器	
IC1.1	IC1.3	IC1.12	IC1.11	IC2.5	IC2.4	IC3.5	IC3.4

(5) 分析器触发灵敏度调试：

a. 道宽比 W_1 向 C_1 方向旋到底即长短指针均为零，使输入脉冲直接加至下、上甄别器；

b. 示波器 Y_1 输入端接至 IC1.11，Y_1 开关置 2 V 挡；

c. 用同轴电缆三通把分析器信号输出端与自动定标器、线性率表信号输入端连通；

d. 信号发生器调到 1 000 Hz，1 μs，3 V 的正脉冲。输至 U_i 端，即输入接口；

e. 徐徐向 W_3 方向调阈压 W_2，当示波器中刚好出现 6 V 负脉冲时停止调动，此时上、下甄别器触发器灵敏度就是 3 V。

f. 示波器 Y 输入探针移至 IC1.3 也应有 6 V 负脉冲。

g. 同法可调得电路约 3 V 以下的任何值的灵敏度。

h. W_2、W_1 都调到零格，调整输入脉冲幅度，则上、下甄别器触发幅度就是上、下甄别器的最高灵敏度。

(6) 分析器道宽调节

分析器的初始“道宽”是指上、下甄别阈值之差，设定 0.2 V 即道宽比为 1，调试方法如下：

a. 按步骤 5 的方法把上、下甄别器的灵敏度调为 2 V；

b. 把信号发生器的脉冲幅度调至 2.2 V，示波器 Y_1 输入端接至 IC1.11，应显示 6 V 负脉冲。

c. 向增加值方向调道宽比 W_1 使示波器的脉冲刚刚消失，立即停止调动。此时道宽就是

(2.2～2)0.2 V，分析器只能测到(2～2.2)V 范围内的脉冲。

(7) 各点波形观测

a. 信号发生器脉冲幅度调到 2.1 V，用示波器 Y_1，按表 17.2 所列各点观测波形及参数，按要求填入。

b. 反符合性能观测：

示波器 Y_2 接 IC3.8，Y_1 接 U_0，同时逐渐调高脉冲信号发生器的脉冲幅度，当 Y_2 出现波形并且 Y_1 波形消失时，立即停止调动。此说明分析器进入了反符合状态。Y_1 移到 IC3.9。用同一时间坐标记录 IC3.8，IC3.9 反符合的输入波形，并比较说明。

表 17.2　各点参数测量

测点	IC1.3	IC1.11	IC2.4	IC2.9	IC3.8	IC3.9	IC3.11
波形							
幅度							
宽度							
前沿							

(8) 阈值与道宽检查

a. 示波器 Y_1 输入端接 IC3-11，即 U_0 端或面板输出接口。

b. 把信号发生器幅度调到 2 V 以下，然后逐步提高，同时观察示波器。当出现脉冲时，立即停止调动，然后观测 C_1 左端输入脉冲即仪器输出接口。其幅度应是 2 V。

c. 示波器 Y_1 端，再接回 IC3-11(U_0)继续提高脉冲发生器输出幅度，同时观察示波器。当脉冲刚刚消失时立即停止提高，然后观察 C_1 左端输入脉冲，其幅度应是 2.2 V。

如果上述两步检查的脉冲幅度不是 2 V 和 2.2 V，则应按步骤(5)、(6)调 W_2 与 W_1，直到符合要求为止。

(9) “道宽”跟踪观测

保持道宽比，下阈直流电平为：0.5 V、1.5 V、2.5 V 时调节输入脉冲幅度。测试分析器下阈触发幅度和道宽变化情况，填入表 17.3，步骤如下：

a. 万用表接至 W_2 的滑变端；

b. 调 W_2 使下阈直流电平为表 17.3 某一值的情况下，调脉冲信号发生器的输出辐度，按步骤 8 检查下阈触发幅度及道宽。

注：在调测过程中凡是落入道内的脉冲都会使线性率表和定标出现读数。

表 17.3　测试数据记录表　　单位：V

下阈直流电平			
下阈触发脉冲幅度			
U_0 刚好无脉冲时幅度 (即上阈触发幅度)			
道　宽			

(10) 在检查仪器设备、器件工作正常的情况下,办理交还手续。

5. 实验报告

(1) 简述脉冲幅度分析器的工作原理。
(2) 按表 17.1 记录各个静态工作点数据。
(3) 按表 17.2 记录各点波形及参数。
(4) 按表 17.3 记录"道宽"观测数据。
(5) 讨论测量数据的特点。

6. 思考题

(1) 对比 IC3.4、IC2.4 输出脉冲宽度。说明为什么不同?
(2) 讨论 W_1、W_2的作用。用 W_1改变道宽有何优缺点?实质是什么?
(3) 分析器下阈和道宽调节范围是多少伏?
(4) 单道分析器进行积分测量时,对电路要做什么更动?
(5) C_6、R_{10}的作用是什么?为什么只取正尖脉冲部分?
(6) 根据反符合电路 IC3.8,IC3.9 波形比较,说明反符合原理。

实验 18　钍射气^{220}Rn半衰期及衰变常数的测定

1. 实验目的和意义

放射性核素的半衰期 $T_{1/2}$ 可以通过多种方法测定。对于半衰期比较适中的放射性核素，可以用直接测量其射线计数率随时间的变化来计算其半衰期。在自然界存在的放射性气体主要有^{222}Rn和^{220}Rn。此外，还有^{219}Rn，它在自然界的量少，并与^{222}Rn紧密共生，一般不单独测量。^{222}Rn、^{220}Rn的半衰期分别为 3.825 d 和 55.6 s。测定^{220}Rn的半衰期可以应用直接测量其计数率变化的方法。在实际工作中，也可以用测定气体中放射性核素半衰期的方法对其母体核素做定性判别。通过这次实验，可以从实验数据验证放射性核素的衰变规律，加深理解。

通过实验使学生学到以下几个方面的知识：

(1) 深入理解"半衰期"的物理实质；

(2) 学会一种半衰期的测量方法；

(3) 利用半衰期来判断不同核素。

2. 实验原理

放射性核素有一定的衰变概率。从实验结果得知：同一核素的衰变概率是一定的，其衰变规律符合指数规律：

$$I = I_0 e^{-\lambda t} \tag{18-1}$$

其中，I_0——测量起始时刻的计数率；

I——经过时间 t 之后的计数率；

λ——衰变常数。对于某一特定核素是一定的，它是该核素的基本特征。

将式(18-1)变换：

$$\ln\left(\frac{I}{I_0}\right) = -\lambda t \tag{18-2}$$

或

$$\lambda = -\ln\left(\frac{I}{I_0}\right)\Big/ t \tag{18-3}$$

即衰变常数 λ 就是射线计数率(用 I_0 归一)随时间的变化率。在单对数坐标系中其衰变曲线 $I-t$ 或 $(I/I_0)-t$ 应为直线，其斜率就是 λ。

实际工作中是用一小段时间(Δt)的计数 $n(t)$ 来表示某一时刻 t 的计数率，即

$$I(t) = n(t)/\Delta t \tag{18-4}$$

而测量时间间隔应远小于测定核素的半衰期。对于^{220}Rn,其半衰期为 55.6s。测量时间间隔取 5~6 s,计数时间选 2~3 s。随时间的推移,计数率会下降。为保证测量数据的精度,可适当加长计数时间。并换算为计数率作数据处理。

放射性核素衰变到起始活度的一半所需要的时间称为"半衰期"$T_{1/2}$,即在 $t=T_{1/2}$ 时刻有:

$$I = \frac{1}{2}I_0 \tag{18-5}$$

代入式(18-2)得:

$$\ln\frac{1}{2} = -\lambda T_{1/2} \tag{18-6}$$

即:

$$T_{1/2} = \frac{0.693}{\lambda} \tag{18-7}$$

因此,也可以根据半衰期 $T_{1/2}$ 的定义,在衰变曲线上由某一计数率减至它的一半所经过的时间求得,进而由式(18-7)比较方便地计算出该核素的 λ 值。

3. 实验设备

设备清单:

(1) 装有钍矿石粉末的气体扩散器 1只
(2) 真空泵及相关管路、阀门 1套
(3) 真空室 1只
(4) Au-Si 面垒探测器 1只
(5) 与 Au-Si 面垒探测器配套的电荷灵敏前置放大器 1台
(6) 与 Au-Si 面垒探测器配套的 300V 高压电源 1台
(7) 线性脉冲放大器 1台
(8) 定标器 1台
(9) NIM 电源机箱 1台
(10) 双链球 1只

实验装置方框图,见图 18.1。

其工作过程为:

在扩散器 J_1、J_2关闭时,其中积累了一定量的钍射气^{220}Rn。关闭 V_3,用机械泵将真空室抽成低真空(10^2P),依次关闭真空阀 V_2;打开 V_3 接通扩散器,打开夹子 J_2,缓慢打开夹子 J_1。扩散室中的^{220}Rn 将全部进入真空室。关闭 V_3,^{220}Rn 及其子体在真空室中产生 α 射线。300 V 偏压经前放盒中的负载电阻加到 Au-Si 面垒探测器上。α 射线被 Au-Si 面垒探测器记录。开始测量,脉冲信号经电荷灵敏前置放大器后送入线性脉冲放大器的正输入端。经放大后,直接输入定标器。用定标器下阈剔除杂散干扰,记录 α 射线引起的计数率。

真空系统的操作要十分注意,熟悉操作步骤,防止误操作使实验失败。

调节定标器的阈值,使在没有^{220}Rn 气输入时,Au-Si 面垒探测器单位时间内只有很少

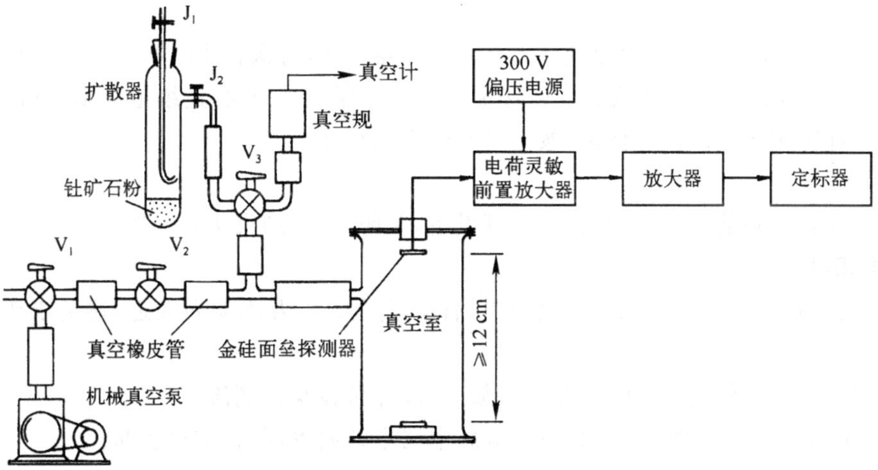

图 18.1 设备连接框图

的信号输出。表明杂散干扰被剔除而 Au-Si 面垒探测器工作状态正常。

^{220}Rn 的半衰期为 55.6 s。定标器测定计数的积累时间应较其半衰期低一个量级，取 2 s、间隔取 5 s 为宜。定标器用半自动状态，用秒表定时，每 5 s 记录一次。

若实验室有多路定标功能的多道脉冲分析器，可采用多路定标方法，选择合适的计数时间和计数时间间隔，工作将更加方便。

4. 实验步骤

(1) 按设备清单清点设备。

(2) 检查、调整真空系统(由教师实验之前进行)：

a. 去掉电机传动皮带，接通电源，确认电机旋转方向正确；

b. 装好电机传动皮带，去掉机械泵出气口的塞子；

c. 检查、确认 V_1、V_2 和 V_3 及真空室密封环处于抽空真空室的状态；

(3) 排气和积累 ^{220}Rn：

a. 取出装好钍矿石的扩散器，打开夹子 J_1、J_2；

b. 用双链球将扩散瓶中的气体与大气连通、交换，去掉其中原有气体(包括原有的 ^{220}Rn 和 ^{222}Rn)，鼓气 5 min 以上；

c. 关闭 J_1、J_2，积累 10 min，这时 ^{220}Rn 已达到饱和，而 ^{222}Rn 积累很少；

(4) 将扩散瓶如连接图接到真空系统上。

(5) 按连接图(见图 18.1)接好各电路插件，经教师认可后接通电源。放大器在无源时只有很少的计数，定标器处于半自动状态，积累时间定在 2×10^0 s($k=2$；$n=0$)。

(6) 接通机械泵电源，真空室中空气经 V_1、V_2 由机械泵排入大气。当机械泵发出的声音由沉闷到清脆"嗒嗒"声时，真空室已达到低真空，不必定量测量。

(7) 关闭 V_2；V_1 接通大气，对机械泵放气。

(8) 打开真空阀 V_3 和夹子 J_2；缓慢打开夹子 J_1，使扩散瓶中气体缓慢、全部进入真空室。

(9) 用秒表计时立即开始测量，5 s 启动定标器一次，每次积累时间 2 s(2×10^0 s)连续记录 2 min；将定标器积累时间改为 5 s，10 s 启动定标器记录一次，连续记录 15 min。

(10) 计算每次记录的计数率，按记录时间手工作图。

(11) 重复 3、4、6～10 项工作。

(12) 检查实验数据及相关信息，整理设备，关闭电源，结束实验工作。

注意事项：

(1) 真空系统使用了电机和传动系统，注意安全。千万不能靠太近，避免衣服、头发卷入。

(2) 机械真空泵停止工作后，要及时放气，以免机械泵油倒流。

(3) 使用钍矿石粉做 ^{220}Rn 源，在扩散瓶中属半开放源，防止矿粉泄漏。

(4) 开启和关闭各个阀门和夹子的次序必须注意，可事先练习几次，防止误操作。

(5) ^{220}Rn 的半衰期只有 55.6 s。测量记录的时间都很短，注意调整好仪器和秒表。启动时间要准确，防止手忙脚乱，造成误操作。

5. 实验报告

(1) 整理实验数据，将平均值、计算值列表，原始数据附后。

(2) 用 Excel 软件作图，包括 $I-t$，$(I/I_0)-t$ 和 $\ln(I/I_0)-t$ 等。

(3) 对 $\ln(I/I_0)-t$ 扣除本底后做线性拟合，求 $T_{1/2}$ 和 λ。

(4) 通过实验数据，描述放射性核素衰变的指数规律。

(5) 讨论实验数据与公认值存在差别的原因。

(6) 心得和体会。

记录格式：

(1) 实验条件；

(2) 仪器工作状态；

(3) 实验数据。

时间				
计数 N				
计数率 $n=N/t$				

6. 思考题

(1) 机械泵旋转方向不对时有什么影响？如何调整？

(2) 如何由放射性现象具有一定概率的概念出发，得到指数衰变规律？

(3) 比较 $I-t$,$(I/I_0)-t$ 和 $\ln(I/I_0)-t$ 曲线的差别和特点。

(4) 用直角坐标系和半对数坐标系作图的差别和特点。

(5) 分析测量数据误差的来源。

(6) 讨论测量本底的来源和对实验数据的影响。

实验 19　β 射线在物质中的吸收

1. 实验目的和意义

当射线穿过物质，将会被物质吸收，其注量率将会逐渐减小。若用核辐射探测器进行测量，在入射方向上，其计数率也逐渐减小。但是，β 射线的吸收过程与 α 粒子和电磁辐射的吸收不同，这是由于它与物质作用机制不同的缘故。

仔细研究 β 射线在物质中的吸收特点，对了解 β 射线的特征，利用 β 射线的吸收得出 β 粒子的最大能量及完成核技术应用中的特定任务都具有重要意义。

通过这个实验，学生应学习以下几方面的知识：

(1) 认识 β 射线的性质和探测方法；

(2) 认识 β 射线在物质中的吸收规律；

(3) 调整 β 射线测量装置的工作状态和扣除本底及 γ 计数的方法；

(4) 根据 β 射线质量吸收系数计算 β 射线的最大能量的经验公式和计算方法。

2. 实验原理

利用 β 射线的吸收特性在线测定薄膜的厚度，是目前常用的一种测定工业用纸张和有机绝缘薄层厚度的方法。早在 1947 年，Bleuler 和 Zünti 就研究了 β 射线穿过物质时的吸收过程。图 19.1 是他们使用的实验装置示意图和实验结果。β 放射源在薄窗气体探测器下方一定距离 H 处，β 射线通过窗口进入薄窗正比计数器的中心有效部位。在窗口与计数器薄窗之间插入吸收层。当用 Al 片吸收 ^{28}Al 发射的 β 射线时，得到如图 19.1(b) 的吸收曲线。

β 射线是高速运动的带一个负电荷的电子。当与物质相互作用时，常常将一部分能量传递给周围物质，损失部分能量并改变运动方向。损失能量的方式，可以是直接将能量传递给核外电子，使之获得一部分能量产生电离和激发，也可以是改变运动方向产生轫致辐射，损失一部分能量或者产生散射改变运动方向。因此，β 射线与物质作用的情况比较复杂。

由于 β 衰变过程中，能量在 β 射线和中微子之间随机分配，使 β 射线呈现一连续谱。其最大能量为核衰变产生的最大能量 E_{max}（全部分配给 β 射线），具有特征性，不同核素各不相同；而 β 粒子注量率最大的能量位置大致在 E_{max} 的 1/3 处。β 射线连续谱和 β 射线的吸收机制，还造成 β 射线在物质中的吸收不完全符合指数吸收规律。它相当于各种不同能量的单能电子在物质中吸收曲线的叠加。全吸收厚度 R 表示通过物质吸收后，其计数率 I 下降到无吸收物质的计数率 I_0 的 10^{-4} 时的吸收层厚度。通过这一厚度用质量厚度（g/cm^2）量度，在吸收物质不同时，在一定变化范围内，其质量吸收系数或全吸收层厚度变化不大。

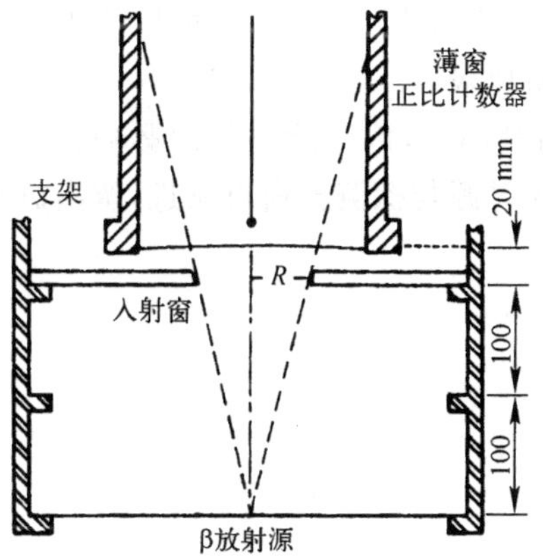

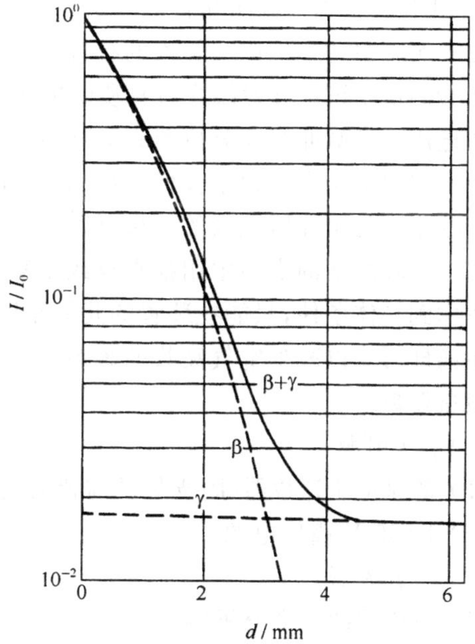

图 19.1 实验装置示意图及测量结果

a—测量装置示意图 b—测量结果

用单对数坐标纸绘制吸收曲线，可以使曲线简化。每次记录的射线总计数率实际上包含了放射源的β射线、γ射线和周围物质的放射性射线以及轫致辐射引起的本底。因此，曲线是几种相互独立的曲线的叠加。但是我们注意到周围物质的放射性引入的本底很低，并且为一常量；γ射线在薄层中的吸收较严格服从指数吸收规律，在吸收层达到一定厚度(见图 19.1 上 Al 吸收屏，厚 4.6 mm)后，在单对数坐标上，由于 Al 屏对γ射线吸收系数小，吸收曲线趋于水平直线部分，就代表了(γ+本底)的计数。由总计数中减去γ加本底的计数就是β射线在 Al 屏中的吸收曲线。而 4.6 mm 即为β射线在 Al 中的最大射程 R。

由β吸收曲线上可以看出：其吸收过程并不完全服从指数规律。这是由于β射线在穿过物质时能量损失的多样性和运动路程的复杂性引起的。但是，根据吸收曲线，仍然可以近似地看做指数吸收过程并计算其吸收系数和最大射程 $R(\text{g/cm}^2)$。在《α β γ 谱学》一书中，对于 Al 吸收体给出了相应的实验结果，并给出经验公式：

$$R = 0.407\,E_0^{1.38} \qquad 0.15\ \text{MeV} < E_0 < 0.8\ \text{MeV} \tag{19-1}$$

$$R = 0.542\,E_0 - 0.133 \qquad E_0 > 0.8\ \text{MeV} \tag{19-2}$$

$$R = 0.11(\sqrt{1 + 22.4E_0^2} - 1) \qquad 0 < E_0 < 3\ \text{MeV} \tag{19-3}$$

其中，E_0是β射线的最大能量，即 E_{max}，R 是β射线的最大射程，单位是 g/cm^2。由此，可以根据β射线的最大射程计算β射线的最大能量。

3. 实验设备

β射线的测量装置与一般核辐射测量装置相近。其主要特点在于其探测元件必须是薄入射窗探测器，以便β射线穿过窗口进入灵敏区而被记录。薄窗有机闪烁计数器、薄窗盖革计数器、正比计数器以及灵敏区较厚的金硅面垒半导体探测器都可以作为β射线的探测元件。在本实验中，按 Bleuler 等人的布置，选用薄窗正比计数器作为探测元件，效果良好。由于本实验侧重于讨论β射线穿过物质时的吸收过程，没有研究β射线能量谱的变化，因而记录设备选用单道脉冲幅度分析器剔除噪声本底之后，由定标器记录总脉冲数。考虑到在某些工作应用中常用自动记录仪（计数率表）实时记录设备工作状态，所以也可以使用计数率表。计数率表与定标器记录的结果可以相互印证，有所比较。

在一些较严格的实验中用抽真空或用氦气填充测量小室，以消除空气的影响。在本实验中考虑到具体条件，只能在装置的几何布置上将β辐射源与探测器窗口靠近，留出放吸收屏的距离即可。以减少空气吸收的影响。

设备清单：

(1) β辐射源	1个
(2) 薄窗正比计数器（附支架及前置放大器）	1套
(3) 1 500 V 高压电源	1台
(4) 主放大器	1台
(5) 单道脉冲幅度分析器	1台
(6) 定标器、计数率表	各1台
(7) NIM 电源机箱	1台
(8) 吸收屏：0.2 mmAl 屏 70 g 纸屏 0.3～0.4 mm 塑料屏	各1套

实验装置的连接框图如图 19.2 所示：

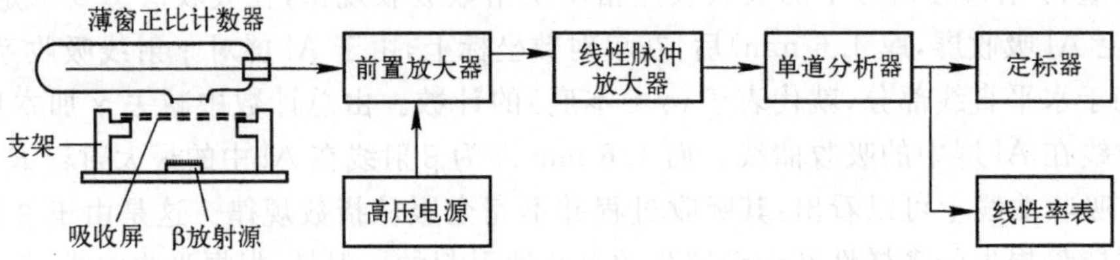

图 19.2 设备连接框图

(1) β辐射源通常用人工放射性核素，但一般人工放射性核素的半衰期都比较短，例如常见的^{147}Pm，其半衰期为 2.6 a，在实验室使用不便。而其他的β辐射源或者伴有很强的γ辐射，或者半衰期更短。因此，选用高含量钍矿物制成溶液，滴在有机玻璃片上、烘干，制成薄试样。薄试样放在源盒中防止放射性物质散落，污染周围环境。固定位置，使放射源与探测器保持一定几何关系。同时也作为吸收屏的支撑物。

(2) 薄窗正比计数器，入射窗为厚度 200 μm 的 Be 片能明显吸收α射线，记录到的只有β射线、γ射线和本底。

(3) 正比计数器高压，按正比计数器的需要选用 0～1.5 kV 直流正高压电源，电压连续可调。由于正比计数器的工作特性与所加高电压直接相关，因此对高压电源的稳定度和纹波都应有较高的要求。高压电经由装在前置放大器盒内的负载电阻直接加在正比计数器的阳极上。

(4) 由正比计数器输出的负脉冲信号，经前置放大器阻抗变换之后，输入主放大器的负输入端；信号经放大，以正脉冲方式输入单道脉冲幅度分析器。

(5) 由于只测定探测器记录的脉冲总计数，单道脉冲幅度分析器可以工作在积分状态，用下阈剔除低幅度噪声。

(6) 主放大器输出正脉冲信号，同时加到定标器和计数率表的输入端。调节计数率表的量程，可以直接读出总计数率；选择恰当的计数时间，在定标器上读出总计数，除以计数时间得到总计数率。由于定标器和计数率表选择的下阈不可能完全相同，因而定标器测定的计数率与计数率表测定的计数率也略有差别是正常的。

4. 实验步骤

(1) 在预习实验内容的基础上，针对实际的实验装置进一步熟悉实验内容和装置各部件的工作原理和操作要点。

(2) 清点仪器设备并按实验装置框图，用电缆连接好各个 NIM 插件。注意连接电缆的型号和输入输出端的极性。

(3) 经教师检查认可后接通电源。

(4) 按推荐值选定正比计数器工作高压和放大器的放大倍数。

(5) 单道脉冲幅度分析器工作在积分状态，调节单道脉冲幅度分析器的下阈，使其在无源时(本底)计数率很低(约 10^1 n/s)，而有源时明显增大。

(6) 固定并详细记录测量装置的工作状态。

(7) 进行实验

a. 在没有吸收屏的情况下记录其总计数 N_0 或计数率 $I_{0\beta}$；

b. 依次加入厚度为 0.2 mm 的 Al 吸收屏，每张吸收屏事先都用螺旋测微器仔细测定厚度，并标明在吸收屏的角上；

c. 在实验记录纸上依次记录吸收屏的厚度 d，计数率 I 或计数 N，随时用手工做工作草图，了解曲线的变化规律；

d. 根据曲线在吸收屏较厚时的水平部份计算 $I_\beta = I - I_{\gamma+本底}$；

e. 计算 $I_\beta/I_{0\beta}$，$\ln(I_\beta/I_{0\beta})$；

f. 用 Excel 软件作图，分别用 $I_\beta—d$，$I_\beta/I_{0\beta}—d$ 和 $\ln(I_\beta/I_{0\beta})—d$ 作图，并比较其特征。

g. 换用不同的吸收屏，重复 b～f 项实验工作。

注意事项：

(1) 为了减小对 β 射线一次射线的吸收，β 辐射源使用的是裸源。绝不可触摸辐射源的活性面，防止放射性污染。

(2) 注意保护正比计数器的薄铍窗。

(3) 用 0.2 mm 的 Al 箔做吸收屏比较好。因为 Al 箔的成份是单一元素，有相应的公认参数与实验数据比较。同时 Al 是常见的金属，在空气中比较稳定，容易买到。用 0.2 mm 的 Al 屏可以保证在吸收曲线的主要部分有 10 个点以上，使计算结果比较可靠。单层厚度太大，点就太少。

若没有 Al 屏时，也可以用有机薄片或打印纸做吸收屏。其吸收曲线的形态特征是相同的。

(4) 在吸收屏厚度足够大(Al 屏，$d>5$ mm)时，β 射线被全部吸收，进入吸收曲线的直线部分，在 $\ln(I_\beta/I_{0\beta})-d$ 关系图上，可以用 Excel 软件对直线部分拟合或用作图法计算不同 Al 屏厚度时的 γ 加本底值。

5. 实验报告

(1) 在理解的基础上，说明实验原理。

(2) 描述实验装置的组成，结构和为什么要这样组成测量装置。你有没有更好的办法来完成这一实验？

(3) 根据实验原始记录汇总整理数据表，实验原始记录(包括设备工作状态和实验数据)附在实验报告之后。

(4) 作相关的图表。

(5) 对几种作图方式的讨论和比较。

(6) 在吸收层足够厚时，在单对数坐标上或 $\ln(I_\beta/I_{0\beta})-d$ 曲线上可得到一近于水平的直线，表明 β 射线已被完全吸收。如何由总计数中扣除 γ＋本底的计数，得到 β 射线在 Al 屏中的吸收曲线？

(7) 描述、讨论 β 射线在 Al 屏中的吸收曲线的特点。

(8) 根据吸收曲线确定 β 射线的射程并计算 β 射线的能量。

记录格式：

(1) 工作条件

(2) 仪器工作状态

(3) 实验数据

序号	屏厚		计数				备注
	mm	g/cm^2	1	2	3	平均值	

序号	$I=N/t$	$I_\beta=I-I_{\gamma+本底}$	$I_\beta/I_{0\beta}$	$\ln(I_\beta/I_{0\beta})$	备注

6. 思考题

(1) 复习 β 射线穿过物质时的物理过程，从而解释 β 射线在物质中作用时，吸收过程不完全服从指数规律的原因。

(2) 比较 γ 射线探测器、X 射线探测器和 β 射线探测器的特点。

(3) 为了保持 β 射线谱的原始能量分布，应该用薄试样进行实验。β 射线薄试样应如何界定？若使用厚试样会有什么结果？

(4) β 射线穿过物质时，其吸收系数随吸收层厚度的变化而变化。你测定的结果怎样？如何解释？

(5) 如何从总计数率中剔除 α、γ 和周围物质放射性形成的本底计数？

(6) 不同物质对 β 射线的吸收系数有没有可比性？为什么？

实验 20 γ射线穿过物质时仪器谱成分的变化

1. 实验目的和意义

γ射线穿过物质时，与物质可能发生光电效应、康普顿散射和电子对效应（γ粒子能量大于 1.02 MeV），引起仪器谱成分的变化，导致在射线出射面上其照射量率会随吸收物质的加厚而逐渐降低。仪器谱成分的变化是射线的利用和防护必须考虑的因素。如在进行放射源防护层设计时，如果按照公式 $I=I_0 e^{-\mu d}$ 计算射线被完全吸收所需要的防护层厚度 D（10 倍半吸收厚度），在实际使用剂量测量仪器对该厚度的防护层外面的照射量率进行测量会发现，照射量率大于理论的计算结果（不考虑本底）。原因可以在γ射线穿过吸收物质时的仪器谱上找到，这是由于通过式 $I=I_0 e^{-\mu d}$ 计算得到的防护层厚度没有考虑散射射线这个因素。

本实验是以 NaI(Tl) 闪烁探测器测量到 ^{137}Cs 0.662 MeV γ射线的仪器谱为例，通过对单能γ射线在穿过不同物质时能谱的变化，观察在同一吸收物质不同厚度时仪器谱随厚度的变化趋势和不同吸收物质在同一厚度时仪器谱的变化趋势，并验证理论分析的正确性。

通过本实验学生应该做到：

(1) 深入了解单能γ射线谱的能谱构成（康普顿散射平台、反散射峰、全能峰），以及形成这些仪器谱的原因和物理过程；

(2) 了解什么是"仪器谱成分变化"以及产生仪器谱成分变化的原因；

(3) 了解什么是环境本底以及环境本底谱的特点。

2. 实验原理

γ射线穿过物质时与物质作用，会产生光电效应、康普顿-吴有训散射效应和电子对形成效应。^{137}Cs 放出的γ射线能量为 0.662 MeV（≤1.02 MeV），只会产生光电效应和康普顿-吴有训散射效应。

光电效应是γ光子与靶原子相互作用，将全部能量传递给原子内壳层电子，使其获得足够的能量脱离原子核的束缚，变成自由电子的过程。将该自由电子称为光电子。光电子的动能 E_e 可表示为：

$$E_e = h\nu - B_i \tag{20-1}$$

式中，B_i——第 i 层电子的结合能。

在碘化钠晶体中，碘的 K 层电子的结合能约为 33 keV，而一般放射性同位素放出的γ射线的能量为几百 keV 至几 MeV，比碘原子中电子的结合能要大得多，因此可以近似的认为光电子的动能等于入射 γ 粒子的能量：

$$E_e \approx h\nu \tag{20-2}$$

当入射 γ 射线与探测器的 NaI(Tl)晶体相互作用时，由于光电子在物质中的射程有限，很短距离内通过电离、激发作用将能量全部传递给探测器（ NaI(Tl)晶体）而形成全能峰。γ 射线与物质作用产生康普顿-吴有训散射效应时，γ 光子将一部分能量传递给核外外层电子，使其自身能量和运动方向改变。获得能量的电子称为反冲电子，作用后的光子称为散射光子，散射光子与入射方向的夹角称为散射角。反冲电子和散射光子之间的能量分配取决于入射射线的能量和散射角。由理论推导得知，散射射线能量的表达式为：

$$E'_\gamma = \frac{E_\gamma}{1+\frac{E_\gamma}{m_0c^2}(1-\cos\theta)} \tag{20-3}$$

反冲电子能量的表达式为：

$$E_e = E_\gamma - E'_\gamma = \frac{E_\gamma^2(1-\cos\theta)}{m_0c^2 + E_\gamma(1-\cos\theta)} \tag{20-4}$$

当 $\theta=0°$时

$$E_{\gamma\max} = E_\gamma \quad E_{e\min} = 0$$

当 $\theta=180°$时

$$E'_{\gamma\min} = \frac{E_\gamma}{1+\frac{2E_\gamma}{m_0c^2}} \tag{20-5}$$

$$E_{e\max} = \frac{E_\gamma}{1+\frac{m_0c^2}{2E_\gamma^2}} \tag{20-6}$$

当 γ 射线在闪烁体内发生康普顿散射，假如散射光子逃出闪烁体，而反冲电子的全部能量损耗在闪烁体内，由于反冲电子的能量是在 0 到 $E_{e\max}$之间连续分布，所以反冲电子的能量所对应的脉冲幅度也是连续分布的，称为康普顿散射平台。若散射光子未逃逸并且在闪烁体内发生光电效应，光电子的全部能量损耗在闪烁体内，这将与所对应的反冲电子的能量损失一起贡献于全能峰。当 γ 射线与闪烁体以外的物质发生反散射，反散射光子进入闪烁体并发生光电效应，这一光电子的全部能量损耗在闪烁体内，其输出脉冲幅度分布对应于反散射光子的能量，称为反散射峰。

如在放射源与探测器之间放置吸收屏，射线穿过吸收物质时，会与物质作用，产生光电效应、康普顿-吴有训散射效应和电子对形成效应，并损失能量。这一过程使 γ 射线谱复杂化，在能谱中表现为低能方向计数增加，全能峰幅度降低。这是由于探测器记录到了部分散射粒子。当吸收物质成分及厚度不同时，这一过程将会引起明显的仪器谱变化。这是由于康普顿散射截面与物质的原子序数有关。图 20.1 为用^{137}Cs 的 662 keV 一次 γ 射线计数率归一后，不同厚度时^{137}Cs 放出的单能 γ 射线穿过玻璃吸收屏时的变化趋势。

本实验使用 NaI(Tl) 闪烁多道谱仪测量^{137}Cs γ 射线谱，熟悉其谱线形态和谱成分的特征。然后加吸收屏，观察 γ 射线通过不同成分和厚度的物质时谱成分的变化情况。

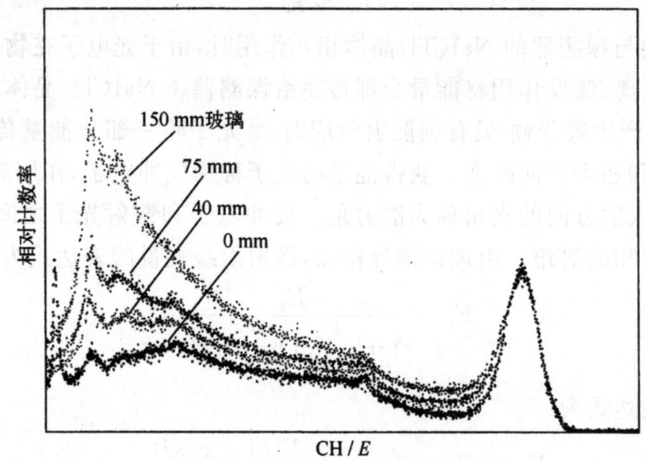

图 20.1 ^{137}Cs 放出 γ 粒子穿过不同厚度玻璃吸收屏时谱成分的变化

3. 实验设备及连接框图

设备清单：

(1) NIM 电源机箱 1 台

(2) 1 500 V 高压电源 1 套

(3) NaI(Tl)闪烁探测器(含前放) 1 台

(4) 线性脉冲放大器 1 台

(5) ADC 1 台

(6) 计算机(附 MCA 软件) 1 台

(7) 吸收物质(铁片、玻璃片等) 若干

设备连接框图(见图 20.2)：

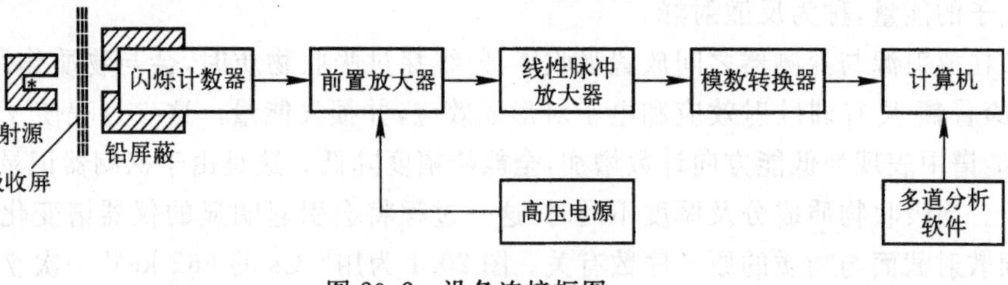

图 20.2 设备连接框图

4. 实验步骤

(1) 清点仪器，按连接框图所示顺序连接脉冲放大器、ADC 和计算机，教师检查无误后

再接通 NIM 机箱电源。

(2) 启动 PC 机上的"winmca"(视窗多道分析器)软件,设置测量时间(如 500s)和选择软件的工作模式(4 096 道);适当调节放大器的放大倍数(如 32 倍)及 ADC 工作状态,使主要谱线正常显示在能谱显示框的中右部。

(3) 在不放置放射源的条件下测量环境本底。

(4) 在放射源与探测器之间没有放置吸收屏的条件下测量^{137}Cs 谱线,观察仪器谱中的全能峰、反散射峰和康普顿散射平台。

(5) 在放射源与探测器之间放置不同厚度(厚度间隔为 1～2cm,最大厚度为 10cm)的铁吸收屏,分别测量^{137}Cs 谱线,观察谱线的变化趋势。

(6) 在放射源与探测器之间放置不同厚度(厚度间隔为 2～5cm,最大厚度为 30cm)的玻璃吸收屏,分别测量^{137}Cs 谱线,观察谱线的变化趋势。

(7) 在"winmca""处理"菜单下进行"多谱对比",分析仪器谱的变化规律与吸收屏厚度和吸收物质种类之间的关系。

注意事项:

(1) 本实验使用了较强的放射源,不要长时间对着人体,更不要对着眼睛;

(2) 爱护仪器,轻拿、轻放、细心调节;

(3) 为了保护探测器,将高压电源旋扭调到低端,再打开电源;

(4) 线路连接无误后将电源开关打开,使仪器预热 5～10 min,以保证测量结果的稳定性。

5. 实验报告

(1) 简要描述射线穿过物质时谱成分变化的物理过程。

(2) 描述环境本底的特征。

(3) 绘制实验装置及电路连接图。

(4) 描绘或下载"多谱对比"图,分析说明其变化规律与吸收屏厚度和吸收物质种类之间的关系。

(5) 实验的心得体会。

6. 思考题

(1) 谱线能量的变化主要是由哪种物理过程产生的?

(2) 放大器、ADC 工作状态的调整对谱线的形态有何影响?

(3) 当吸收屏较薄时,谱线的变化规律与吸收屏达到一定厚度以后谱线的变化规律有何不同?

(4) 试分析可能影响仪器谱成分变化的因素。

实验 21 散射料位测量

1. 实验内容和目的

料位测量就是利用特定技术对容器中的物料进行位置测量。通常采用吸收法测定料位，并在某些相关领域得到广泛应用。但这种料位计由于放射源和探测器系统位于容器的两侧而导致整个仪器体积偏大，使用不便。散射料位正是针对以上的不足而提出来的一种新型料位计。

将放射源和探测器以一种合理的方式固定好组成探测系统，开始移动探测系统并扫描，当移动到物料的上表面时计数就会有明显的变化，以探测系统移动高度为纵坐标，以各个高度对应的计数率为横坐标画出曲线图，在曲线图上将有一个拐点，该拐点即为物料位置。

为了不改变整个实验的工作状态，同时也由于实验装置的限制，本实验仍然采用简单的玻璃量筒作为实验模型。将放射源-探测器固定在量筒同侧的同一水平面上。在放射源与探测器中心线成 20°（很小的角度）或 45°时，分别逐步往量筒加水并测定在液面与探测装置相对位置不同时，探测器所测量数据的变化规律。从而了解散射料位测量的基本原理和测量数据特征，并与由量筒刻度读取的实际料位作比较。通过实验要求学生掌握以下知识：

(1) 熟悉射线与物质作用时的散射规律；

(2) 熟悉散射料位计的基本原理和测量数据特征；

(3) 通过控制加水量，学习取得完整实验数据的方法；

(4) 学会用 Excel 绘制曲线的方法；

(5) 学会根据离散点求拐点的方法。

2. 实验原理

(1) 散射截面和散射射线计数率随原子序数的变化

γ 射线在介质中散射的截面取决于 γ 射线在自由电子上的散射截面，起主导作用的是单位体积内电子的数目。因此，散射在介质中的散射概率 σ_c（参照实验 11 ）的表达式可以简化为：

$$\sigma_c \propto \rho \cdot Z/A \tag{21-1}$$

也就是说随着介质密度的增加散射射线注量率随之增加；随原子序数的增加，原子序数与原子量的比值将略为减小。同时，我们注意到：散射过程是在介质一定的范围内进行的，散射射线在穿过介质被探测器记录之前，将被介质本身吸收（包括光电吸收 μ_τ 和散射吸收 μ'_c），吸收系数随介质原子序数和密度的增大而增大。即

$$\mu'_\tau \propto Z^5 E^{-3.5} \qquad \mu'_c \propto \rho Z/A \tag{21-2}$$

即随介质原子序数和密度的增加，散射截面增加，使散射射线注量率增加，同时也由于吸收系数的增加使散射射线的注量率减小。在双重效应的影响下，散射射线计数率随介质原子序数及密度的变化是非线性的，其极大值点与入射射线能量相关。

(2) 散射射线的计数率与散射角的关系

对于同一能量的 γ 射线，在介质中散射射线能量随散射角的变化而变化，吴有训称之为“移动谱线”。

γ 射线在电子上发生散射。由于 γ 射线的能量远大于电子的动能，因此可以将这一物理过程看做是具有一定动能和动量的 γ 量子在自由电子上的散射(参看图 11.1)。一部分能量传递给反冲电子，而散射射线获得的能量为：

$$E'_\gamma = \frac{E_\gamma}{1+\frac{E_\gamma}{m_0c^2}(1-\cos\theta)} \tag{21-3}$$

其中，E_γ——入射射线能量，单位 MeV；

m_0——电子静止质量；

c——光速；

θ——散射角；

$m_0c^2=0.511$ MeV。

在同一散射角情况下，散射射线能量与散射物质的性质无关。而原谱线的相对注量率随散射物质原子序数的增加而增加；移动谱线的相对注量率则随散射物质原子序数的增加而减少。正是由于以上原因，当探测系统扫描物料界面附近时，散射介质由空气改变为容器中的物料，散射射线注量率会有突然的变化，从而可以根据实验数据确定出物料界面位置。

(3) 选用合适的 γ 放射源

我们知道能辐射 γ 射线的放射源种类很多，实验中需选用合适的 γ 放射源。对于低能 γ 射线和原子序数高的吸收物质，光电效应占优势；对于中能 γ 射线和原子序数低的吸收物质，康普顿散射效应占优势；对于高能 γ 射线和原子序数高的吸收物质，电子对效应占优势。

本实验中选用^{241}Am 放射源，其 γ 射线能量为 59.54 keV，检测的物料为水，为低能 γ 射线和原子序数低的吸收物质，康普顿效应占优势。

3. 实验装置及仪器连接

设备清单：

(1) 1 000 ml 量筒、玻璃杯(加水用)	各 1 个
(2) ^{241}Am 放射源	1 个
(3) NaI 闪烁探测器(附前置放大器)	1 套
(4) NIM 电源及插件机箱	1 套
(5) 1 000 V 高压电源	1 台
(6) 线性脉冲放大器	1 台
(7) 单道分析仪	1 台
(8) 线性率表、定标器	各 1 台

设备连接框图(见图示 21.1)：

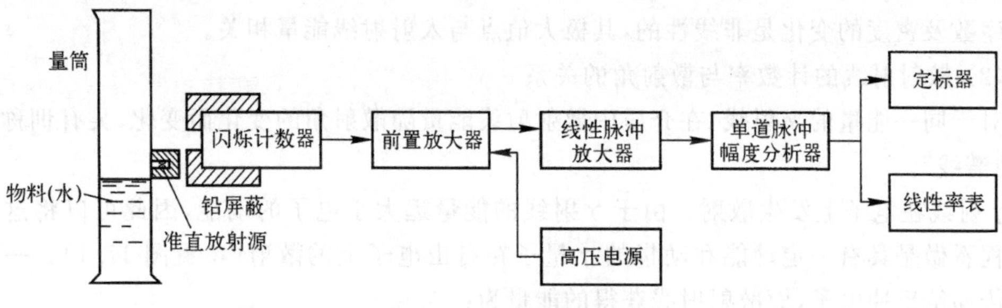

图 21.1　设备连接框图

本实验中量筒直径为 66 mm，壁厚为 2 mm，容量为 1 000 ml。在 NIM 电源机箱上插上 1 000V 高压电源、定标器和线性率表，探测器的高压由高压电源通过高压电缆提供。前置放大器的工作电源由定标器电源输出端提供。探测器经前放输出的信号，通过信号电缆经主放分别送至定标器和率表。放射源的一次射线经容器和其中的物料散射，散射射线被探测器记录后，传输至放大器放大，由单道分析器剔除低幅度噪声，最后由计数率表记录。

4. 实验步骤

(1) 选好放射源、探测器和量筒(物料容器)的几何位置，按图 21.1 连接好 NIM 框架上的各个部件。经教师检查后，再接通电源。

(2) 按推荐值调节好高压。使仪器充分预热；随时检查定标器的读数，看是否已达到稳定。

(3) 移开放射源；并用甄别器切掉仪器噪声。读取并记录仪器本底计数(计数器及线性率表分别读数)。

(4) 移动放射源；重新检查、调整探测系统几何位置。调节线性率表量程，使计数率表具有较大的偏转；读取并记录仪器计数。

(5) 逐渐往量筒中加水。开始每次加入约 50 ml；并读取、记录仪器读数(重复 3 次)。在液面(料位)接近放射源——探测器所在位置时，减少加水量，加密测点，每次大约 5～10 ml，继续加水，同时观测数据的变化趋势，直到得到一条完整的曲线数据为止。

(6) 在必要的位置补点。注意：不能改变探测装置几何布置！用虹吸方法降低水面。

(7) 换一个角度再重复(5)、(6)项实验工作。角度不宜太大，以免放射源一次射线被记录。

(8) 检查实验数据，确认正确无误后，收好放射源并交还给教师。将高压退回 0。经教师检查后，关闭电源。

注意事项：

(1) 加水时要在曲线平缓处每次相对多加点，而在曲线突变区要细心加水，同时注意不要让水溅到桌面上。

(2) 实验人员要注意小心使用 ^{241}Am 源，特别是不要用眼对着放射源直视。

5. 实验报告

(1) 用 Excel 绘制出各个角度下液面高度——计数率曲线。

(2) 根据离散点求曲线拐点。拐点是等距的两点间计数增量最大的点(曲线的一阶导数最大的点)。找出这一点,并与记录的液面位置比较和分析。

(3) 解析曲线变化规律,并与你原来设想的规律比较。

记录格式:

(1) 工作环境;

(2) 仪器工作状态;

(3) 实验记录

液面位置	计数率				备注
	1	2	3	平均计数率	

6. 思考题

(1) 对散射料位计和吸收料位计进行比较并说明其优缺点。

(2) 随着角度的增大,所绘制出来的散射料位曲线的变化规律是什么? 原因何在?

(3) 如何对液面进行正确读数?

(4) 计算出来的拐点和真实料位误差是多少? 影响误差的原因有哪些?

实验 22 γ射线反散射谱的影响因素

1. 实验的目的和意义

研究 γ 射线在物质中的散射，尤其是反散射（包括大角度 $\theta \approx 180°$ 散射）的注量率和谱成分对射线屏蔽、安全防护等都有重要意义。散射射线谱与入射射线能量相关。当 $\theta \approx 180°$ 时散射射线能量在 200 keV 左右。而散射射线注量率则取决于入射射线的注量率、散射体的物质成分和几何布置。

本实验将研究 γ 射线在不同物质中、不同几何条件下的散射情况。从而建立起正确的、清晰的关于散射过程的概念。

本实验使用^{137}Cs 放射源，在工作状态和几何条件一定的情况下，研究反散射物质的成分、厚度和距离对散射射线谱成分的影响。重点是散射物质原子序数不同时，散射射线的能量和注量率的变化特征。

通过实验学生应该学到：

(1) 熟悉 γ 射线在介质中散射的基本理论和散射射线谱的基本特征；

(2) 了解实验装置的结构——保证单一条件变化的思路；

(3) 熟悉影响散射射线的因素；

(4) 学习射线屏蔽装置的材料选择。

2. 实验原理

在康普顿效应中，γ 光子把部分能量传递给电子，自身则被散射。反冲电子(次级电子)动能为：

$$E_e = \frac{E_\gamma}{1 + \dfrac{m_0 c^2}{E_\gamma (1 - \cos\theta)}} \tag{22-1}$$

散射光子能量可近似写成：

$$E'_\gamma = \frac{E_\gamma}{1 + \dfrac{E_\gamma (1 - \cos\theta)}{m_0 c^2}} \tag{22-2}$$

式中，θ 为散射 γ 与入射 γ 射线的夹角(散射角)。

当 $\theta = 180°$时，即光子向后散射，称为反散射光子；此时

$$E_{e\max} \approx \frac{E_\gamma}{1 + \dfrac{1}{4E_\gamma}}$$

$$E'_\gamma(\theta = 180^\circ) \approx \frac{E_\gamma}{1 + 4E_\gamma} \tag{22-3}$$

单色 γ 射线与周围物质作用，会损失能量；使其能量谱向低能方向移动，谱线构成复杂化。这一复杂谱经探测器记录，其康普顿边、康普顿平台、反散射峰和全能峰将更加模糊。而注量率（计数率）与 γ 射线能量及周围散射物质的密度和原子序数有关。这包括两方面的因素：首先是与散射物质原子序数，即物质的散射截面的大小有关。在介质中康普顿-吴有训散射截面 σ_c 可以表示为：

$$\sigma_c = \sigma_e \cdot N_A \cdot \rho \cdot Z/A \tag{22-4}$$

其中，σ_e——单个电子的康普顿-吴有训散射截面；

N_A——阿伏加德罗常数；

ρ——散射物质密度；

Z/A——散射物质原子序数与质量数之比。

由此可知：散射物质密度和原子序数越大，康普顿-吴有训散射截面也越大。

另一方面，散射物质密度和原子序数越大，对散射射线的吸收系数也越大。使部分散射射线被吸收，对散射射线计数率没有贡献。这两方面是相互制约的。对于轻物质，散射射线注量率随散射物质原子序数的增加（因散射截面增加）而增加；当散射物质原子序数继续增加，其密度也随之增加，使吸收系数迅速加大。被记录到的散射射线注量率将迅速减小。综合两方面的因素，从而低原子序数的物质和高原子序数的物质的散射射线的注量率都相对较低；中间元素作为散射体时，散射射线注量率较高。其最大值点与入射射线能量有关。

选用不同的物质作为散射体。在同一工作状态和放射源的情况下，分别观察以下几种条件下：①散射体厚度相同，与探测器的距离也相同而物质不同；②物质相同，与探测器的距离相同而厚度不同；③物质和厚度都相同而与探测器距离不同时其散射射线能量和幅度的变化规律。得出散射射线能量和注量率与物质成分及几何状态的关系(见图 22.1)。

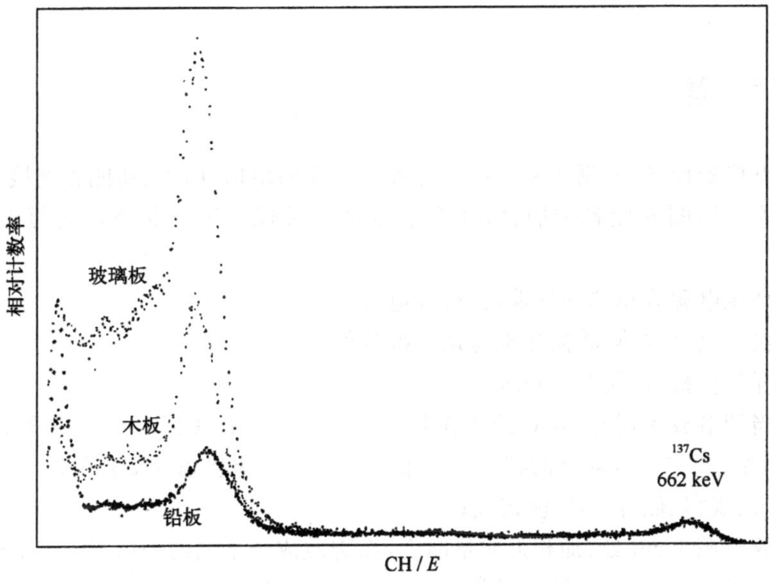

图 22.1 不同物质散射谱

3. 实验设备

设备清单：

(1) NIM 电源和机箱 各1台

(2) 1 000 V 高压电源 1台

(3) NaI（Tl）闪烁探测器及前置放大器 1套

(4) 线性脉冲放大器 1台

(5) 4 096 ADC（模数转换器） 1台

(6) 计算机（含 winmca 软件） 1台

(7) ^{137}Cs 放射源 1只

(8) 连接电缆 若干

(9) 散射屏：相近质量厚度（木、塑料、玻璃、铝、铁、铜、铅） 1套

不同厚度（木、铝、铁） 各1套

设备连接框图见图 22.2：

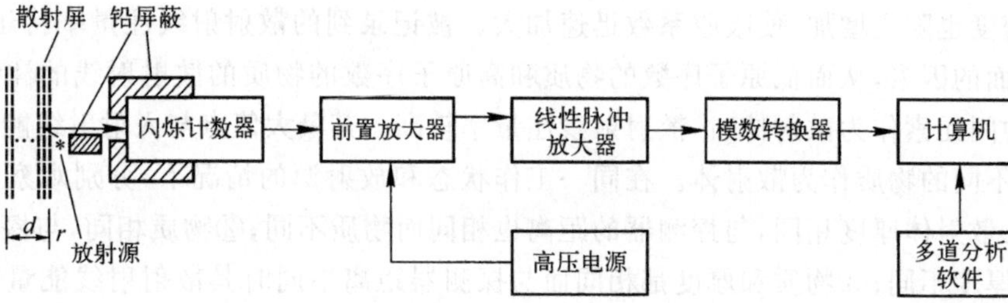

图 22.2 设备连接框图

4. 实验步骤

(1) 清点仪器设备，根据实验讲义熟悉各个插件的结构、面板、功能和连接方法；

(2) 按连接框图连接各个插件，注意信号极性及仪器工作状态。教师检查后再接通电源；

(3) 将高压电源旋扭调到低端，再打开电源；

(4) 使仪器充分预热；将高压电源调到推荐值；

(4) 打开计算机，调用“winmca”；

(5) 适当调节放大器及 ADC 的工作状态；使^{137}Cs 全能峰正常显示在显示框的中偏右部，以便显示全谱，突出散射谱的特征。详细记录仪器工作状态及实验条件。

(6) 记录、观察、储存^{137}Cs 能谱线；

(7) 距放射源 1 cm 处，加相近质量厚度，而物质成分不同的一组屏，分别记录、观察、储存^{137}Cs 的 γ 射线经不同物质散射时的能谱；作出反散射峰面积与散射物质等效原子序数 Z 的关系图。

(8) 在同一几何条件下，加不同厚度的木屏或铝屏等物质，分别记录、观察、储存^{137}Cs的不同厚度的散射射线谱；作出反散射峰面积与散射物质厚度 d 的关系图。

(9) 取饱和厚度的铝屏，每次移动距离 1 cm 使其由近到远，离开放射源，观察散射射线谱又有什么变化？作出反散射峰面积与距离 r 的关系图。

(10) 在"winmca""处理"菜单下进行"多谱对比"，分析不同情况下谱图的形态变化和差异。

注意事项：

(1) 本实验使用了较强的放射源。不要靠太近，更不要近距离注目观察放射源。

(2) 本实验使用的散射屏较多，不要搞乱；注意实验条件的一致性。

5. 实验报告

(1) 简要描述射线反散射的物理实质和影响反散射射线能量和注量率的因素；

(2) 绘制实验装置及电路连接图；

(3) 描绘或下载"多谱对比"图，说明其特征及变化规律；

(4) 详细比较木屏、铝屏、铁屏、铜屏和铅屏反散射的特点。

(5) 详细比较铝屏反散射射线谱在不同散射距离时的特点。

6. 思考题

(1) 为什么反散射射线的能量都大约在 200 keV 以下？

(2) 康普顿-吴有训散射理论的要点是什么？

(3) 散射物质不同或几何位置改变时，全能峰会不会改变？为什么？

实验23 半导体探测器γ谱仪*

1. 实验目的和意义

锂漂移锗探测器(Ge(Li)探测器)和高纯锗探测器（ HPGe 探测器），是各种γ射线探测器中能量分辨率最好的一类。虽然其价格比较昂贵,而且必须在液氮温度(−196℃)下使用或保存,但由于它具有很好的分辨率,能清晰分辨能量差别很小的γ射线,其半高宽约 2 keV(对应于^{137}Cs发射的0.662 MeV γ射线)。由于探测器的高分辨率,使γ射线的探测发生了质的变化。尤其是在反应堆中子活化分析中,在使用了高分辨率的探测器后,避开了繁复的样品前处理和后处理,建立了"纯仪器分析",为反应堆中子活化分析开辟了全新的局面。此外,纯锗探测器(HPGe)的研制成功更进一步改善了γ谱仪的性能。由于 HPGe 探测器不存在"反漂移"问题,可以在常温下保存,可制成多种结构类型的探测器,并采用电制冷方式在低温下工作,大大增加了它的适应性。

但是,我们注意到 Ge(Li)探测器和 HPGe 探测器的高性能是在特定的工作条件下才能实现。因此,必须仔细研究其工作特性,选择最佳工作条件。

此外,高纯锗半导体探测器(HPGe)虽然在制作工艺上与 Ge(Li)探测器不同,但是基本特性和使用方法上有很多共同之处,在这里也应该学习相关的内容。

通过实验,要求学生掌握以下几方面知识:

(1) 深入了解 Ge(Li)探测器的工作原理,并将 Ge(Li)与 HPGe 探测器做比较;

(2) 学会调整和使用 Ge(Li)(或 HPGe)探测器;

(3) 学会辨认 Ge(Li)(或 HPGe)探测器测定的γ仪器谱。

2. 实验原理

(1) 半导体探测器从原理上讲是一个电压反接的半导体二极管。由半导体二极管的工作特性可以看出:在反向电压小于击穿电压时,其反向电流 i 主要取决于以下几种因素:

a. 半导体材料的纯度。由杂质产生少量载流子引起的反向电流,这由制造工艺决定。

b. 材料本身的热运动产生电子—空穴对形成的体积电流。当材料温度下降,其反向电流随之减小。

c. 表面不清洁会引起表面漏电流。为减小表面漏电流,探测器必须进行表面特殊处理。

d. 由外来原因在二极管 PN 结区形成电离。

---

* 本实验在成都理工大学中子活化分析实验室教师帮助下完成

显然，用一般 PN 结二极管是不能探测 γ 射线的。因为 PN 结厚度很小，不足以吸收射线的全部能量而形成全能峰。必须在 PN 结之间形成一定厚度的本征区——I 区，即 PIN 结构。I 区的形成主要有两种途径：使用高纯的半导体材料（HPGe 探测器）或用漂移方法将金属 Li 在电场的作用下漂移到 P 型 Ge 中，补偿 P 型材料中的受主杂质，得到具有一定厚度的、高电阻率的 Ge，即 I 区，形成 PIN 结构。

经表面特殊处理的具有 PIN 结构的电压反接的半导体二极管，并处在低温（-196 ℃）下，就形成一个固体电离室。当反向电压较低时，在 PIN 结中形成的电子—空穴对可能复合。只有一部分被电极收集。当反向电压增高，反向电场足够强时，复合现象消失，全部电子—空穴对被电极收集。固体电离室即工作在饱合电流区。由于本征材料的高阻特性，表面清洁和低温环境抑制了 PIN 二极管的反向电流，使其收集到的电子—空穴对取决于外来 γ 射线在 PIN 结区内形成的电离。由此产生的脉冲电流峰值在 10^{-6} A 量级。为使这一信号不致被湮没，则在没有 γ 射线入射时，PIN 二极管的反向电流必须在 10^{-9} A 量级。

在常温下，金属锗的电阻率很低，约 47 Ω · cm。一方面，Li^{+} 在电场的作用下很容易漂移到探测器材料的深部，形成厚度达 cm 量级的 I 区。加上锗材料的高原子序数和高密度，使探测器适合探测较高能量的 γ 射线，并具有较高的探测效率。另一方面，电子—空穴对在锗材料中也具有很高的迁移率，减小了电子—空穴对的复合，使厚度足够大的固体电离室具有很好的能量线性。

（2）Ge(Li) 探测器虽然有厚度达 cm 量级的 I 区，但仍然小于 NaI(Tl) 晶体的体积。所以 Ge(Li) 探测器的探测效率比闪烁计数器低，大约是 $\phi 75 \times 75$ mm 的标准闪烁计数器的 20%～30%。

（3）HPGe 探测器在工作条件和性能上与 Ge(Li) 探测器相似，只是获得灵敏区厚度的方法不同。所谓探测器的灵敏区，即 PN 结的结区。HPGe 探测器结区宽度 d_p 可表示为：

$$d_p \propto (\rho_p \cdot V)^{1/2} \tag{23-1}$$

在所加偏压 V 相同的情况下，结区宽度取决于材料的电阻率 ρ_p，材料中的杂质越少，电阻率就越高，其结区的厚度，即探测器灵敏区的厚度就越大，越适合测量高能的 γ 射线。据报道，已经可以生产杂质浓度为 $10^9/cm^3$ 的高纯锗，制成灵敏区厚度约 1.9 cm 的 HPGe 探测器。

HPGe 探测器的性能与 Ge(Li) 探测器相当。由于没有离子漂移补偿的过程，不会因补偿形成的中性离子离解而受到损坏。因此不必在液氮温度下保存，只需在液氮温度下工作。当然，在工作之前需要提前将探测器放入液氮中，使之逐渐达到热平衡。

HPGe 探测器由高纯锗材料制成，可以根据需要制成同轴形、井形、平面型；加铍窗可以探测软 γ 射线和 X 射线，应用广泛。因此，有逐步替代 Ge(Li) 探测器的趋势。

（4）用 Ge(Li) 探测器或 HPGe 探测器记录的 γ 射线仪器谱具有很好的能量分辨率。对于 ^{137}Cs 662 keV 的 γ 射线，其半高宽度为 2 keV 左右。除全能峰外，还能清楚辨认出康普顿平台、康普顿边、反散射峰以及衰变子体 ^{137}Ba 的 X 射线（32 keV，37 keV）（见图 23.1）。

图 23.2 是用 Ge(Li) 探测器测定的 ^{60}Co 的 γ 射线（线性坐标），同样表明了仪器谱的特征。同时，利用 1 173 和 1 332 keV 两条谱线，可以对这一谱段进行能量刻度，并计算谱峰的分辨率（以能量表示）。

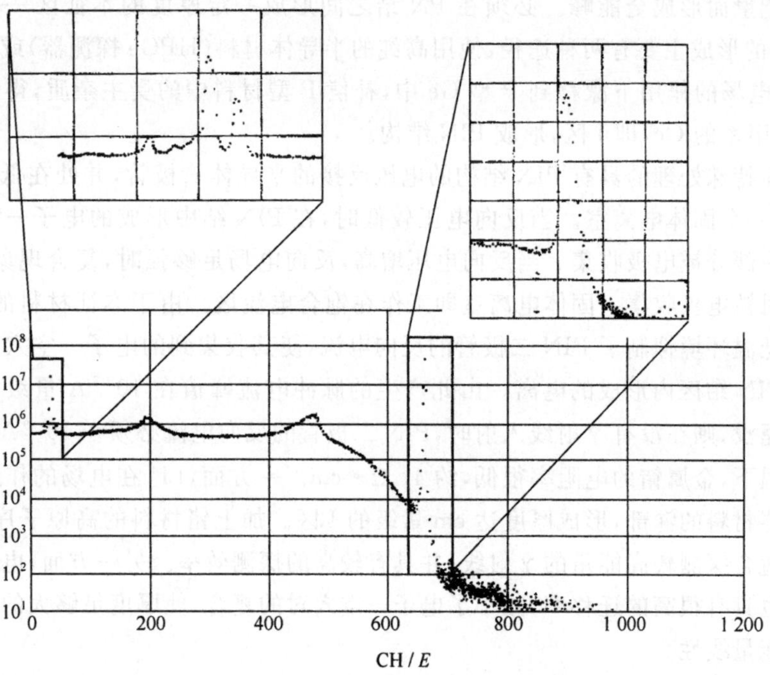

图 23.1 ^{137}Cs γ 射线谱(Ge(Li)探测器,半对数坐标)

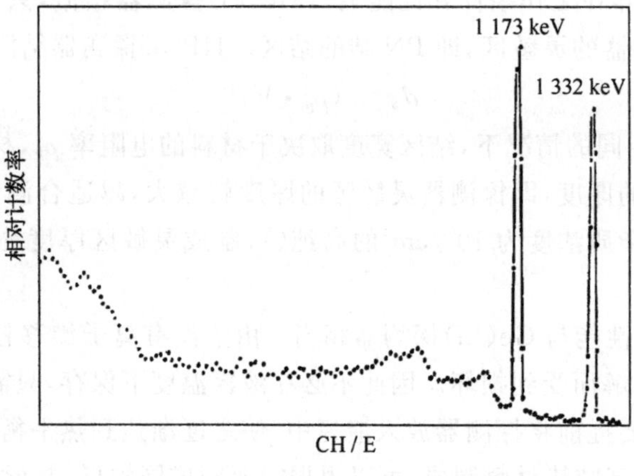

图 23.2 ^{60}Co γ 射线谱[Ge(Li)探测器,线性坐标]

3. 实验设备

设备清单:

(1) Ge(Li)(或 HPGe)探测器及附属杜瓦瓶 1套

(2) 电荷灵敏前置放大器 1只

(3) 线性脉冲放大器(谱放大器)　1台

(4) 模数转换器(ADC)　1台

(5) 装有MCA软件(与ADC配套)的电子计算机　1台

(6) 放射源:^{241}Am,^{137}Cs,^{60}Co　各1个

钾盐化学试剂,天然铀矿石,天然钍矿石　各1盒

连接框图见图23.3:

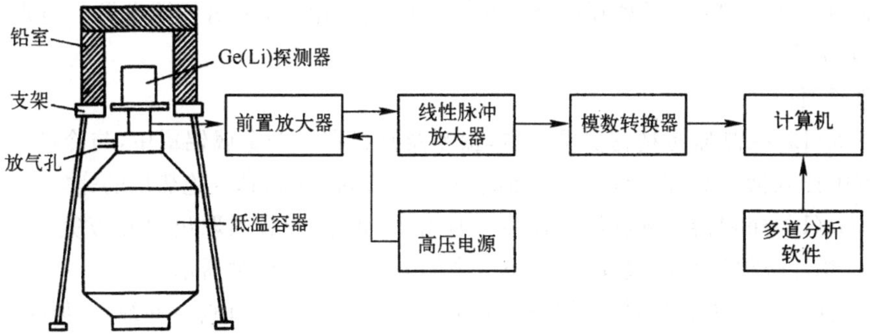

图23.3　设备连接框图

放射性试样(人工放射源或U、Th、K试样)发射的γ射线穿过试样盒和Ge(Li)探测器外罩,被探测器记录。输出的弱信号经光反馈电荷灵敏前置放大器阻抗变换之后,由主放大器放大。为抑制低能和高能干扰,放大器除采用了很深的负反馈之外,还分别装有微分耦合、积分耦合和极零补偿电路,使放大器具有优良的线性、强抗干扰能力和正确的脉冲波形。放大器输出的模拟信号经ADC转换成数字信号后,在计算机上由MCA软件进行计算和图形显示。

4. 实验步骤

(1) 实验前必须认真复习相关理论知识和阅读实验教材,在充分理解的基础上写出预习报告。

(2) 熟悉、检查实验设备,确认齐全、完好后,按连接框图连接好各个插件。注意各插件、输入端的极性。注意偏压电源的极性和是否归0。

(3) 按试样—探测器的几何布置调整好相对位置。

(4) 经教师检查认可后再打开电源。

(5) 再次检查偏压调节旋钮是否处在0的位置,然后打开高压电源开关,旋转高压调节旋钮,用1 min使高压由0逐渐、均匀、缓慢地升至额定值。

(6) 将^{137}Cs(很弱的工作源)放在试样位置上,调用MCA软件。在显示器上将看到^{137}Cs 662 keV的γ谱。调节主放大器的放大倍数,使662 keV的全能峰处在显示区1/4左右的位置,以便Th系列最大能量2 620 keV γ射线谱能正常显示。固定并详细记录仪器工作状态。准确记录^{137}Cs 662 keV γ全能峰的参数(峰位、分辨率等)及全谱特征(康普顿边、

康普顿平台、反散射峰位,附加谱线等)。用 MCA 软件的"存储"功能存储^{137}Cs谱。

(7) 当试样分别为^{241}Am,^{60}Co,钾盐,铀矿石,钍矿石时重复第(6)项操作。根据试样的活度,适当调节每个试样的测量时间,保证各条主要谱线的全能峰清晰可见,能准确计算其峰位。用 MCA 软件的存储功能存储各谱。

(8) 手工描绘各试样谱图草图,记录其特征峰的形态和相对关系,及时发现问题。用 MCA 软件"多谱对比"功能对比各核素的 γ 谱。

(9) 认真检查实验记录,确认实验条件,仪器各插件工作参数记录完整,实验数据准确可靠。探测器高压归 0。经教师检查认可后关闭高压电源,关闭仪器电源。整理好仪器及试样,结束实验。

注意事项:

(1) Ge(Li)探测器是精密贵重仪器,探测器密封在一个金属铝罩中,与冷指一起在高真空绝热室中插入液氮容器。注意保护铝罩和密封件,保证高真空绝热层的完好。

(2) Ge(Li)探测器必须在液氮温度下保存和使用,若必须取出离开液氮时,时间以 10 min 为限,并且必须垂直放置,防止真空室中的分子筛落入探测器罩中。

(3) 注意防潮。Ge(Li)探测器在低温下保存、使用,虽然有真空室绝热,但探测器外壳、密封圈组成真空室的部件的温度仍然低于室温。空气中的水汽会凝结在上面形成水珠。在中国南方的春夏之交,这一现象尤为明显。水珠会引起漏电;溶于水珠中的CO_2形成碳酸,可能腐蚀金属部件。因此,必须注意,除了用空调适当降低室温和用去湿机去湿外,还可以用一个较大的民用塑料袋将探测器外罩、前置放大器和杜瓦瓶放气孔全部罩住。由放气孔排出的低温干燥氮气将逐渐充满塑料袋,挤出原有的潮湿空气,保持小范围干燥。实验证明:将一小袋(约 50 g)潮湿的变色硅胶放在塑料袋中,4 h 硅胶开始变色,8 h 后全部变蓝,达到并保持小范围的干燥环境。

(4) 缓慢升高 Ge(Li)探测器的偏压。Ge(Li)探测器偏压一般在+4 000 V,由探测器说明书给出准确数据。这一高压是直接加在 Ge(Li)探测器上,另一端接电荷灵敏前置放大器的第一级场效应管的栅极。若偏压迅速变化,将以脉冲高压的形式通过探测器的寄生电容加到场效应管的栅极上并使之击穿,这一前置放大器将报废!

因此,在开始工作时,探测器偏压必须由 0 开始,逐渐缓慢均匀升至说明书给定的额定值。工作结束后,同样将偏压逐渐降到 0,然后再关闭电源。

5. 实验报告

(1) 在充分理解实验内容的基础上描述 Ge(Li)探测器和 HPGe 探测器的工作原理,比较它们的性能。

(2) 说明由 γ 射线产生的电信号在各个插件中的变换情况,各插件(成套仪器中的各部件)的工作特性和技术要求。

(3) 根据原始记录整理出数据表和计算结果,原始记录附后备查。

(4) 给出^{137}Cs和^{60}Co的 γ 谱,标明各特征能量位置的名称,说明它们之间的关系。

(5) 对^{241}Am,^{137}Cs,^{60}Co,^{40}K 测量结果,用 Excel 软件做能量刻度曲线,给出曲线图、拟合函数和相关系数。根据拟合函数计算铀矿石和钍矿石各条 γ 谱线的能量并与资料上的公认值相比较。

(6) 有什么新的想法和建议?

记录格式:

(1) 能量刻度

放射源名称	γ能量/keV	峰位(CH)	分辨率/%	备注:谱峰特征及特征点能量位置
^{241}Am				
^{137}Cs				
^{60}Co				
^{40}K				
U矿石				

能量刻度拟合函数:

R^2:

(2) 能量识别

顺序	峰位(CH)	测量能量/keV	推断谱线	推断谱线公认能量/keV	备注
1					
2					
3					
4					
5					

6. 思考题

(1) Ge(Li)探测器为什么必须是在液氮温度下保存和使用,而 HPGe 探测器只需在液氮温度下使用?

(2) Ge(Li)探测器分辨率高的主要原因是什么?

(3) 前置放大器的主要作用是什么? 为什么 Ge(Li)探测器(其他半导体探测器也一样)对前置放大器有特殊的要求?

(4) 在什么条件下才能观察到由电子对形成产生的单逃逸峰和双逃逸峰? 为什么在一般的实验中这一现象不明显?

实验 24 热释光测量原理及最佳测试条件的选择

1. 实验目的和意义

随着对热释光理论认识的深化，热释光的应用日益发展起来。热释光法应用领域不断扩大，从最初的核武器爆炸后的辐射剂量测量，扩展到个人剂量学、地质学、环境监测、医学等多个领域，其中地质学领域的应用发展较快。最初主要用于陨石、月球物质、矿物学研究和地质测年，20 世纪 70 年代开始尝试寻找热液多金属和放射性矿床，80 年代中期开始尝试用热释光来探测陆地油气藏。热释光方法具有探测时间长、灵敏度高、短期干扰因素（气象等）小等特点，在环境监测、计量学和地质科学方面具有很好的应用价值。

通过本实验，要求学生做到：

(1) 了解热释光测量原理；

(2) 学会进行热释光测试条件的选择。

2. 实验原理

按照能带理论，晶体物质的电子能级属于两种能带：处于基态的已被电子占满的允许能带，称为满带；没有电子填入或尚未填满的容许能带，称为导带。它们被一定宽度的禁带所隔开。在晶体中，由于存在杂质原子以及有原子或离子的缺位和结构位错等，从而造成晶体结构上的缺陷。这些缺陷破坏了电中性，形成了局部电荷中心，它们能吸引和束缚电荷，在能带图上，也就是相当于在禁带中存在一些孤立的局部能级。在靠近导带下面的局部能级能够吸附电子，又称为陷阱；在靠近满带上面的局部能级能够吸附空穴，称为激活能级。在没有受到辐射照射前，电子陷阱是空着的，而激活能级是填满电子的。

当辐射照射晶体时，产生电离或激发，使满带或激发能级中的电子受激而进入导带，同时产生空穴。电子在晶体导带中自由运动，直到它们被陷阱俘获或重新陷入满带。在测量过程中对晶体加热，被俘获的电子受热以后，获得足够的能量摆脱束缚跃回低能态，同时以可见光形式释放多余的能量。晶体受热时发光量越大，表征它接受的累积辐射量越大。

土壤天然热释光（Thermoluminescence，TL）测量是在野外采集地表一定深度的土壤或砂样品，然后在室内用高灵敏度的热释光测量装置，测量样品中天然矿物在漫长的地质年代内，长期接受放射性核素，尤其是氡及其子体的辐射而产生的热释光强度的一种方法。其原理是依据土壤和砂中含有大量的具有半导体性质的晶体磷光体（如 SiO_2 和 $CaCO_3$ 等），它们是天然的热释光探测器。在射线的作用下产生电离和激发，致使晶体满带中的电子获得能量后跃升到导带，并在满带中留下空穴，电子和空穴被晶体禁带中的陷阱所俘获（见图 24.1）。

在没有外来能量激发的情况下，这些电子和空穴可长期留在晶体的陷阱中，随着时间的积累，矿物晶体陷阱中的电子、空穴也不断的积累。当土壤和砂样品加热到一定温度后，矿物晶体陷阱中的电子、空穴便释放出来，复合而发光。加热放出的总光子数与陷阱中释放出的电子数成正比，而总电子数又与磷光体累积吸收的辐射能量成正比。因此，可以通过测量加热状态下样品的热释光强度，来研究空间辐射场的分布。

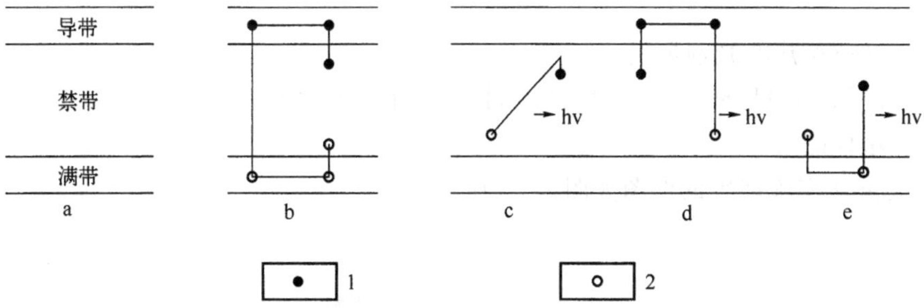

图 24.1 天然热释光测量机理示意图

a—未受辐射的能级；b—受照射后发光中心的形成；c、d、e—加热测量时的热释放过程

1—电子，2—空穴

天然热释光的特性和发光强度不仅与样品所含的磷光体有关，也与样品受辐照的时间、吸收的剂量及所经历的温度情况有关。因此，在地质学中得到了应用，如地质样品的年龄问题，放射性矿物的普查，矿物资源产地的识别，陨石和月球物质的研究等。该法还是测量矿物晶体累积天然辐射的一种累积测氡方法，它的累积时间很长(少则几十年，多则几百年，几千年，……)，所以它的灵敏度和异常的重现性远比一般的累积测氡及其子体方法高，能够反映较弱的异常信息。

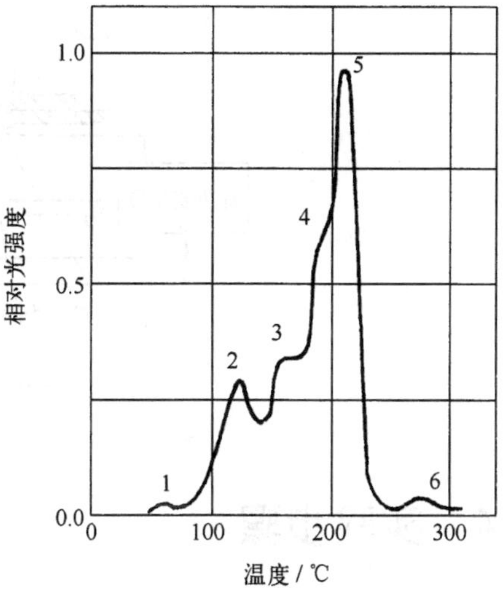

图 24.2 热释光发光曲线

热释光探测器受射线照射时能储存部分辐射能。它被加热时，这部分能量则以发光的形式放出，物质的这种特性称为辐射热释光(简称热释光，符号TL)。热释光强度随加热条件(加热温度或加热时间)而变化，两者之间的函数关系称发光曲线，如图24.2所示。晶体受热时，电子首先由较浅的陷阱中释放出来，当这些陷阱中储存的电子全部释放完时，光强度减小，这就形成了图中的第二个峰。随着加热温度的增高，较深的陷阱中的电子被释放，又形成了图中的其他的峰。某段区间内发光曲线下的面积，即该段区间内总光子数与被测 TL 探测器在辐射场中的吸收剂量成线性关系。热释光剂量仪就是根据这种特性设计的。

土壤天然热释光测量是一种实验性很强的方法技术，对于同一个土壤样品，测试条件不同时，测得的热释光强度相差较大，而且对于不同地区采集的样品，对其进行热释光测量时最佳测试条件也不相同,因此必须对土壤样热释光测量的影响因素进行研究,以确定热释光测量的最佳条件。影响土壤热释光测量结果的因素主要有四个:样品粒度、仪器升温区间、仪器升温速率和仪器灵敏度。本实验使用土壤天然热释光测量仪器 GRD-3A 型热释光剂量仪,对其四个影响因素进行研究。

3. 实验设备

(1) RGD-3A 热释光剂量仪 1台

(2) 样品筛(60 目、80 目、100 目、120 目、140 目、160 目) 各1个

(3) 土壤样品 若干

热释光方法实验装置的框图如图 24.3 所示。

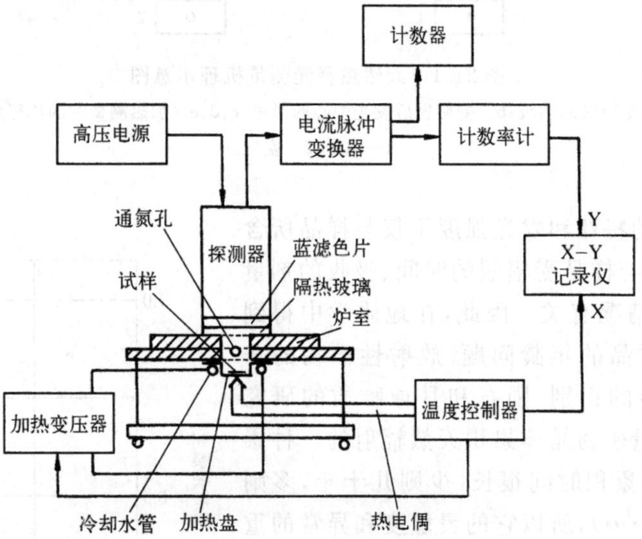

图 24.3 热释光方法测量装置框图

4. 实验步骤

(1) 样品的采集、预加工和测量仪器的准备

野外采集回来的样品要先经过阴干处理,把成块状的土样碾碎至 0.5 mm 以下,以便以后的样品处理。样品用固定分样器进行分样,每分一个样,一定要将分样器擦拭干净,以免再分其他样品时,污染其他样品。然后进行室内实验。热释光剂量仪在测量样品之前要先预热一段时间(最少不低于半小时),等仪器各个部件的性能稳定后再进行土样测量。注意:样品测量后将其从仪器测量托盘中清除,一定要清理干净,以免其他样品放入测量时被污染,造成误差。

(2) 热释光强度与样品粒度的关系

a. 按要求连接好仪器电源。

b. 考虑到实际测量中，如果粒级太细，颗粒间的吸引力加大，容易因分样困难而造成分样不准，而且测量时样品受热后容易产生雾化，污染仪器；若粒级太粗，由于颗粒间的支撑作用加强，也会造成分样不准，分样不准会导致测试数据随意性增大。综合考虑上述因素，实验时样品粒度采用60、80、100、120、140、160这几个粒级。

c. 记录这几个粒级的热释光强度值，观察热释光强度值随粒度变化的规律，取最大值对应的粒度为最佳样品粒度。

(3) 热释光强度与仪器升温区间的关系

a. 国产RGD-3A型热释光剂量仪在测量前要求设置2个恒温温度，即开门温度和关门温度，测量时将开门温度持续时间设置为0 s，即没有恒温时间，关门温度的持续时间设置为12 s，这两个温度是用来控制仪器升温区间的，它们均为0～400 ℃可选。

b. 首先固定一个关门温度，对同一个样品，开门温度分别取30、40、50、60、70、80℃进行测量。

c. 记录这几个开门温度的热释光强度值，观察热释光强度值随温度变化的规律，取最大值对应的温度为最佳开门温度。

d. 然后将上述测得的最佳开门温度设置好，对同一个样品，关门温度在340～400 ℃之间分别取340、350、360、370、380、390、400 ℃进行测量。

e. 记录这几个关门温度的热释光强度值，观察热释光强度值随温度变化的规律，取最大值对应的温度为最佳关门温度。

(4) 热释光强度与仪器升温速率的关系

a. 升温速率的确定也是热释光测量的一个重要条件。过低的升温速率影响测量的工作效率，而升温速率太快也会降低发光峰的面积，同时也会影响仪器的正常使用。

b. 在其他条件一致的前提下，对同一个样品，分别设置仪器的升温速率为3、4、5、6、7、8 ℃/s进行测量。

c. 记录这几个升温速率的热释光强度值，观察热释光强度值随升温速率变化的规律，取最大值对应的升温速率为最佳升温速率。

(5) 仪器灵敏度对测量结果的影响

a. 土壤样品热释光强度的大小除与被探测对象的矿物组分有关外，还与仪器本身的灵敏度有很大关系。

b. 为了研究仪器灵敏度对测量结果的影响，选择某个测区某条测线1～10号土壤样进行测试。实验时对每个样品分别采用2.00、1.85、1.64、1.48、1.37、1.26这6个灵敏度值进行测量，将测量结果绘制成图进行比较。

c. 仪器的灵敏度是直接控制光电倍增管的工作高压的，灵敏度值越大，放大系数就越大，所对应的热释光强度就相应越大。6个灵敏度对应的6条曲线形态应该几乎一致，但考虑到仪器的寿命问题，仪器的灵敏度取一个适中的值即可，也可采用仪器出厂时厂家给的推荐值。但是，为保证测量值的稳定性和准确性，也为了保证测量结果具有可比性，对同一测区的样品进行测试时，仪器的灵敏度应保持一致。

5. 实验报告

(1) 记录实验数据。

a. 热释光强度与样品粒度的关系

粒度/目	60	80	100	120	140	160
热释光强度/μGy						

b. 热释光强度与仪器升温区间的关系

开门温度/℃	30	40	50	60	70	80
热释光强度/μGy						

关门温度/℃	340	350	360	370	380	390	400
热释光强度/μGy							

c. 热释光强度与仪器升温速率的关系

升温速率/(℃/s)	3	4	5	6	7	8
热释光强度/μGy						

d. 仪器灵敏度对测量结果的影响

灵敏度	2.00	1.85	1.64	1.48	1.37	1.26
热释光强度/μGy						

(2) 绘制不同影响因素与热释光强度的关系曲线。

(3) 给出国产 RGD-3A 型热释光剂量仪的最佳测试条件。

(4) 心得和建议。

6. 思考题

(1) 比较热释光剂量仪与其他辐射剂量仪的工作原理。

(2) 为什么热释光发光曲线不止一个峰?

实验 25　BF_3 中子计数器及中子场分布

1. 实验目的和意义

在反应堆和核电站的核安全检测中，中子注量率的检测是最重要的监测项目之一。这一工作主要使用 BF_3 中子计数器或 Li 玻璃闪烁计数器来完成。在本实验中要学会调整和使用 BF_3 中子计数器（Li 玻璃闪烁计数器与其他闪烁计数器工作方法类似）并用以测定中子注量率。

在中子源附近，中子注量率按一定规律分布。在核环境检测中，必须了解中子场的分布；从而圈定出放射性污染（包括放射性核素污染和辐射污染）区域和安全区域。为科学研究和生产提供安全保证。在实验室不可能也不允许使用强中子源。只能用较弱的 ^{241}Am-Be 中子源产生的中子进行实验，使学生学习在安全的情况下学会 BF_3 中子计数器的使用和测定中子源附近中子场，即中子注量率的分布情况。

此外，BF_3 中子计数器的结构与其他探测器不同，它在测定慢中子时，探测效率较高，因此在其周围都装有较厚的石蜡层以慢化中子。由此也可以了解中子与物质作用的特点。

通过实验，学生应该学习以下知识：

(1) BF_3 中子计数器的工作原理和工作状态的调整；

(2) 中子测量和含氢物质（石蜡、水）在慢化、吸收中子时的重要作用；

(3) 识别中子和 γ 射线的方法；

(4) BF_3 中子计数器的工作特点和应用场合。

2. 实验原理

由于中子不带电，中子不能直接和物质中的电子发生相互作用引起电离，对中子的探测只能依靠中子与原子核相互作用产生的核反应、核反冲和核活化等，这些作用过程决定了中子探测的基本原理。

BF_3 中子计数器是管内充有三氟化硼气体的正比计数器，它是用核反应方法探测中子的。天然硼元素包括两种同位素 ^{10}B 和 ^{11}B 其丰度分别为 19.78% 和 80.22%。用 BF_3 气体探测慢中子所依据的核反应方程式如下：

$$ {}_0^1n + {}_5^{10}B = {}_3^7Li + \alpha + 2.792\ \text{MeV} \qquad 6.1\% \tag{25-1}$$

$$ {}_0^1n + {}_5^{10}B = {}_3^7Li^* + \alpha + 2.310\ \text{MeV} \qquad 93.9\% \tag{25-2}$$

$$ \hookrightarrow {}_3^7Li + \gamma + 0.478\ \text{MeV} \tag{25-3}$$

${}_5^{10}B(n,\alpha)^7Li$ 反应是放热反应。忽略入射中子的能量，反应后的反应能变成了 α 粒子的动能，BF_3中子计数器就是通过探测$^{10}_{5}B(n,\alpha)^{7}Li$反应生成的α粒子和$^{7}_{3}Li$反冲核间接探测中子的。

$^{10}_{5}B(n,\alpha)^{7}Li$反应对热中子的反应截面比较大，中子能量小于30 keV时，它的反应截面符合“速度反比律”。

BF_3正比计数器是坪宽较长的慢中子探测器，它的特点是探测灵敏度高，抗γ干扰能力比较强。由于快中子可以被含氢物质(例如石蜡等)慢化，所以带慢化装置的BF_3计数管，也能用来探测快中子。根据这个原理制成的一种快中子探测器叫“长中子管”，它的特点是在很宽的能量范围里对快中子响应有几乎不变的灵敏度，工作稳定可靠。目前，BF_3正比管在慢中子探测和快中子注量率与监测等方面有广泛的应用。

BF_3正比管的坪曲线的形状和测量方法和正比计数器相类似，只是BF_3计数管的坪曲线随甄别阈的选取有较大变化，由于γ射线产生的脉冲信号、电子仪器的噪声等小幅度事件的脉冲幅度低于选定的阈值，当工作高压(1 400～2 000 V)在一定范围里变化时，测量系统测得计数率基本不变。

固定高压后不断改变单道阈值时测得的积分曲线，习惯上叫做该BF_3正比管的偏压曲线，曲线的平坦部分越宽管子的性能越好，平坦部分的中点就是我们要选取的阈值。

γ射线几乎都是伴随中子存在的，BF_3正比管抗γ干扰能力比较强。γ射线在管壁上打出的快电子只把很小一部分能量消耗在管内，形成的脉冲幅度小，用简单的幅度甄别就能把γ脉冲甄别掉。但如果γ射线很强，γ辐照使BF_3气体分子键断裂，γ脉冲幅度大大增加，中子脉冲幅度大大降低，n－γ就无法分辨了，所以说，BF_3正比管不适用于强γ场探测中子。

中子在核反应堆、核电站等场合普遍存在。在实验室主要利用放射性核素中子源和自发裂变中子源获得中子。放射性核素中子源是利用各种长寿α辐射体发射的α粒子与^{9}Be产生核反应而获得中子：

$$^{9}Be+\alpha \longrightarrow {}^{12}C+n+Q_n \tag{25-4}$$

式中，Q_n——反应能。

天然核素或人造重核中的α辐射体发射的α粒子与某些轻核产生核反应都可以作为中子源。轻核中用得最多的是Be，因Be的(α,n)反应中子产额较高，而伴生γ射线较弱的核素。最常用的是^{241}Am-Be，^{238}Pu-Be和^{226}Ra-Be组合。

(α,n)中子源常制成圆柱形，其外径和长度可根据需要制作，一般在n mm～n×10 mm之间。

(α,n)的中子能谱为连续谱，最大能量在10MeV左右，而中子产额在10^{-4} n/(s·Bq)量级。作为供测量用的中子源是比较容易办到的，用活度为10^{7}～10^{8} Bq的^{241}Am-Be源，即可以得到强度为10^{3}～10^{4} n/s的中子源。

3. 实验设备

设备清单：

(1) BF_3计数管；附石蜡慢化装置　　1套

(2) NIM电源及机箱　　1套

(3) 0～2 kV高压电源（连续可调，BF_3计数管使用＋1 500 V左右）　　1台

(4) 电压前置放大器、脉冲放大器及定标器 1套

(5) ^{241}Am-Be 中子源 1个

设备连接框图见图 25.1：

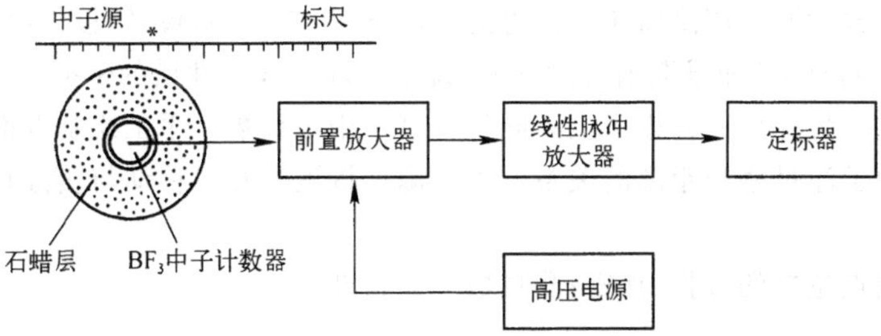

图 25.1 设备连接框图

4. 实验步骤

(1) 清点设备，按设备连接框图连接好仪器。将高压置于0～2 kV位置；并将微调旋纽旋到最低。经教师检查后再接通电源。

(2) 打开 NIM 机箱电源，在确认高压细调处于 0 的情况下，打开高压电源。预热 10 min。

(3) 按推荐值调节好放大器工作状态。

(4) 缓慢、均匀升高高压，用 30～40 s 达到推荐值。

(5) 选择、调节定标器工作状态。在无源情况下，由 0 开始逐渐提高定标器甄别阈，定标器计数率将逐渐减小到每分钟 1～2 个计数，当将^{241}Am-Be 移近，计数率将明显增加，说明仪器已剔除本底，处于正常工作状态。在有源的情况下，逐渐提高定标器的甄别阈，测定计数率比较稳定的甄别电压(由电位器指示)范围，其中点即为定标器甄别器工作点。

(6) 当中子源远离（≥5 m）探测器时，计数很小；大约每分钟 1～2 个计数。若太高，可减小放大器增益或提高定标器甄别阈。

(7) 将^{241}Am-Be 源放在距石蜡慢化剂圆筒约 1 cm 处，其间加 6 mm 木屏、6 mm 铅屏或不加屏。定性判断记录到的射线的性质。

(8) 在有标尺的薄板上移动^{241}Am-Be 源中子源，在不同位置测量中子计数。测定在不同位置中子计数率（代表中子注量率）。每一测点记录 5～10 次，每次 60～100 s。

(9) 注意选择测点位置，使曲线完整、光滑。

(10) 检查测量数据；归还放射源。将高压电源归 0，关闭高压电源，关闭仪器电源。经教师检查后结束实验工作。

注意事项：

本实验使用中子源，用 50 cm 坩埚钳夹住移动中子源，防止辐射损伤。

5. 实验报告

(1) 测量本底计数,测量 10 次,每次测 60～100 s;说明数据特征及统计特征。

(2) 在固定放射源 - 探测器相对位置的条件下,用空气、木板、铅板作吸收体,定性观察待测射线的吸收特性,从而推断射线的性质;说明推断射线的性质的依据。

(3) 在测线（带标尺的薄板）上不同位置测量中子计数。手工绘制剖面图。

(4) 讨论中子注量率与距离的关系。中子源 - 探测器相对移动与实际情况的差别和互换性。

(5) 讨论测点位置的选择、加密;测量数据完整性。

记录格式:

(1) 实验工作条件;

(2) 仪器工作状态;

(3) 实验数据记录。

a. 本底计数 $t=$______ s

顺序	1	2	3	4	5	6	7	8	9	10	备注
N/t											

b. 吸收特性 $t=$______ s

吸收介质及厚度	计数						备注
	1	2	3	4	5	平均	
…	…	…	…	…	…	…	…

c. 中子场的分布 $t=$______ s

测量位置	计数						备注
	1	2	3	4	5	平均	
…	…	…	…	…	…	…	…

6. 思考题

(1) 简述中子在不同物质中的吸收特点。

(2) 简单叙述 BF_3 正比计数管探测中子的原理和它的特点。

（3）由 0 开始，缓慢、均匀升高 BF_3 中子正比计数器高压的原因何在？

（4）获得自由中子有哪几种方法？他们各有哪些特点？

实验 26　天然放射性方法测定矿石中的铀含量

1. 实验目的和意义

目前，核工业的主要原料是^{235}U，它由铀矿石中获得。在天然铀矿石中，^{235}U含量很低，难于直接测量。好在^{235}U与^{238}U紧密共生，其比例为$7.3\times10^{-3}:1$，若能够准确测定矿石中的^{238}U，即可推算^{235}U含量。在铀矿资源评价中都以^{238}U的含量作为标准。所以，测定矿石中^{238}U的含量对铀资源评价，以及资源的开发利用都十分重要。

铀含量的测定有多种方法。由于铀元素具有放射性，所以天然放射性分析就成为首选方法。经过多年的研究已经成为一种成熟的常规分析方法。尤其是在高分辨率、大体积半导体探测器广泛应用之后，排除了其他放射性核素和矿石中铀系平衡破坏和射气逸出的影响，使方法日臻完善。

在本实验中，主要采用闪烁计数器对铀矿石进行相对测量，即用比较法计算平衡铀矿石中的铀含量。通过这次实验，学生应该了解以下内容：

(1) 铀元素的放射性特征；

(2) 用相对测量法分析铀元素含量的可行性和应用条件；

(3) 平衡系数、射气系数，其他放射性元素对铀元素分析的干扰；

(4) 克服放射性元素间相互干扰的途径。

2. 实验原理

铀是放射性元素。在衰变过程中形成一放射性系列，其衰变子体也具有放射性。因此，核辐射探测仪器的测量结果包括铀及其子体的贡献。对铀放射性系列的研究得知：铀系列的γ放射性主要由^{214}Pb和^{214}Bi产生。用闪烁计数器测得的平衡铀矿石的γ能谱如图 26.1 所示。其中，各种能量谱线的照射量率按一定的比例存在。因此，在铀矿石处于平衡和没有射气逸出时，根据铀矿石γ射线总计数率或某一条射线的计数率与含量标准样品比较，求取铀元素含量都可以取得正确的结果。

若用单一标样与待测试样进行比较，不论用全谱总计数率还是其一特定谱线（例如，609 keV 净峰面积）计数率都可以写为：

$$Q_{样} = \frac{(I_{样} - I_{本底})/(p_{样}\cdot t)}{(I_{标} - I_{本底})/(p_{标}\cdot t)}\cdot Q_{标} \qquad (26\text{-}1)$$

其中，$Q_{标}$——含量标准样品中的铀元素含量；

$Q_{样}$——待测试样的铀元素含量；

$I_{本底}$——全谱总计数的本底或某一特定谱线的本底；

$I_{标}$，$I_{样}$——标准样品和待测试样的全谱或某一特定谱线的计数；

$p_{标}$，$p_{样}$——标准样品和待测样品的重量；

t——测量时间。

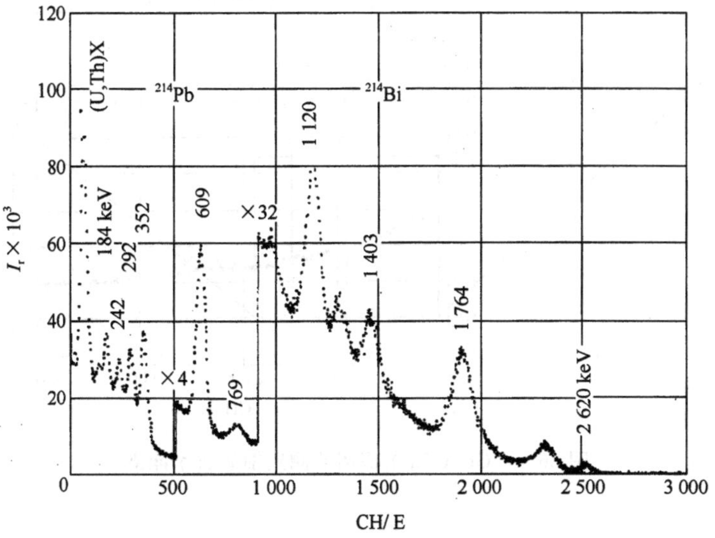

图 26.1 闪烁计数器测定铀矿石 γ 能谱

显然，^{238}U 衰变系列处于平衡($C=1$)，又没有射气溢出($\eta=0$)是一种特例。但在自然界，当铀矿石来源于地下(未风化的岩石)并密封在试样盒中 30 天以上，这种情况($C=1$，$\eta=0$)是经常存在的。

若采用多标样进行含量计算，即分别以每个标样的总计数，某一特定谱线(如 609 keV 或 1 120 keV)的计数与其含量作拟合曲线，得：

$$Q_{样}=a[(I_{标}-I_{本底})/(p_{标}\cdot t)]+b \tag{26-2}$$

其中，a，b 是线性拟合的常数，即线性方程的斜率和截距。在测得待测试样总计数率或某一特定谱线计数率后，代入相应拟合方程即可计算待测试样中铀元素含量。但是，某些铀矿石与高含量钾盐共生(比如花岗岩型铀矿)、铀钍混合成矿或者处于近地表氧化环境使平衡破坏，射气逸出等将使情况复杂化。在使用闪烁计数器测量这类铀矿石时，谱峰会明显重叠，相互干扰，不能直接测量铀元素含量，只能通过解多元(U,Ra,Th,K)一次联立方程消除元素间干扰。但是，在求取联立方程待定系数时会引入误差，直接影响分析结果的准确度。

高分辨率、大体积半导体探测器(Ge(Li)和 HPGe)的应用为天然放射性方法展现了全新的局面。由于半导体探测器分辨率高，可以清楚分辨相近能量的 γ 射线(见图 26.2)；其灵敏体积可达 $n\times10^1$ cm^3，具有较高的探测效率，可以直接选取^{238}U 或^{235}U 的特征 γ 谱与含量标准样品进行对比。计算方法简单，又排除其他放射性和散射本底的干扰。

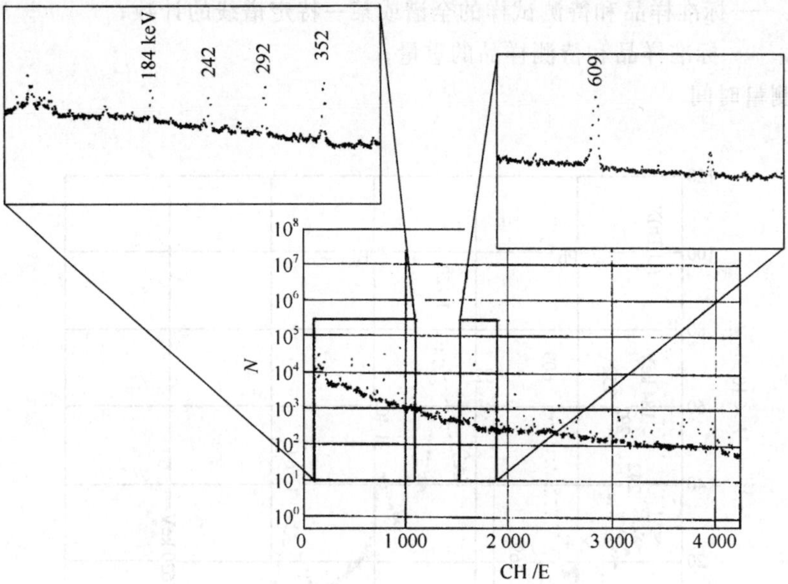

图 26.2 Ge（Li）探测器测定铀矿石 γ 能谱

3. 实验装置

本实验可分为两步进行，分别使用闪烁计数器和半导体探测器。也可以根据实验室的具体情况，选择其中的一种探测器进行实验。

设备清单：

(1) 闪烁计数器(附前置放大器及−1 500V 高压)	1套
(2) Ge(Li)或 HPGe 半导体探测器(附电荷灵敏前置放大器及 4 000 V 高压)	1套
(3) 线性脉冲放大器	1台
(4) 模数转换器(ADC)	1台
(5) NIM 电源及机箱	1套
(6) 计算机(装有 MCA 软件)	1台
(7) 铀含量标样(系列)	1套
(8) 纯铀含量标样，铀钍混合含量标样	各1件
(9) 未知含量铀矿石试样	若干
(10) 低活度放射源(^{241}Am，^{137}Cs，^{60}Co，K 盐)	各1个

设备连接框图如图 26.3：

闪烁计数器垂直放置，NaI(Tl)晶体向上。为了防止周围物质放射性的干扰，在晶体周围加 1.5～2 cm 厚的铅套，上方窗口直径与晶体直径相当。前置放大器为常用的互补型或自举型跟随器。负高压根据测量要求调节。Ge(Li)(或 HPGe)半导体探测器必须在低温下保存和工作。注意低温容器中液氮的数量。为了防止周围放射性物质的干扰，探测器应该

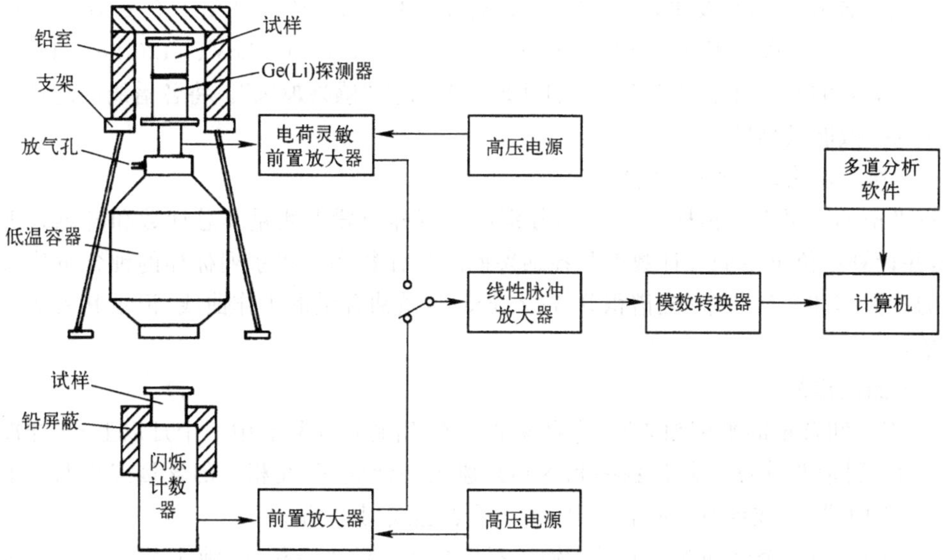

图 26.3 设备连接框图

放在铅室中。铅室有独立的支架支撑，内径略大于探测器直径，厚度 5 cm，上部有便于开关的上盖。半导体探测器输出信号幅度甚低，内阻甚高，因此必须用电荷灵敏放大器做前置放大。而高压则根据厂家的推荐值由 0 V 开始均匀缓慢调节（这十分重要，在实验 23 中已特别强调）到推荐值。

样品一般装在铝盒或塑料盒中。样品盒直径与探测器（NaI(Tl)晶体或 Ge(Li)探测器）相当，与铅套一致。样品厚度一般不超过 2 cm，保持 γ 测量的薄试样要求，并准确称量样品净重 p。

由前置放大器输出的信号直接输入主放大器（注意信号极性）。经 ADC 由 USB 接口进入计算机。调用“MCA”软件则可以在荧光屏上看到相应的 γ 谱。调节主放大器的放大倍数，使所有需要测量的谱线都处在显示范围内。

4. 实验步骤

使用闪烁计数器：

(1) 仪器准备

a. 根据设备清单清点设备，确认完好无误后，按连接框图连接好设备，注意信号极性。经教师检查认可后打开电源。

b. 开启闪烁计数器高压电源，调到 −600～−700V。闪烁计数器前放接入主放正输入端。

c. 将 ^{60}Co 工作源放在试样位置；调用、启动 MCA 软件；调节放大器放大倍数（必要时可调节高压值），使 ^{60}Co 1 252 keV((1 173+1 330)keV)重峰处在显示屏中部偏左位置。以便 ^{232}Th 系列 γ 射线最大能量 2 620 keV 能在显示屏上显示。固定并详细记录仪器工作状态。

(2) 仪器能量刻度

分别将各种工作源及平衡 U、Th 矿石放在试样位置，读取^{241}Am 59.5 keV、^{137}Cs 662 keV、^{60}Co 1 125 keV、^{40}K 1 460 keV 和铀-钍矿石 352 keV、609 keV、1 120 keV、1 764 keV 及 2 620 keV 的峰位并加亮 609 keV、1 120 keV 作为"感兴趣区"。将各谱线的能量及峰位输入 Excel 做能量刻度。

(3) 作工作曲线(含量刻度)

将平衡铀含量系列标样(3～5 个)分别放在试样位置上测量其总计数和各感兴趣区的计数，并计算单位重量的总计数率和各感兴趣区的计数率。将系列标样的铀含量值及相应谱线的计数率和总计数率(全谱积分)输入 Excel，做铀含量的工作曲线，记录其表达式及相关系数。

(4) 测试样品

a. 将未知含量的平衡铀矿石(取自深部矿体，密封在样品盒中一个月以上)试样放在测量位置上，测量并计算其总计数率和各感兴趣区的计数率，在相应的含量工作曲线上读取(根据工作曲线图)或计算(根据工作曲线线性表达式)其含量。

b. 选取 1～2 个已知含量的平衡铀矿石标样及纯铀含量标样，铀-钍混合标样作为未知样品，按(4a)步的方法进行测量、计算。并将所得含量值与标样说明书上的推荐值比较。

(5) 检查实验数据，确认完整无误后关闭闪烁计数器高压电源。

使用 Ge(Li)或 HPGe 半导体探测器：

(1) 仪器准备

a. 清点仪器。按设备连接图装配好仪器，注意各插件的极性和高压是否归 0。

b. 检查液氮的量是否充足。

c. 经教师检查认可后接通电源。

d. 打开高压(探测器偏压)电源，将高压由 0 缓慢、均匀调到额定值。

e. 预热 20 min 到 0.5 h，将^{60}Co 1 173 keV 和 1 332 keVγ 谱谱峰峰位的道址差 ΔCH 和能量差计算在 1 173～1 332 keV 能量区间附近的能量刻度，每道相当的能量 ΔE：

$$\Delta E=(1\,332-1\,173)/\Delta CH \tag{26-3}$$

f. 根据 1 173 keV 和 1 332 keVγ 谱的半宽度(道数)计算其能量分辨率。

(2) 重复使用闪烁计数器的实验步骤(2)～(4)项。

(3) 检查实验记录及测量数据，确认无误后，将高压缓慢、均匀退到 0。

(4) 经教师检查后关闭电源、整理仪器，结束实验。

注意事项：

(1) 放射性矿石样品属开放型样品，注意保护。绝不可泄漏造成污染。

(2) 待测试样(工作源、标准源和未知样)都放在搪瓷盘中，编号并对号入座，不可搞混。

(3) 注意保护探测器，尤其是半导体探测器高压的调节，必须由 0 V 缓慢均匀调到推荐值。工作结束后，缓慢均匀调回 0 V。

5. 实验报告

(1) 叙述矿石中铀含量相对测量方法的原理和应用条件。

(2) 描述平衡铀矿石的 γ 射线谱，比较闪烁计数器和 Ge(Li)或 HPGe 探测器所测 γ 谱的特点。

(3) 说明铀元素含量工作曲线的制作过程和使用方法。

(4) 列出并讨论未知样品的分析结果。

(5) 讨论平衡铀标样、纯铀标样和铀钍混合标样的分析结果，说明分析值与说明书推荐值之间存在差别的原因。

(6) 心得和建议。

记录格式：

(1) 实验工作环境；

(2) 仪器工作状态——闪烁计数器工作状态、半导体探测器工作状态；

(3) 实验数据。

a. 能量刻度

能量/keV		59.5	662	1 170	1 330	1 460	352	609	1 120	1 764	2 620
峰位	闪烁计数器										
	半导体探测器										
备注											

拟合方程：________________

R^2：________

b. 含量计算工作曲线

样品号	含量推荐值	谱线	$N(t=$______ s)				$I=N/(p\cdot t)$	备注
			1	2	3	平均值		
No.： $p=$____g		总计数						
		609 keV						
		1 120 keV						
…	…	…						

$Q_1=a_1I_1+b_1$；$R_1^2=$______；$Q_2=a_2I_2+b_2$；$R_2^2=$______；$Q_3=a_3I_3+b_3$；$R_3^2=$______。

c. 未知样品含量计算

样品号	含量推荐值	谱线	$N(t=$______ s)				$I=N/(p\cdot t)$	Q_U	$Q_{平均}$
			1	2	3	平均值			
No.： $p=$____g	总计数								
	609 keV								
	1 120 keV								
…	…	…							

6. 思考题

(1) 测定^{238}U的含量推算^{235}U含量的依据是什么?

(2) 样品盒的大小为什么要与探测器的大小相当?样品的厚度为什么必须在 2 cm 内?厚了会怎么样?

(3) 调节仪器工作状态时为什么要选^{60}Co的 γ 射线 1 173 keV 和 1 332 keV 在显示区的中偏左的位置?

(4) 试样为什么要准确称重?

(5) 纯铀样品和铀钍混合样品的分析误差为什么会大一些?

实验 27　正比计数器工作状态的选择

1. 实验目的和意义

正比计数器是常用的核辐射探测器。它具有轻便，可在常温下工作并具有较好的能量分辨率的特点。在谱分解方法取得较大的进展后，可以从正比计数器的测量数据中分解出单一元素的特征 X 射线谱。为 X 荧光方法的多元素分析提供了良好的工作平台。使 X 射线荧光方法在化工、冶金、地质、选矿等诸多方面取得更加突出的成效。因此，正比计数器受到普遍的关注。此外，在 β 射线测量中也常用到正比计数器，而 BF_3 中子计数器从工作原理上讲也属于正比计数器。因此，研究正比计数器工作状态具有较广泛的意义。

但是我们注意到，正比计数器的工作参数及其可靠性除了与制作工艺相关之外，在很大程度上取决于工作状态的选择。即在某一特定的条件下，必须正确选择正比计数器的工作电压。

在通常情况下，人们都根据正比计数器的坪曲线，即高电压与计数率的关系来选择正比计数器的工作电压。但是，我们注意到：随着高压的变化，除了计数率的变化之外，其输出脉冲的幅度、分辨率等参数也会随之变化。如何利用这些与高压相关的参数和根据实际工作的要求综合选择正比计数器的工作电压将成为需要研究的问题。

通过这次实验，学生应该做到：

（1）学习正比计数器的工作原理和观察 X 射线的仪器谱；

（2）了解正比计数器的工作特性和决定这些特性的因素；

（3）了解正比计数器的计数率、分辨率、输出脉冲幅度和加在正比计数器上高压的关系；

（4）在选定工作电压之后，不同能量（不同元素的特征 X 射线）起始电压的变化原因和起始电压对选择工作电压的参考意义。

2. 实验原理

正比计数器是工作在正比区的气体电离室。在其负极接地，正极加上高电压后，在两极之间会形成较强的电场。由射线引起电离产生的离子和电子将在电场的加速下移向两极。当电子获得足够的能量时，会产生二次电离，输出脉冲幅度倍增。因此，正比计数器的工作特性与所加电压有直接关系。

很明显，正高压的大小还直接影响电子—离子对的复合几率和二次电离的次数，即放大倍数和放大倍数的稳定性。这些影响的结果就反映在输出脉冲的幅度、宽度、分辨率以及与仪器的工作状态相关的起始电压上。

当电压很低时，电子在弱电场中加速很小，由电离位置移向阳极的路程中不但不能产生二次电离，而且可能与正离子复合而形成中性原子。因此不能被探测器记录。

随所加正高压的增加，电子运动中受电场的加速，自由程减小。在电离室空间内二次电离的次数增加，电极所收集到的电子一离子对数增加，其结果是分辨率优化而脉冲幅度增大。但脉冲数仍然取决于入射射线的数目（见图 27.1）。

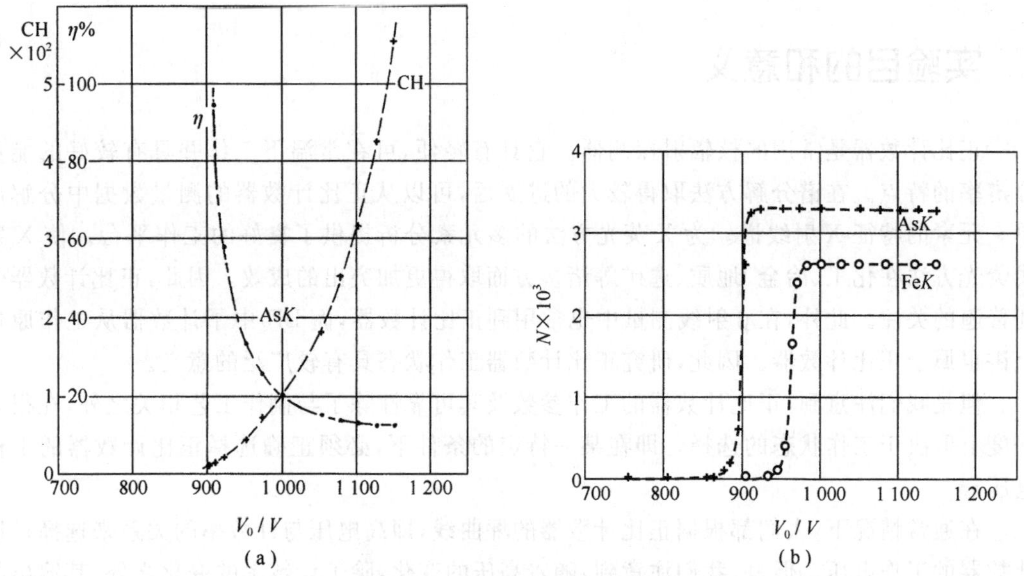

图 27.1 正比计数器的工作特性

a—峰位、分辨率与电压的关系；b—坪曲线

通常都根据脉冲计数率与正高压的关系曲线，即"坪曲线"来选择正比计数器的工作电压，由图 27.1 可以看出：坪曲线的平坦部分并不是分辨率最好的电压位置，而随着正高压的增加，输出脉冲幅度迅速增加，会消耗较多的猝灭气体而缩短正比计数器的使用寿命。因此，必须综合考虑随正高压的增加时，脉冲计数率、能量分辨率和输出脉冲幅度几方面的因素来选择正比计数器的工作电压。

此外，我们注意到在选定正高压、放大器放大倍数和多道（或单道）分析器阈值之后，坪曲线的形态还与入射射线的能量相关。入射射线能量大，正比计数器输出脉冲幅度大，在正高压较低时，已经达到分析器阈值的电平；而较低能量的入射射线，需要较高的正高压才能使输出脉冲幅度超过阈值的电平，使分析器工作（图 27.1b）。

3. 实验设备

设备清单：

(1) ^{238}Pu(10^8 Bq 量级）放射性核素源（带准直器） 1只

(2) Ca,Fe,Zn,As 塑料样片 1组

(3) 充 Ar（或 Xe）薄窗正比计数器 1只

(4) 与正比计数器配套的前置放大器 1台
(5) +1 500 V 高压电源 1台
(6) 线性脉冲放大器 1台
(7) 模数转换器(ADC) 1台
(8) NIM 电源及机箱 1台
(9) 计算机(装有 MCA 软件) 1台
(10) 连接电缆 1组

装置连接见图 27.2：

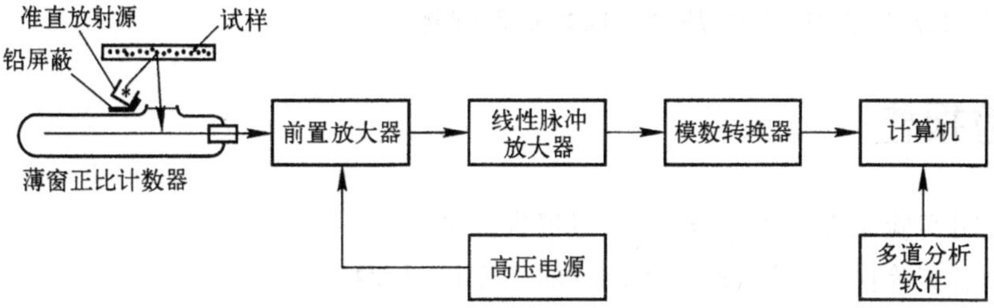

图 27.2 设备连接框图

由+1 500 V 可调高压电源低阻输出 1 100～1 200 V 高压，经前置放大器盒中的负载电阻加到正比计数器阳极上。正比计数器输出信号经前置放大器阻抗变换加到主放大器的负输入端。放大器单级输出至 ADC 正输入端。ADC 下阈以剔除噪声为准。ADC 输出信号经 USB 接口进入计算机，用 MCA 软件进行显示和数据处理。

4. 实验步骤

(1) 认真阅读实验教材及相关资料，在此基础上编写实验预习报告。包括实验原理和方法的描述，这也是实验报告的一部分。

(2) 清点设备，连接设备，经教师认可后接通电源。

(3) 检查正高压的极性，调节旋钮处于 0 处，确认无误后打开高压电源。按说明书要求将高压调到推荐值(一般在 1 100～1 200 V)。

(4) 放好放射性核素源和 X 射线能量最高的塑料样片，例如 As 片。

(5) 启动 MCA，调节主放大器的放大倍数，ADC 的增益和量程，使计算机屏幕上出现 As 样片元素的 X 射线谱；并且全能峰在屏幕的中部偏右，固定并记录仪器工作状态。由于在(4)项选用的是本实验中 X 射线能量最高的元素样片，其余的 X 射线谱都处于这一谱线的左侧，可以正常测量。

(6) 观察元素的 X 射线谱，辨认并记录其全能峰、逃逸峰以及激发源散射谱和其他干扰谱的特征。

(7) 逐渐降低正高压，随时观察元素 X 射线全能峰的位置和谱线的形态。直到全能峰在屏幕上消失，记下正高压值。

(8) 继续降低高压(例如 50 V)。然后，逐渐升高高压，在不同高压情况下，测定全能峰面积(计数率)、分辨率和峰位(以道数表示的脉冲幅度)。

(9) 认真记录仪器工作状态和实验数据。在测定过程中,随时手工作图,了解实验进展情况。并适当加密测点。

(10) 用其他几种元素样片(Ca、Fe 等)重复 6～9 项实验工作。

注意事项:

(1) 注意保护正比计数器的 Be 窗,不能触摸,更不能刻画。

(2) 注意保护^{238}Pu 源的 Be 窗,不能触摸,更不能刻画。若有破损,可能造成放射性物质泄漏,后患无穷。

(3) 加在正比计数器上的高压不能过高,一般不超过 1 200 V。过高会消耗较多的猝灭气体,缩短计数器的使用寿命,甚至造成计数器损坏。

5. 实验报告

(1) 说明实验原理及工作方法(预习报告部分)。

(2) 画出实验仪器框图,说明各部分的工作过程和特性。

(3) 描述元素 X 射线谱的特征。

(4) 整理实验数据。在不同高压下表明多个参数的变化规律。原始数据附后。

(5) 用 Excel 软件作图,并与手工作图比较。

(6) 说明多种参数随高压变化的原因。

(7) 根据多种参数(包括不同元素的测试数据)说明选择工作电压的原则。

(8) 问题和建议。

记录格式:

(1) 实验工作环境;

(2) 仪器工作状态;

(3) 实验原始数据(样表)。

元素	积累时间	高压	峰位	峰面积	分辨率	逃逸峰	备注
元素 1							
	……	……	……	……	……	……	……
元素 2							
	……	……	……	……	……	……	……
元素 3							
	……	……	……	……	……	……	……

6. 思考题

(1) 气体探测器随所加高压的不同，可以工作在哪些区域？特点是什么？

(2) 正比计数器工作所在区域有什么特点？

(3) 逃逸峰与全能峰能量有什么关系？为什么？

(4) 猝灭气体在计数器中起什么作用？

(5) 如何根据测量目标元素调整正比计数器的工作电压？

(6) 在正比计数器上所加高压太高会减小其使用寿命的原因是什么？

实验 28　能量色散 X 荧光分析技术
——谱测量与分析

1. 实验目的和意义

能量色散 X 荧光技术以其低功耗、便携、稳定性好等优点而广为使用，在定性定量分析物质成分方面有突出的优势。但由于探测系统能量分辨率的限制，某些元素对应的能谱图部分或大部分重叠，在数据处理时，是按照峰面积的大小来确定特征元素的含量，所以此时很难求出相应元素的含量，非常有必要将谱分解开，求取单一谱峰的面积，并计算出相应元素的含量。

通过本次实验希望学生能达到以下目的：

(1) 了解解谱的目的和意义；

(2) 掌握解谱的原理和过程；

(3) 熟悉制作试样的方法；

(4) 掌握能量色散 X 荧光方法分析物质成份的方法。

2. 实验原理

多种元素组成的物质利用 X 荧光方法测出的谱称为复杂谱，单一元素或该元素氧化物对应的谱称为单谱，又称标准谱。

一个多种元素组成的复杂谱可以看成是若干个单谱以一定的权重的线性叠加。

$$W_{复} = \omega_1 W_{单1} + \omega_2 W_{单2} + \cdots + \omega_n W_{单n}$$
$$= [\omega_1 \omega_2 \cdots \omega_n] \begin{bmatrix} W_{单1} \\ W_{单2} \\ \vdots \\ W_{单n} \end{bmatrix} \tag{28-1}$$

式中：$W_{复}$——复杂谱；

$W_{单1}, W_{单2}, \cdots, W_{单n}$——各个单谱；

$\omega_1, \omega_1, \cdots, \omega_n$——各个单谱在复杂谱中的权重。

通过求解上式中的 $\omega_1, \cdots, \omega_n$ 可以定性的判断复杂谱中含有哪些元素，若 ω 等于 0 或非常低，则认为复杂谱中不含有该元素。

能量色散 X 荧光技术不仅可以定性分析物质成分还可以定量分析物质含量。要分析含量还必须准备几个元素含量已知的标样。

同样进行求解，得到：

$$W_{标} = \omega'_1 W_{单1} + \omega'_2 W_{单2} + \cdots + \omega'_n W_{单n}$$

$$= [\omega'_1 \omega'_2 \cdots \omega'_n] \begin{bmatrix} W_{单1} \\ W_{单2} \\ \vdots \\ W_{单n} \end{bmatrix} \quad (28\text{-}2)$$

则待解样品的含量为$\frac{\omega_i}{\bar{\omega}_i}\chi_n$就相当于拿一根绳子去量一个已知身高的人，然后再拿此绳子去量一个未知身高的人，两次测量结果相除再乘以已知的身高，则未知身高也知道了。

所以解谱定量分析物质成分时相当于解两次谱。

一个复杂谱往往不能被几个单谱以相应的权重完全拟合，各个道内会剩余相应的数据，这些数据叫残差数据，对应谱图叫做残差谱图，对残差谱图分析在解谱中很有用处，残差谱图本应是针刺状不规则起伏，表明统计误差的分布特征。若出现一个光滑规整的峰则说明在做解谱时选择的标准谱有偏差或缺少了某种元素标准谱。

3. 实验设备

设备清单：

(1) NIM 电源及框架　1套

(2) 探测器高压　1台

(3) 正比计数器及前置放大器　1套

(4) 放大器　1套

(5) ADC 及配套软件　1套

(6) 解谱软件　1套

(7) 电脑　1台

(8) 试样（未知样、单元素样和含量标样）　各1组

连接框图如图 28.1：

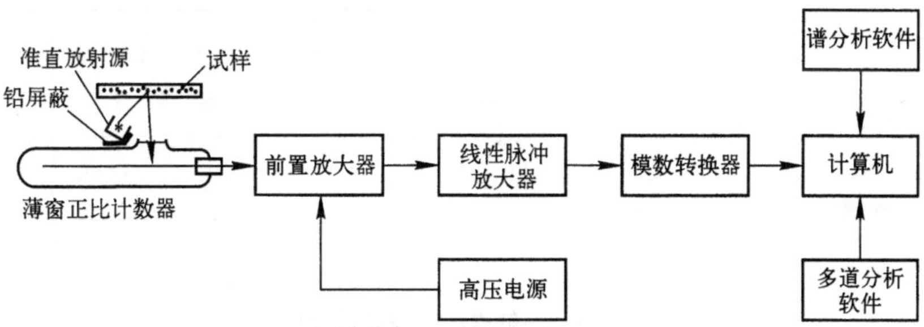

图 28.1　设备连接框图

4. 实验步骤

在实验 27 的基础上：

(1) 测量待分析样品的 X 射线谱。

(2) 初步判定由哪几种元素组成。

(3) 分别测量单一元素样品的 X 射线谱和散射本底谱。

(4) 用解谱软件解谱（补充操作步骤）。

a. 打开解谱软件；

b. 单击窗体右侧的“读取”按钮，进入“参数设置”窗口。

c. 选择数据文件格式，“TXT”或“MCA”，设置标准谱个数和标样谱个数后，单击“提取”选取标准谱文件；

注：选取文件同时，按住 CTRL 键，一次选取多个文件；

d. 选取标样谱文件类型，单击“提取”选取标样谱文件；

注：选取文件同时，按住 CTRL 键，一次选取多个文件

e. 选取待解谱文件类型，单击“提取”选取待解谱文件；

f. 单击“主界面”标签，回到主界面；

g. 如果需要修改标准谱，标样谱或待解谱，可以单击对应的“改”按钮，进行文件的选取，修改谱文件；

h. 单击“运行”按钮，系统提示“是否已设置标样谱各元素含量”；

i. 单击“确定”按钮，显示运行结果；

j. 单击“解谱结果”标签，显示解谱数据(见图 28.2)；

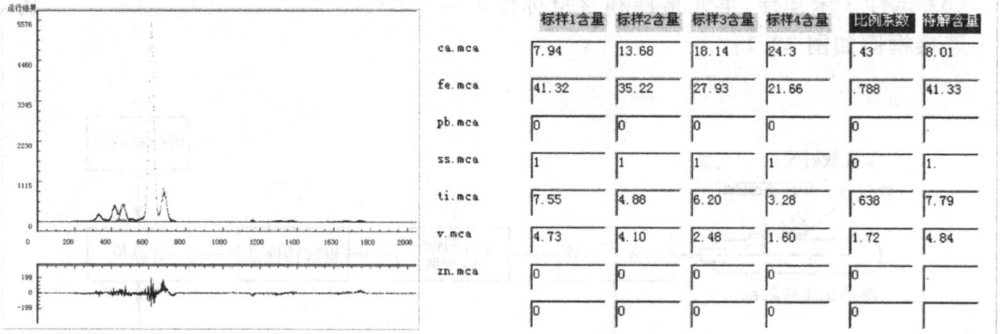

图 28.2 解谱结果与解谱数据

k. 单击“打印”按钮，系统将自动打印运行结果；

l. 单击菜单“编辑”中的“打印模板设置”，打开设置界面；

m. 双击“修改打印模板”，将打开 EXCEL 文件的模板文件，可以对打印模板进行格式设置。

注意事项：

（1）测标准谱、标样谱和待解谱时在条件允许的情况下时间尽可能长些。

（2）标样谱数据对应的含量应尽量准确，否则误差相当大。

（3）解谱时应观察残差是否出现明显峰，若出现则说明标准谱选择不合适。

5. 实验报告

（1）记录实验仪器的工作状态；

（2）研究解谱方法的相对误差；

（3）分析攀枝花铁矿的成分；

（4）心得和建议。

6. 思考题

（1）解谱的工作原理是什么？

（2）残差谱图的作用是什么？

（3）结果列表中“系数”列的作用是什么？

（4）如何进一步提高解谱精度？

实验 29　Si(Li)半导体探测器

1. 实验目的和意义

锂漂移硅半导体探测器(Si(Li)探测器)是目前探测 X 射线能量和软 γ 射线分辨率最好的探测器之一。虽然它要求在液氮温度(−196 ℃)下工作,并且本征探测效率较低,但由于其独到的高分辨率仍然广泛应用。

Si(Li)探测器的分辨率可以达到 140 eV(对^{55}Fe 发射的 MnK_α线 5.898 keV 的半高宽度)。能满足区分原子序数 $Z \geqslant 13$ 的元素受激发射的特征 X 射线。虽然相邻元素的谱线或重元素的 L 系与轻元素的 K 系谱线还有部分重叠,当用谱分解方法时可以清楚的加以识别。

Si(Li)探测器的高性能必须在满足其工作条件的情况下才能实现。因此,需要讨论 Si(Li)探测器的工作特点,选择其最佳工作状态。

通过实验,要求学生完成以下工作:

(1) 深入了解 Si(Li)探测器的工作原理;

(2) 学会调整 Si(Li)半导体探测器的工作状态;

(3) 学会使用 Si(Li)半导体探测器;

(4) 学会辨认用 Si(Li)探测器测定的各种元素受激发射的特征 X 射线仪器谱。

2. 实验原理

(1) Si(Li)半导体探测器和其他半导体探测器一样,从原理上讲都是一个具有一定厚度的电压反接的二极管。实验 23 中,讨论 Ge(Li)半导体探测器涉及的知识,在本实验中都可以应用。

(2) 反接的 PIN 二极管的反向电流 i 取决于半导体材料的纯度,表面漏电流和材料本身热运动产生的电子-空穴对。因此,表面经特殊处理的 PIN 结构二极管处在液氮温度下时,其反向电流主要取决于入射射线在结区电离形成的电子-空穴对。在一般情况下,由于入射 X 射线或软 γ 射线电离产生电流脉冲的峰值在 10^{-6} A 量级。为了使这一微弱电流不致被湮没,要求在没有射线入射时,PIN 二极管的反向电流必须在 10^{-9} A 量级。

(3) Si 材料的平均电离能,即形成一个电子-空穴对所需要的平均能量为 3.76 eV。因此,同一能量的入射射线,在半导体探测器中形成电子-空穴对的数目比正比计数器中形成的一个电子-离子对多十倍,比在闪烁计数器闪烁晶体中产生的光子数多 20 倍。由此产生的相对统计误差小,这是 Si(Li)探测器分辨率好的根本原因。

(4) 在 PIN 二极管上加上反向电压,由于有高电阻率的 I 区存在,P、N 极之间形成一个电容，当极间电压足够高时，I 区中的电子-空穴对不会复合，而分别漂移到 P、N 极，即工作在饱和电流区的固体电离室。由于高阻本征材料、清洁、低温抑制了半导体二极管的反向电流，使反向电流的数值主要取决于外来原因在 PIN 结内形成的电离，即需要探测的 X 射线或软 γ 射线的特征。

(5) 工作在饱和电流区的固体电离室没有放大作用，它只能收集在 I 区中形成的电子-空穴对。由于 Si 材料的平均电离能很低(3.76 eV)，形成的电子-离子对较多，所以从统计的角度看，具有很好的分辨率，但电信号幅度很小，需要用光反馈电荷灵敏放大器做前置放大进行阻抗匹配，其基本电路和输出信号波形如图 29.1 所示。

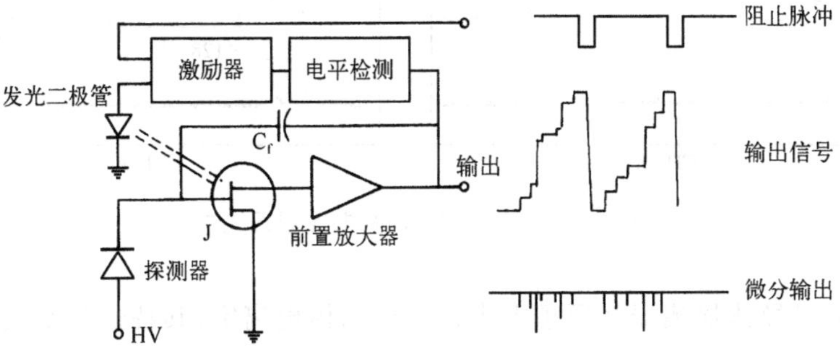

图 29.1 Si(Li)光反馈前置放大器框图

负高压－H.V 加在 PIN 结构的 Si(Li)探测器上，探测器另一端则直接与第一级场效应管 J 的栅极相连。当有射线入射，探测器产生反向电流，则场效应管栅极电位上升。其上升的幅度与反向电流，即电子-离子对的数目相当。场效应管组成的前置放大器经电容 C_f 反馈，与输入端电容之间电压分配达到提高输入阻抗而没有直流电流。当输出端达到一定电平时，发光二极管工作，使场效应管 *J* 的栅极放电，系统恢复到起始状态。阶跃信号经微分输入放大器；脉冲信号的幅度与阶跃信号和收集到的电子-空穴对数目成正比。

(6) 用多道脉冲幅度分析器测定记录经线性脉冲放大器放大成形，Si(Li)半导体探测器输出信号，得到入射射线的脉冲幅度(能量)谱(见图 29.2)。对于中间元素(图 29.2 中的 Mn 的 K 系谱线)可以清楚地分辨其 K_α 线和 K_β 线；对于较重元素，可以观察到 L 系谱线；而较轻元素(Al,Si,S,P 等)可以记录到他们的 K 系 X 射线，但其 K_α、K_β 线相互重叠不能区分，更轻的元素由于激发效率和荧光产额低，已经难于测量。

(7) Si(Li)半导体探测器的偏压(－H.V)是反接在 PIN 二极管上的，使其形成一个固体电离室。在电压较低时，固体电离室中的电场不足以完全收集全部电子-离子对，脉冲幅度低而分辨率差。当偏压达到一定高度，使固体电离室中的电场足以收集全部电子-离子对，则电脉冲幅度不再变化。在保证固体电离室正常工作的前提下，对偏压稳定度的要求不高。

偏压是经 PIN 二极管直接加到场效应管 J 的栅极上的，Si(Li)探测器具有一定的寄生电容。当负偏压迅速变化时，脉冲电压会经寄生电容直接加到 J 的栅极上，并可能使之击穿。因此，开始工作时，－H.V 必须调到 0！然后打开高压电源，缓慢调节，使－H.V 由 0 逐渐均匀升到额定值(说明书上准确提供)。这一过程需要 1 min。

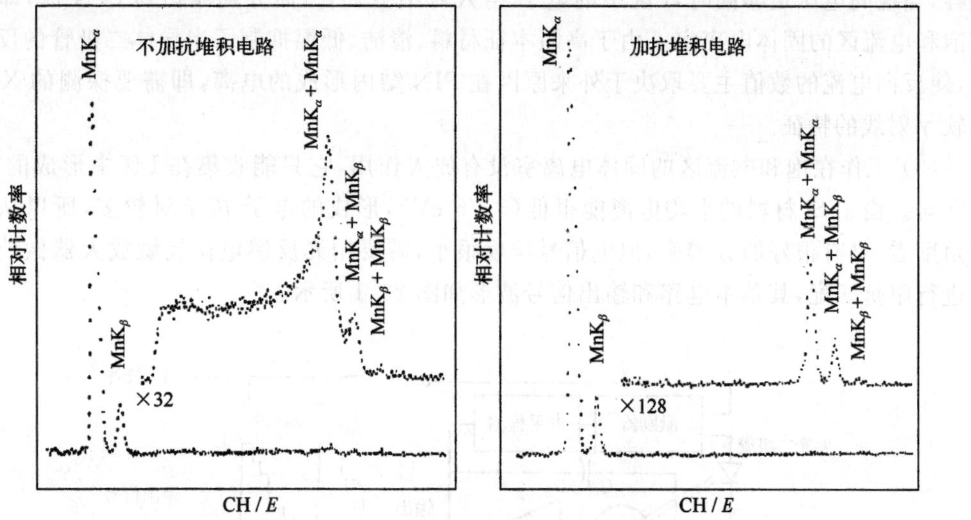

图 29.2 Si(Li)探测器测定 X 射线能谱

(8) Si(Li)半导体探测器从原理上讲是一个固体电离室，其特性与空气电离室类似。具有很好的能量线性。其工作能量范围在 1～50 keV。低能端受入射窗厚度的限制，而高能端则取决于探测器的厚度。

用^{238}Pu 或^{241}Am 源激发多种元素试样，可以记录到多种元素的特征 X 射线。根据元素特征 X 射线能量(查表)和多道谱仪上谱线的道址即可绘制其能量刻度曲线。在仪器状态调整得当的情况下，用线性拟合，相关系数一般都优于 0.98。

(9) 由多道谱仪记录的 X 射线谱或软 γ 射线谱，并不是单一谱线，在射线的仪器谱上还可以见到 Si 的逃逸峰和和峰(见图 29.2，图 29.3)。Si 的逃逸峰是由于入射射线与探测器相互作用时，产生光电效应，激发光电子和 SiK 线。而 Si 材料对本身的 X 射线 SiK 是透明的，即 SiK 线很容易穿过 Si 而不被记录，使失去 1.74 keV。在入射射线全能峰低能侧 1.74 keV 处(约 4.1 keV)出现一很弱的逃逸峰。

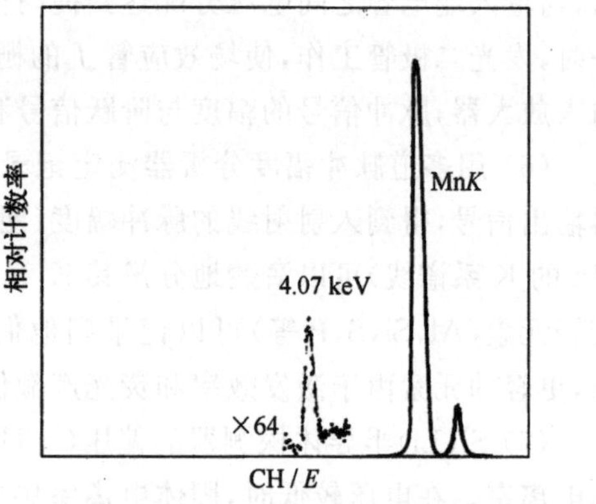

图 29.3 高计数率时观察到的逃逸峰

当入射射线照射量率很高时，可能有两个入射光子同时到达，被探测器按一个光子记录，其能量位置(峰位)为两个光子能量之和，称“和峰”。以^{55}Fe 放射源的 MnK 线为例，可以见到 $MnK_\alpha+MnK_\alpha$；$MnK_\alpha+MnK_\beta$ 和 $MnK_\beta+MnK_\beta$ 的和峰(各有一个谱峰)。

3. 实验设备

设备清单：

(1) Si(Li)半导体探测器及电荷灵敏前置放大器、杜瓦瓶 1套

(2) ^{241}Am 激发源(50 μm Be 窗) 1个

(3) 线性脉冲放大器 1台

(4) 模数转换器(ADC) 1台

(5) 多种单元素试样(Ca,Fe,Cu,As,Zr,Mo,Ag,Ba,W,Pb 等) 1套

(6) 装有 MCA 软件的计算机 1台

连接框图(见图 29.4)：

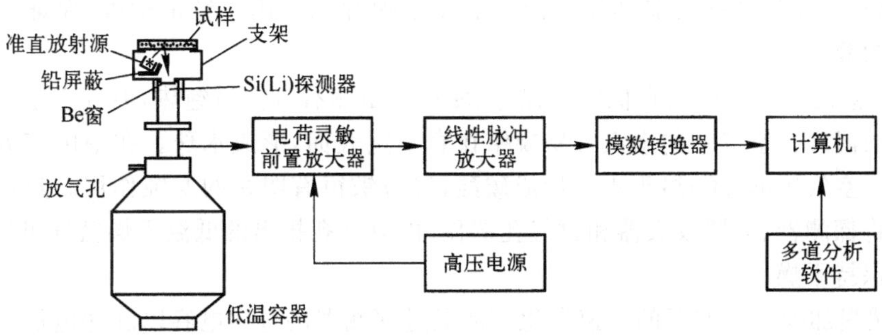

图 29.4 设备连接框图

试样为这些元素的氧化物、氟化物、硫化物或硅酸盐，加 30%～50%重量比的聚乙烯粉，热压成塑料薄片。试样 P 在激发源 S 的激发下，发射其特征 X 射线；穿过入射窗被探测器 D 记录。为防止激发源 S 的一次射线干扰特征 X 射线的测量，在 S 与探测器 D 之间需要加 4 mm 厚的铅片进行屏蔽。探测器输出的信号，经主放大器成型，放大后由模数转换器转换为数字信号序列，经多道分析软件在计算机上显示 X 射线或软 γ 射线谱。

4. 实验步骤

(1) 在认真复习课堂教学知识、阅读实验教材、充分理解的基础上开始实验。

(2) 熟悉和检查实验设备，确认齐全、完好后按实验教材所列框图连接好各个插件。注意偏压电源是否处于 0 的位置。注意各个插件的工作状态和输入、输出信号的极性。

(3) 经教师检查认可后再打开电源。

(4) 按放射源——试样——探测器的几何布置调整好相对位置。

(5) 打开偏压电源，逐渐升高(绝对值)偏压，在额定值的 0.2,0.4,0.6,0.8 倍和 0.90,0.95,1.00,1.05,1.10 倍时观察特征 X 射线谱的形态。数据积累时间 200～500 s，由统计方法估计作等精度测量。测定峰位，计算分辨率，做详细记录，选择分辨率较好的偏压，或厂家推荐的偏压下工作。

(6) 换用不同元素的试样，同样观察、记录元素 X 射线的峰位、分辨率。注意每种元素能观察到几条特征 X 射线。注意观察其逃逸峰、和峰的道址（要放大纵坐标的比例或换用对数坐标显示才能观察到）。

(7) 随时用手工作图方式，表示特征 X 射线能量-峰位的关系，了解实验进展的情况，及时发现问题。

(8) 整理实验数据。在实验条件、各插件工作参数记录完整，实验数据准确可靠，经教师检查认可后首先将偏压退到 0，再关闭仪器电源。整理好仪器，结束实验。

注意事项：

Si(Li)半导体探测器是精密、贵重仪器，要加倍注意保护。

(1) 保护铍窗。为了减小入射窗对射线的吸收，一般都使用在自然条件下稳定的最轻元素 Be 做入射窗，其厚度在 7～50 μm，极易破损，绝不允许触摸，说明书上甚至要求不能正对铍窗说话。

(2) Si(Li)半导体探测器必须在液氮温度下保存和使用。经常检查，保证杜瓦瓶中有足够数量的液氮。

(3) 注意防潮。探测器在低温下保存、使用。虽然有真空室绝热，但真空室外壁仍处于较室温低的温度。空气中的水汽容易凝结在真空室表面，形成水珠。在中国南方这一现象尤为明显。空气中的 CO_2 溶于水中形成碳酸，对薄铍窗有明显的腐蚀作用。建议用一个普通塑料袋将探测器、前置放大器和放气孔罩住，由放气孔排出的低温干燥氮气可以保证塑料袋内始终保持干燥。

(4) 缓慢加偏压。偏压的迅速变化可能通过探测器的寄生电容以脉冲电压的形式加到电荷灵敏前置放大器的第一级场效应管上，并使其栅极击穿。第一级场效应管是电荷灵敏放大器的关键元件，若损坏，整个前置放大器将报废！所以每次工作前，偏压必须由 0 逐渐加到额定值，时间为 1 min。工作结束后，缓慢退到 0，然后再关闭电源。

5. 实验报告

(1) 在理解的基础上，说明 Si(Li)半导体探测器的工作原理和本实验的意义。

(2) 描述实验装置的组成和工作原理。

(3) 根据原始数据整理好数据表和计算结果。原始记录数据附后。

(4) 根据实验步骤的第(5)项的数据，绘制 H. V-CH 图件，即峰位随偏压的变化曲线；绘制 H. V-η 图件，即分辨率随偏压的变化曲线。说明其变化规律。

(5) 描述单一元素仪器谱的特征，各条谱线的关系。

(6) 用 Excel 软件绘制 E_x-CH 曲线，即能量刻度曲线。

记录数据：

(1) 偏压检测

偏压(倍数)	0.2	0.4	0.6	0.8	0.90	0.95	1.00	1.05	1.10
峰位(CH)									
分辨率									

(2) 元素检测

元素谱线	CaK_α	TiK_α	…	AsK_α	AsK_β	…
峰位(CH)			…			…
备注			…			…

6. 思考题

(1) Si(Li)半导体探测器为什么要求在液氮温度下保存和使用?

(2) 用塑料袋罩住探测器前置放大器和放气孔,为什么可以防潮?

(3) 为什么 Si(Li)半导体探测器具有高分辨率? 在 X 射线谱的测量中表现出什么特点?

(4) 为什么 Si(Li)半导体探测器的能量线性好?

(5) "纯元素"试样为什么要用元素的氧化物,氟化物或硅酸盐加塑料做成薄片?

实验 30　X 射线管—Si-PIN X 射线谱仪特性研究*

1. 实验目的和意义

X 射线管是传统的 X 射线激发源。它具有发射 X 射线(一次射线)照射量率高、能量可调、无放射性污染等优点。长期以来作为 X 射线荧光分析的主要激发源。但由于 X 射线管体积、重量和消耗功率大等原因,主要用在室内分析。近年,小型、微型 X 射线管的研制成功和高性能锂电池的应用为 X 射线管的小型化、轻便化开辟一条新的途径;为以 X 射线管作为激发源的 X 射线荧光仪在现场测量、在役设备化学成分分析等展现了广阔的前景。

硅锂漂移半导体探测器以其对 X 射线和软 γ 射线的高分辨率,一直受到 X 射线探测和核物理工作者的重视。以前,由于它必须在液氮温度下保存和工作,使用范围受到一定的限制。近年,电制冷硅半导体探测器(Si-PIN)研制成功,性能也不断提高。体积小、重量轻、在常温下用电制冷方式工作。并且使具有 PIN 结构的 Si 半导体探测器的分辨率达到 140 eV 的高水平。

将微型 X 射线管和 Si-PIN 电制冷半导体探测器组合,形成一种全新的 X 射线荧光探测设备。可能为今后能量色散 X 射线荧光方法的广泛应用展现一个新的局面。

通过这次实验,学生应该注意以下几个方面的问题:

(1) X 射线管的工作原理;

(2) X 射线管工作状态的选择原则和调节方法;

(3) X 射线管——Si-PIN 组合方式和几何布置;

(4) X 射线管——Si-PIN 组合的总体性能测试方法。

2. 实验原理

(1) 小型 X 射线管

本实验使用的是奥龙射线仪器公司(中国丹东)生产的小型 X 射线管,使用 220 V 市电,自然风冷,高压 0～50 kV,管电流 0～2.0 mA,灯丝电流 1～3 A,使用寿命 2 000 h。每次使用 X 射线管之前必须对其工作状态进行设置,包括灯丝预热、灯丝电流、管电流和管电压四项,每项包括:指令-预设值。四项全部设置完毕后,再接通高压电源,同时显示管电压、管电流、灯丝电压和灯丝电流的实测值。

用其他类型的 X 射线管其操作会有些区别,但原理是相通的。X 射线管的灯丝电流决

---

* 本实验使用的小型 X 射线管由丹东奥龙射线仪器公司提供。

定了灯丝发射电子的数量，直接影响管电流的数值。即所谓灯丝的“发射特性”。随灯丝电源的增高，温度以二次曲线迅速增高，管电流也同时增高(见图 30.1)，在高电压的作用下，电子全部被加速移向阳极，在一定电压范围内达到饱和值。

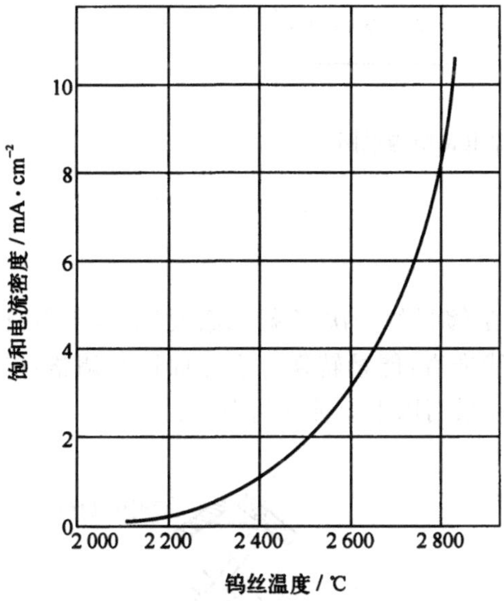

图 30.1　灯丝发射特性图

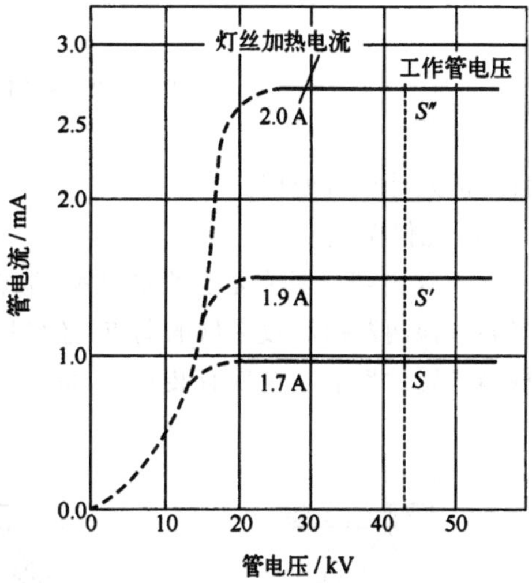

图 30.2　阳极特性曲线

X 射线管的管电压(即所加高压)必须在一定范围内，太低不足以加速电子，管电流甚小。管电压的高端取决于 X 射线管的耐压，过高会使 X 射线管被击穿而损坏。选定的管电压决定了电子的能量，即在阳极上产生 X 射线的最大能量 E_{max}。X 射线管发射的 X 射线是一连续谱，在 0～E_{max}范围内连续分布，照射量率的最大值大约位于 E_{max}的 1/3 处。若管电压高于靶材元素的吸收限，则会出现靶元素的 X 射线谱叠加在连续谱上。

X 射线管的功耗具有一定的限额，其功耗 W_T是所加高压 KV 和管电流 I_T 的乘积，即：

$$W_T = KV \cdot I_T \tag{30-1}$$

虽然 X 射线管说明书给定了高压和管电流的限值，但绝不能加到限值的上限(50 kV×2 mA)。好在能量色散 X 射线荧光方法的灵敏度较高，管电流取 $n\times10^{-2}$ mA，而管电压取所测目标元素 K 层或 L 层吸收限的 1.5～2 倍即可，一般情况下不大于 30 kV。其总功率远小于额定值。

(2) Si-PIN 电制冷半导体探测器

Si-PIN 是具有 PIN 结构的电制冷半导体探测器。作为半导体探测器，在其 PN 结之间制成具有一定厚度的本征区 I，因而具有对低能电磁辐射(1～n×10 keV)有较高探测效率的特性。从本质上讲，与实验 29 所讲到的 Si(Li)探测器相同。其主要特点是用半导体通电后制冷的方法使探测器在室温的基础上下降到适合的温度，满足 Si-PIN 探测器工作的需要。电路结构框图如图 30.3。

此外，由天瑞(Skyray)公司提供的新型 XR-123 型 Si-PIN 探测器其结构更加紧凑，将主放大器和模数转换器 ADC 组合在探测器盒中。接通电源后，探测器输出端直接经 USB 接

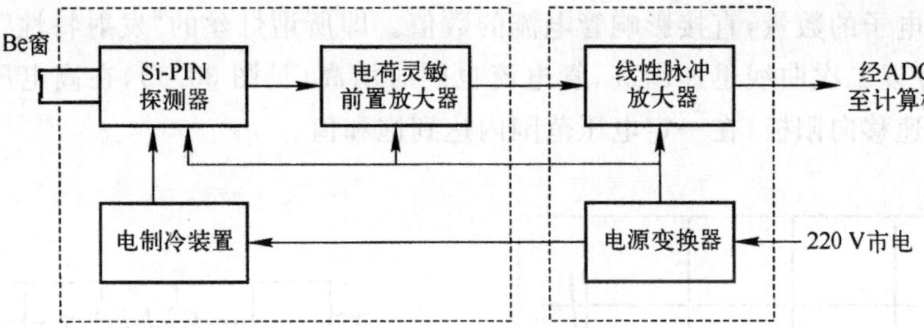

图 30.3 Si-PIN 探测器电路结构框图

口直接进入计算机处理。

(3) 几何布置

由于X射线管具有足够大的功率,能够提供足够强的一次X射线激发试样,不但克服了半导体探测器探测效率低的弱点,还可以从射线准直,能量转换等多方面进行调整,以改善探测装置的性能。在现有装置上,可以较方便地采用以下3种几何布置:

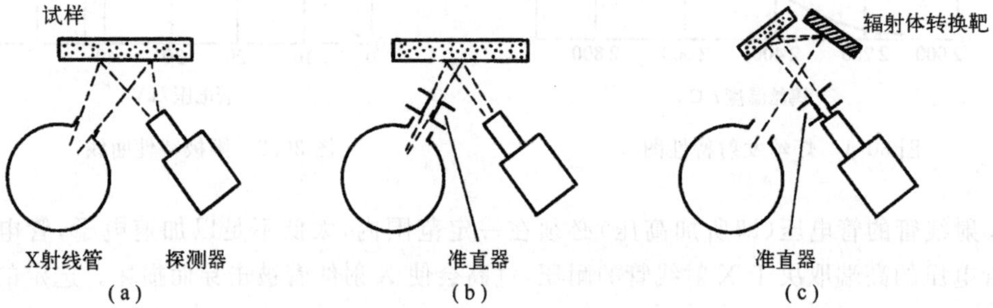

图 30.4 探测装置的几种几何布置

a. 最简单的几何布置,一次X射线在试样上的照射区域大,灵敏度较高,但位置和能量分辨率较差;

b. 用准直器准直X射线管发射的一次X射线束,使一次射线只照射到试样上一个较小的区域,灵敏度将下降,但位置分辨率较好,也可以减小周围物质对测量的干扰;

c. 用转换靶进行能量转换,转换靶产生的特征X射线能量必须大于试样中待测元素的吸收限,以有效激发待测元素。由于转换靶的转换效率较低,仅 $10^{-2}\sim10^{-1}$;而X射线管照射量率的极大值位于管电压的1/3处。所以,X射线管的管电压要达到转换靶元素吸收限的2倍以上,管流也要较a类几何布置增加 $n\times10^{1}$ 倍。在Si-PIN探测器前需要添加准直器,以防止转换靶元素谱线和其他射线的干扰。

本实验采用几何布置(b)进行。

3. 实验设备

设备清单:

(1) 小型X射线管(附高压及高压控制系统) 1套

(2) ^{241}Am 电源 1个

(3) Si-PIN 探测器 1套

(4) 前置放大器、主放大器 1套

(5) 支架及聚四氟乙烯 4 mm 单孔准直器 1套

(6) 模数转换器 ADC 1台

(7) NIM 电源和机箱 1台

(8) 计算机(装有与 ADC 配套的 MCA 软件) 1台

(9) 试样,含 Ca,Ti,Fe,Cu,As,Mo,Sn,Ce(或 Ba)Pb 的塑料样片 1套

铜板(做印刷电路板原料)、涂漆镀锌铁板 1套

(10) 连接电缆 1组

设备连接图(见图 30.5):

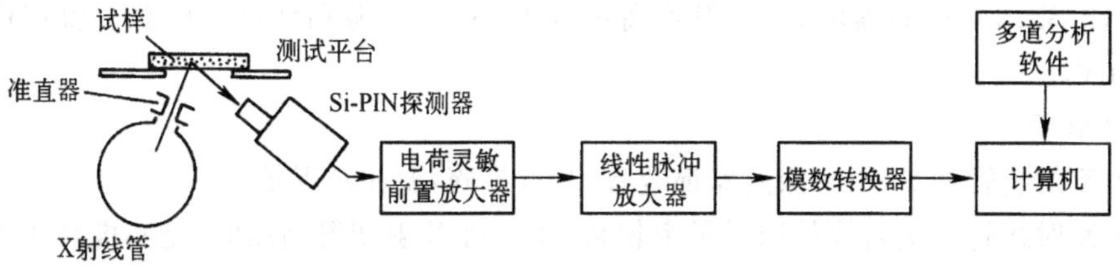

图 30.5 设备连接框图

仔细连接好电路后,接通电源。Si-PIN 探测器由室温经电制冷装置逐渐下降到工作温度,约经 0.5 min 后,正常工作。信号经电荷灵敏前置放大器输入主放大器,由 ADC 将主放大器输出的模拟信号转换成数字信号后,再由 MCA 处理显示。

4. 实验步骤

(1) 按设备清单清点设备,区分公用设备和本组设备。

(2) 在教师指导下观察 X 射线管——Si-PIN 测试装置的几何布置。

(3) 依次接通 NIM 电源、X 射线管电源、Si-PIN 电源和计算机电源。

(4) 调用 MCA 软件,使多道谱仪正常工作。

(5) 连接高压控制系统,调用高压控制软件。

(6) 依次调整 X 射线管工作状态。

a. 灯丝预热,限值 0 ~2.5 A,指令 600,预设 1.5 A;

b. 灯丝电源,限值 0~3.5 A,指令 800,预设 2 A;

c. 管流,限值 0~2 mA,指令 20,预设 0.015 mA;

d. 管压,限值 0~50 kV,指令 1 500 (或 2 000),预设 12 kV (或 18 kV)。

(7) 打开高压(单击 HV ON)界面上显示管压、管流、灯丝加热电压和电流的实测值。与预设值略有不同,并随时间稍有变化逐渐趋于稳定。

(8) 高压控制软件界面最小化,显示 MCA 界面。

(9) 放上 Cu 的样片，调节主放大器放大倍数，使 CuK 线或试样中的能量最大的谱线处于 MCA 显示区间的前 1/3 处，固定并记录仪器工作状态。

(10) 分别放上 Ca、Ti、Fe、Cu、As、Mo 和 Sn 的样片，观察并记录这些元素 X 射线谱的区别，用 Ca、Ti、Fe、Cu 和 As 实测谱进行能量刻度。

(11) 分别放上 1 元和 0.5 元硬币、Mo、Sn、Ce(或 Ba)、Pb 的样片，根据能量刻度计算其能量，并进行谱线判别。

(12) 固定 X 射线管的管压，放上 Fe 样片，逐步改变管流(指令由 5,10,15,20,25,30)观察记录 FeK_{α}线计数率随管流实测值之间的关系。

(13) 在测量系统(探测器、前置放大器、主放大器、ADC、MCA)工作状态固定不变的情况下，用^{241}Am 代替小型 X 射线管的激发源，激发配备的各种试样，记录其谱线特征。与 X 射线管激发的情况比较。特别注意其峰位，分辨率和计数率。

(14) 检查实验记录(包括工作环境、设备、工作状态和实测数据)是否完整正确，确认无误后，关闭 Si-PIN 探测器电源，X 射管高压电源，NIM 电源和计算机电源。整理设备。结束实验工作。

注意事项：

(1) X 射线管和 Si-PIN 探测器都装有铍窗，易碎，要注意保护。

(2) X 射线管一次射线的照射量率较高，在开启 X 射线管高压时，绝不能将手或肢体放到其出射窗附近，更不能用眼睛去看，注意辐射安全。

(3) 高压电源可达 10^4 V，观察、组装时一定要关闭电源，防止触电。

5. 实验报告

(1) 在理解的基础上说明 X 射线管 Si-PIN X 射线谱仪原理、组成和特点；

(2) 说明 X 射线管工作状态的调节原理和方法；

(3) 阐述 Si-PIN 探测器的原理和使用方法，不同元素 X 射线谱的形状、分辨率的差别和能量线性；

(4) 在管压为 12 kV 左右时，X 射线的激发特性和产生不同元素谱线形态差别的原因；

(5) 了解在管压一定时，管流的变化对同一元素特征 X 射线激发特性的变化规律并从原理上加以说明；

(6) 整理实验数据，列表作图，原始数据附后；

(7) 比较 X 射线管激发和^{241}Am 激发的测试结果；

(8) 心得和建议。

记录格式：

(1) 仪器工作环境；

(2) 仪器工作状态；

(3) 实验数据。

a. X射线管

项目	指令	预置	实测值 1	实测值 2	备注
灯丝预热					
灯丝电流					
管流					
管压					

b. 管压______kV；管流______mA；

元素	X射线能量	峰位(CH)	分辨率	cps	备注
Ca					
Ti					
Fe					
…					

c. FeK线；管压______kV。

管流指令	管流	FeK_α面积	备注

6. 思考题

(1) 为什么说X射线管—Si-PIN组成X射线谱仪可能为能量色散X射线荧光方法展现新的前景？

(2) 比较电制冷和液氮制冷的特点，电制冷会不会受环境温度的影响？在精确测量时，应采取什么措施？

(3) 在固定管压、管流的情况下(实验步骤第10项)，Ca、Ti、Fe、Cu的X射线谱有规律地逐渐变化，而Mo、Sn、Ba、Ce和Pb的谱线形态大不相同，原因是什么？

(4) 从原理上如何解释X射线管管流的变化引起试样(实验步骤第12项)特征X射线的变化规律？

(5) 若需要测定试样中目标元素Cr的含量，你将如何选择X射线管的工作状态和几何布置？

实验31　轻元素薄膜厚度测量

1. 实验目的和意义

使用X射线荧光方法测定较重元素薄层、镀层和涂层是一种比较成熟的方法(实验13)。其基本依据是薄层、镀层或涂层物质本身在激发源激发下发射的特征X射线荧光。但是在研究轻物质(原子序数小于15的元素)的薄层、镀层及涂层时遇到很大的困难。因为轻元素受激发射X射线的荧光产额很低,特征X射线能量甚小,难于测量。因而如何应用核技术方法测定轻物质薄膜(主要是各种有机绝缘膜和工业用纸)的厚度,以实现实时、在线测量和生产流程的自动控制就成为人们关注的问题。

核技术方法在线测厚的方法已研究、应用了多年。目前在很多生产厂家,除了用称重法离线检测之外,主要用β吸收法在线测量并实现生产线的自动控制。但β射线源(实用的只有^{147}Pm)是最大能量恒定的连续谱。在测量较薄的产品时,高能β形成较强的干扰本底;同样,在测量较厚的产品时,低能β又形成较强的干扰本底。使其检出下限大约在3～4 μm,难于进一步提高。对于常用的厚度为μm量级工业用薄层的检测显然满足不了要求。

如何发挥核技术实时、在线测量的特点,又避免β射线能量不便选择和连续谱的不足是一个重要的研究课题。实际上需要解决的主要是放射源问题。即希望能找到一种能量可以在一定范围内选择的单色射线源。我们采用激发方式获得选定元素(辐射体)特征X射线的方法顺利解决了这一问题。

通过本次实验应该让学生了解以下内容:

(1) 轻元素薄层厚度测量的各种常规方法,并比较其优缺点;

(2) X射线荧光测厚方法的优点和优化检出下限的依据;

(3) 选择辐射体的理论依据和工作方法;

(4) X射线荧光测厚的几何布置和实际工作方法。

2. 实验原理

(1) X射线的产生和特点

当入射能量大于靶元素的K层电子吸收限K_{ab}时,其K层电子可能产生光电效应成为自由电子,并在K壳层上形成空位。若高能级(例如L层、M层等)电子填充这一空位,其多余能量将以电磁辐射的形式释放——特征X射线。

X射线具有以下特点:

a. 由于核外电子的排布是量子化的,因而特征X射线是线谱;

b. 各电子壳层的分层很少,因而特征X射线的线系简单,是“准单色”的。用能量色散

X 射线荧光方法，对 K 系谱线只能测量到能量相近的 K_α 线和 K_β 两组特征 X 射线；

c. 根据莫塞莱定律，特征 X 射线能量与靶元素的原子序数 Z 相关。因而更换靶材料可以得到不同能量的 X 射线。

由此可见，采用 X 射线吸收法测定轻物质薄层厚度，完全避免了 β 吸收法的弱点，可以大幅度优化核技术方法的检出下限。

(2) 方法依据

对于不同厚度的薄层，要选择不同的辐射体，以获得适当能量的 X 射线。靶元素受激后，产生特征 X 射线的照射量率，用计数率表示可以写作：

$$I_K = \frac{KI_0 W_K}{\mu_0 + \mu_K}(1 - e^{-(\mu_0+\mu_K)d}) \tag{31-1}$$

式中，KI_0——与装置和元素种类相关的系数，称"综合灵敏度因子"；

W_K——靶材料中 Z 元素的含量；

$(\mu_0+\mu_K)$——靶材料对射线的吸收系数；

d——靶物质厚度。

a. 若采用如图 31.1 的装置，则记录到"辐射体"(厚度 $d_F=\infty$，标以 F)的计数率为：

① 在待测薄层厚度 d_m 为 0 时，根据式(31-1)：

$$I_{FK}(0) = \frac{KI_0 W_{FK}}{\mu_{F0} + \mu_{FK}} \tag{31-2}$$

② 当待测薄层厚度 $d=d_m$ 时：

$$I_{FK}(d_m) = \frac{KI_0 e^{-\mu_{m0}\cdot d_m} W_{FK}}{\mu_{F0} + \mu_{FK}} e^{-\mu_{mK}d_m} = I_{FK}(0)e^{-(\mu_{m0}+\mu_{mK})d_m} \tag{31-3}$$

式中，$e^{-\mu_{m0}d_m}$——薄层对激发源一次射线的吸收；

$e^{-\mu_{mK}d_m}$——薄层对辐射体 Z 元素特征 X 射线的吸收；

$(\mu_{m0}+\mu_{mK})$——取决于薄层的特性，对于同一物质为定值；称为联合质量吸收系数 μ_m，取 $\mu_m=\mu_{m0}+\mu_{mK}$。

b. 取比值

$$R_m = I_{FK}(d_m)/I_{FK}(0) = e^{-\mu_m d_m} \tag{31-4}$$

于是

$$d_m = -\frac{1}{\mu_m}\ln(R_m) \tag{31-5}$$

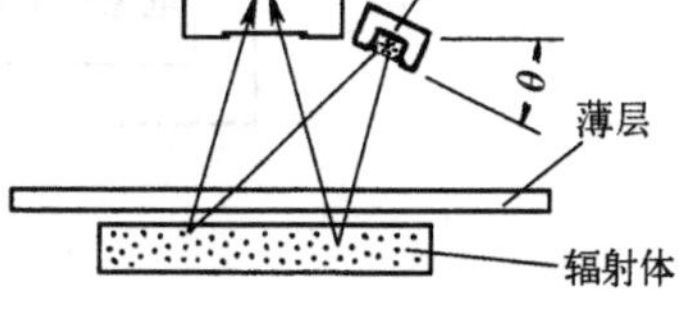

图 31.1 测量设备框图

3. 实验设备

(1) 试样及测试装置的准备

a. 辐射体，选用涂有灰色油漆(含 Ca、Ti)的镀锌薄钢板。在 Si(Li)或 Si-PIN 谱仪上可测到 CaK、Ti$K_{\alpha+\beta}$、FeK_α、FeK_β、ZnK_α 和 ZnK_β 多条谱线。可以用多种不同能量的 X 射线进行测试。

b. 试样，用纯木浆电容器纸或描图纸(硫酸纸)。也可用工业聚丙烯绝缘膜。这些轻元素材料不含重元素成分，较少干扰谱线。将薄膜裁成宽度为15～20 mm长方块。其宽度要准确，正好插入测量位置；长度要便于送样。每张薄层试样用螺旋测微器多点测定其厚度，或用称量法测量其质量厚度。取算术平均值，明显标注。

c. 测试平台

① 试样平台上开有探测窗口，不宜太大。取直径10 mm圆孔。

② 辐射体托板为两条平行塑料薄板，厚1 mm；其间距离略大于试样宽度。

③ 辐射体牢固固定在托板上，使整个测量系统保持固定的几何关系。

④ 放射源加准直器，使其照射面略小于探测窗口，照射面中心与探测窗口中心一致。

(2) 仪器设备

设备清单

① 测试平台(附辐射体及托板支架)	1套
② 薄层试样	若干套
③ ^{238}Pu(10^8 Bq，带准直器)放射源	1个
④ Si-PIN电制冷半导体探测器(附电源及主放)	1台
⑤ NIM电源及机箱	1台
⑥ ADC	1台
⑦ 计算机(装有MCA软件)	1台
⑧ 连接电缆	1组

连接框图(见图31.2)

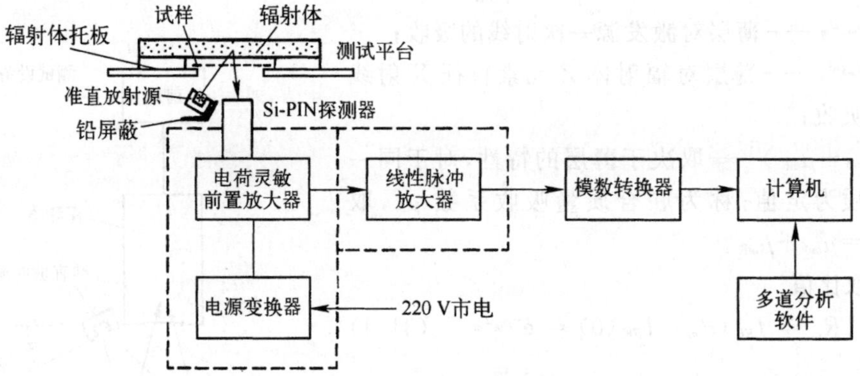

图31.2 设备连接框图

① 探测器窗口对准测试窗口，以有效测量辐射体特征X射线。

② Si-PIN记录到的X射线转换成电脉冲，经前置放大器、线性脉冲放大器放大成型后，由电缆送入ADC。

③ 装好^{238}Pu源，使准直器正对测量窗口。

④ 电脉冲经ADC模—数转换为数码信号后，经USB接口进入计算机。

⑤ 调用于ADC配套的MCA软件，进行谱数据采集并读取相应的数据。

4. 实验步骤

(1) 清点仪器设备,按框图连接好各组件。仔细检查探测器装置的结构和相对几何位置。

(2) 经教师检查无误后,接通电源(Si-PIN 电源、ADC 电源和 PC 电源)。

(3) 启动计算机,调用 MCA 软件。

(4) Si-PIN 为电致冷 Si 半导体探测器。需要一定时间(约 1 min)才能正常工作。这时,在计算机 MCA 上将看到相应的 X 射线谱。

(5) 将辐射体放在测试位置上,适当调节线性脉冲放大器的增益,使辐射体的几条谱线都处在显示屏的合适位置。并选定加亮几条谱线的"感兴趣区"ROI。

(6) 详细记录调整后的工作状态。

(7) 在试样位置上不放试样测定,记录各条谱线的"ROI"峰面积,作为相应谱线的 $I_{FK}(0)$。

(8) 在探测窗口上插入一张试样,记录试样的种类和厚度、各条谱线的"ROI"峰面积,作为相应谱线的 $I_{FK}(d_m)$。逐渐加厚试样,记录相应数据。适当检查 $I_{FK}(0)$的数据,取平均值作为 $I_{FK}(0)$参加计算。

(9) 手工绘制 R_m-d_m曲线,观察不同能量 X 射线的变化规律。

(10) 用 Excel 软件制图,并计算相应试样的吸收系数 μ_m。

注意事项:

(1) 所使用激发源具有较强的放射性,切勿靠太近,不能用手触摸,更不能用眼靠近观察。

(2) Si(Li)或 Si-PIN 探测器都装有极薄的铍窗,易损,切勿用手触摸。对一些适用于低能区的探测器,其铍窗厚约 7 μm。很脆弱,注意保护。

5. 实验报告

(1) 绘制试样对各种能量谱线的吸收曲线,计算其吸收系数。

(2) 根据式(31-5)验证 d_m与 $\ln(R_m)$的相关关系。

(3) 对某一公称厚度(例如 2 张纸)计算其灵敏度。讨论灵敏度值 μ_m和 E_X的变化趋势,验证有关的理论探讨。

记录格式:

(1) 工作环境;

(2) 仪器工作状态;

(3) 实验记录。

试样厚度/μm	计数(t=300 s)				$\ln(R_m)$	备注
	CaK	Ti$K_{\alpha+\beta}$	FeK_α	ZnK_α		
0						
67						
131						
…	…	…	…	…	…	…

6. 思考题

(1) 选定辐射体时,是否一定要使其厚度达到∞?若未达到∞,又需要什么条件?

(2) "灵敏度"和"检出下限"如何定义?它们有什么关系?

(3) 激发源的能量 E_0 如何选定?若 $E_0 < K_{ab}$ 会有什么结果?

(4) 若待测薄层(试样)中含有某种重元素,会有什么现象?你将如何处理?

(5) 可否用类似的方法测定涂敷在其他金属上的轻物质薄层厚度?如果可以,有何限制?

实验 32　吸收法料位测量

1. 实验目的和意义

在石油或一些有毒、腐蚀性物料的储藏和运输中，由于容器不透明，不易于人们直观的观测其液面或物料位置，利用核技术方法，就可以测量液面或物料位置以满足储存和运输的要求。料位测量又分为吸收方法和散射方法，吸收方法是将放射源与探测器置于容器两侧同一水平面上，而此位置即为运输及存储物料规定的标准位或警戒位。当物料未达到此位置时，探测器所显示的可观测的仪器计数为高计数率，而当物料超过此位置时，探测器所显示的可观测的仪器计数为低计数率。只有当恰好到物料位置时计数器显示一个较大的变化值。此设备也可与自动控制系统相连接，当达到要求位置时自动停止加料或报警并显示此时数据，这一装置系统称为料位计。

在实验室不可能使用巨大的钢制储罐也无法实现自动控制系统。只能用小模型及相应的放射源进行模拟实验。但其原理是完全一样的。本实验采用简单的玻璃量筒作为实验模型。将放射源——探测器固定在量筒两侧的同一水平面上。逐步往量筒中加水，测定在液面与探测装置相对位置不同时，探测器所测量数据的变化规律，从而了解核技术方法在料位测量中的基本原理和测量数据特征。

通过实验要求学生掌握以下知识：

(1) 熟悉射线穿过物质时的衰减规律；

(2) 了解料位计的基本原理和测量数据特征；

(3) 通过控制加水量学习取得完整实验数据的方法；

(4) 学习手工作图，手工求取曲线拐点，与实际液面位置比较；

(5) 学会分析产生误差的原因。

2. 实验原理

本实验选用的实验源为 γ 放射源，γ 射线与物质相互作用，可有多种方式。当 γ 射线的能量在 30 MeV 以下时，在所有相互作用方式中，最主要有三种相互作用：光电效应、康普顿散射效应、电子对效应。本实验选用^{241}Am 放射源，其全能峰为 59.54 keV，检测的物料为水，对低能 γ 射线和原子序数低的吸收物质，光电及康普顿效应占优势。本实验选用闪烁探测器，它具有分辨时间短、探测效率高的优点。

实验中，选用单能窄束 γ 射线。穿过物质时，其吸收过程服从指数衰减规律，即：

$$N = N_0 e^{-(\mu_b d_b + \mu_l d_l)} \tag{32-1}$$

式中：N——表示有吸收体时的仪器的测量数据；

N_0——没有吸收体时的仪器测量数据；

μ_b, d_b——分别为容器壁的吸收系数和厚度(实际上是两个容器壁之和)；

μ_l, d_l——分别为物料的吸收系数和厚度。

当物料的上界面在放射源与探测器确定的平面以下时，射线只被容器壁吸收。当物料的上界面高于放射源与探测器确定的平面时，射线将被容器壁及物料同时吸收；因而探测器记录的脉冲数将明显下降。其变化最快的位置与物料界面相对应。同时，注意到放射源和探测器都具有一定的面积，因而计数率随物料上表面的变化是渐变曲线。曲线的拐点将是物料上表面经过放射源与探测器中心连线的位置。若物料上界面固定(这也是很常见的情况)，使放射源——探测器同时移动，则计数率变化最大的位置(拐点)就是物料上界面所在位置。

3. 实验仪器设备

(1) 1 000 ml 量筒、玻璃杯(加水用) 各 1 个

(2) 准直的 ^{241}Am 放射源 1 个

(3) NaI(Tl)闪烁探测器及前置放大器 1 套

(4) 1 000 V 高压电源 1 台

(5) NIM 电源及插件机箱 1 套

(6) 线性脉冲放大器 1 台

(7) 甄别器或单道分析器 1 台

(8) 定标器 1 台

(9) 线性率表 1 台

设备连接图如图 32.1 所示：

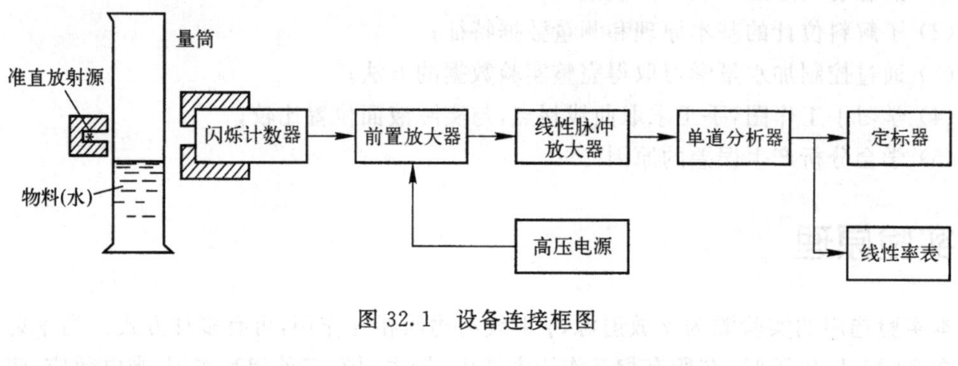

图 32.1 设备连接框图

4. 实验步骤

(1) 固定放射源、探测器和量筒(物料容器)的几何位置，按照设备连接框图连接好各个插件。经教师检查后再接通电源。

(2) 按推荐值调节好高压(－600～－800 V)。使仪器充分预热。

(3) 移开放射源。调节定标器阈值，切掉仪器噪声。

(4) 按实验 6 的方法调整甄别器或单道分析器的工作状态,测定^{241}Am 的 γ 谱。

(5) 装好放射源。重新检查、调整探测系统的几何位置。调节线性率表的量程,使计数率表具有较大的偏转。读取并记录线性率表读数。

(6) 逐渐往量筒中加水。开始每次加入约 50 ml,并读取、记录仪器读数(重复 3 次取平均值)。在液面(料位)接近放射源——所在位置时,减少加水量,加密测点,每次加入约 5～10 ml。继续加水,直到可作出一条完整的曲线为止。

(7) 手工作草图。在必要的位置补点。注意:不能改变探测装置的几何布置。

(8) 用虹吸方法吸干量筒中的水。重复步骤(5)、(6)。

(9) 实验操作完毕,检查试验数据。关闭电源。整理好实验桌子上的设备,才能离开实验室。

注意事项:

(1) Si(Li)或 Si-PIN 探测器都装有极薄的铍窗,易损,切勿用手触摸。

(2) 本实验使用了强放射源。切莫让放射源的活性面对着人体,尤其是眼睛。注意安全。

5. 实验报告

(1) 手工绘制液面高度—率表格数的关系曲线图。

(2) 手工求拐点。拐点是等距离的两点技数率增量最大的点(曲线一阶导数最大的点)。找出这一点,并与记录的液面位置比较。

(3) 解析曲线的变化规律。尤其注意曲线一些小的变化。并与你原来设想的规律比较。

(4) 检查实验数据的重复性。

记录格式:

料位/ml	计数(t=____ s)				计数率/s^{-1}	备注
	1	2	3	平均值		

6. 思考题

(1) 物料(这里是液体水)对放射源发射的射线除了会产生吸收效应之外,还会产生哪些效应? 在液面高度-率表格数曲线上会不会有所反映?

(2) 在容器较大时,放射源和探测器要做哪些相应的改变,你能不能用数学表达式作出理论描述?

(3) 当容器壁较厚,可以采取什么样的几何布置?

(4) 在本实验的情况下,有哪些方法可以求曲线的拐点?

实验 33　γ 散射法探测介质内部缺陷

1. 实验目的和意义

介质内部的缺陷在成型后很难做非破坏性检验。例如公路路面、混凝土墙面和钻孔套管外的填充料等，对其夯实程度、填料品质、是否存在空洞都很难直观检查。目前，除了做一些破坏性的检查之外，还可以作密度测量。显然，这些方法很难满足大规模生产建设的需要。

γ 射线在物质中的散射作用可以用来研究介质的物质分布。彼得堡大学麦依尔教授(B. A. Meйeр)提出用 γ 放射源大角度入射，测定其大角度散射射线计数率的方法研究介质深部的物质分布；并用不同布置的测量结果进行归一，以减少附加误差。从原理上讲，γ 射线在介质中的散射主要是与电子相互作用。而一般常见的介质(路面、混凝土等)都是以 O、Si、Al、Ca、Fe 元素为主，这类介质组成相对固定。因而根据散射射线计数率研究介质缺陷可以取得良好的结果。

通过这次实验，学生应该学到：

(1) γ 射线在介质中大角度散射的特征和决定这些特征的主要因素；

(2) 散射射线的计数率与介质性质的关系；

(3) 测量散射射线的方法；

(4) 减小由于几何布置等因素引入误差的方法；

(5) 如何根据测量对象的不同选择相应装置的思路。

2. 实验原理

(1) 康普顿(A. H. Compton)-吴有训散射效应

γ 射线在介质中会产生散射。康普顿详细研究了散射现象并作了理论分析。中国科学家吴有训研究了散射过程中射线能量的变化规律，使人们对散射过程有了进一步的认识。根据康普顿-吴有训散射理论，γ 射线在介质中的散射截面 σ_c 可以表示为：

$$\sigma_c = \sigma_e N_A \rho Z/A \tag{33-1}$$

式中：σ_e——单个电子的散射截面，与入射 γ 射线能量有关，在入射能量较低和几何关系确定时为定值；

N_A——阿伏加德罗常数；

ρ——介质的密度；

Z、A——介质的原子序数和原子量；

σ_e、N_A 为常量；在常见的轻物质元素范围内 $Z/A \approx 1/2$，因而，

$$\sigma_c \propto \rho \tag{33-2}$$

由式(33-1)和式(33-2)可知，射线在重元素上的散射明显。随介质原子序数的增加，散射射线照射量率也增加。与此同时，重元素对射线的吸收也更明显。所以，散射射线照射量率随介质原子序数的变化不是单调函数。当介质原子序数小，为轻物质时，由于 Z、ρ 小，散射不明显，使散射射线照射量率弱；散射射线的照射量率随 Z、ρ 的增加而增加。而当介质为重物质时，对射线的吸收增强。又由于散射射线被介质强烈吸收，使散射射线照射量率减弱。散射射线最强的元素位置，其等效原子序数与入射射线的能量有直接关系。

(2) 散射射线的计数率

散射射线计数率 i_c 可以表示为：

$$i_c = \frac{\Omega}{4\pi} \cdot \frac{\sigma_c I_0 \varepsilon_c}{\mu_o + \mu_c}\left[1 - \mathrm{e}^{-(\mu_0+\mu_c)d}\right] \tag{33-3}$$

其中，$\Omega/4\pi$ 是几何因子；I_0是一次射线的照射量率；μ_o、μ_c是介质对放射源一次射线和散射射线的吸收系数，与介质的特性相关；ε_c是探测器对散射射线的探测效率；d 是介质的厚度，在一般情况下都可以认为是∞。在探测装置及几何布置确定后，介质体重(ρ 以及相关的 μ_o 和 μ_c)的变化将直接引起 i_c的变化。

(3) 测量方法

在实际工作中，主要探测路面、建筑墙面等硅酸盐构件内部的结构缺陷。如路面下的夯实程度或构件内部的空洞等。早在 20 世纪，麦依尔就提出利用散射射线研究路面内部结构的方案(见图 33.1)。他在钢质屏蔽小车上装上放射源(S)和两个探测器(D_1 和 D_2)，装有小轮的小车上的装置可以在待测路面上移动。并用 D_1的计数 I_1对 D_2测定的计数 I_2进行归一。用其比值 R 表示介质结构的变化。

$$R = \Delta r \cdot I_2 / I_1 \tag{33-4}$$

式中，Δr 是探测器 D_1和 D_2之间的距离。当装置一定时，Δr 是一个常数。若 Δr 较大，D_2的计数反映较深部的情况，但计数率减小。用乘以 Δr 的算法使 R 值在介质均匀时变化不大。

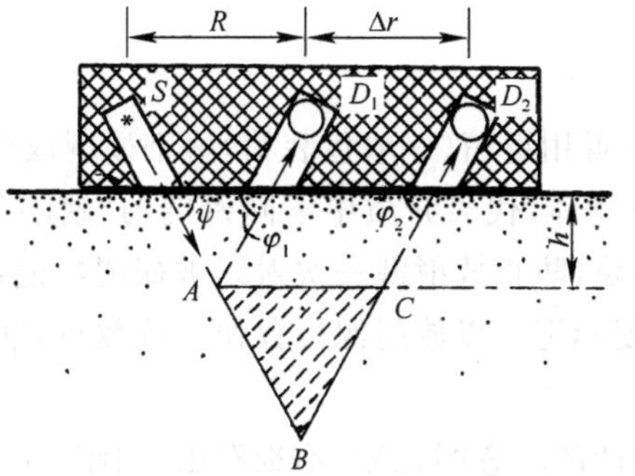

图 33.1 γ 射线法探测装置示意图

假定待测介质是硅酸盐水泥构件(这是最常见的情况)，当内部存在低密度的区域(松散层或空洞)则 I_2会明显降低。用 I_1归一之后，一方面突出 I_2的变化，另一方面在一定程度上抑制了表面不平整和移动中几何条件不一致引入的误差。

由于待测介质成分和机制的复杂性，这种方法很难进行理论计算。通常只是作相对比较，即在一段按规范制作的标准介质上测定其R值。在同一条件下测定其他待测介质并与之比较，确认待测地段的工程质量。

麦依尔提出的测试装置使用的是^{60}Co源，其γ射线能量为1.17和1.33 MeV，能量较大。在一般混凝土结构中的穿透能力为50～60 cm，适合于对路面和建筑物体内部结构的测试。用^{137}Cs源，其γ射线能量为0.662 MeV，与^{60}Co有相类似的情况。在大模型(厚度大于50 cm)上，可以取得很好的效果(见图33.2)。

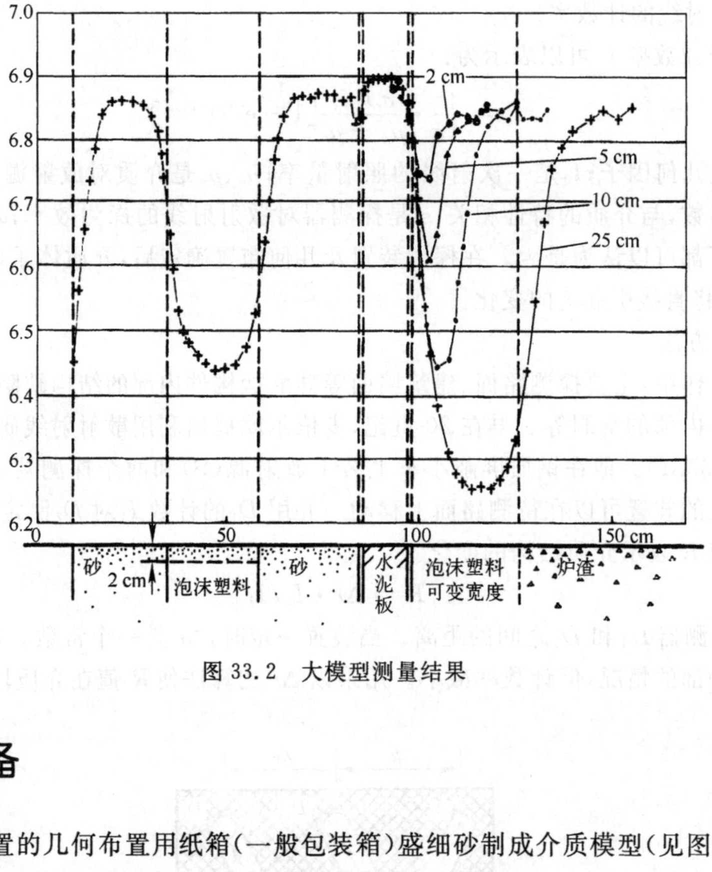

图33.2 大模型测量结果

3. 实验设备

(1) 实验装置的几何布置用纸箱(一般包装箱)盛细砂制成介质模型(见图33.3)。其中埋有空瓶、盛水瓶和铁块等物体，代表介质中不同密度的"缺陷"。探测器D与放射源S固定不动，其间放有较厚的铅块，防止放射源一次射线被探测器记录。

在模型侧面上标有刻度标记。以放射源位置作为读数点，推动模型，在不同位置上测定散射射线的计数率。

将图33.3与麦依尔设计的示意图比较，不难看出，如图33.3所示的是经简化的实验装置。在几何条件较稳定的情况下，不需要用另一探测器对测量数据进行归一。

(2) 设备清单

a. 实验模型 1件

b. 探测装置(^{241}Am放射源、铅屏蔽层、正比计数器及其前置放大器) 1套

c. NIM电源机箱 1套

d. 探测器高压(+1 500 V) 1台

e. 主放大器 1台
f. 定标器 1台
g. 率表 1套
h. 连接电缆 1组

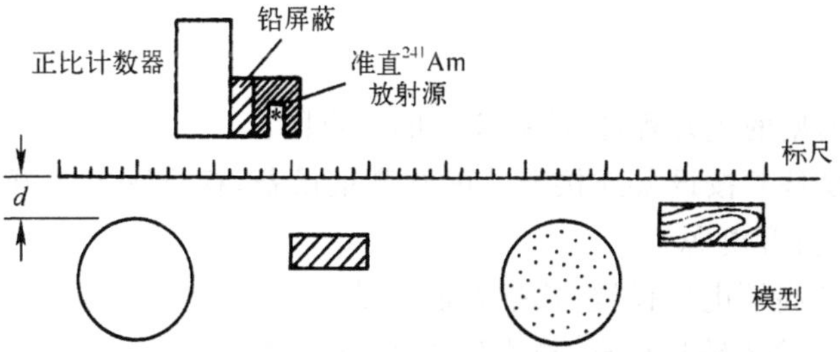

图 33.3 实验装置示意图

电路连接见图 33.4：

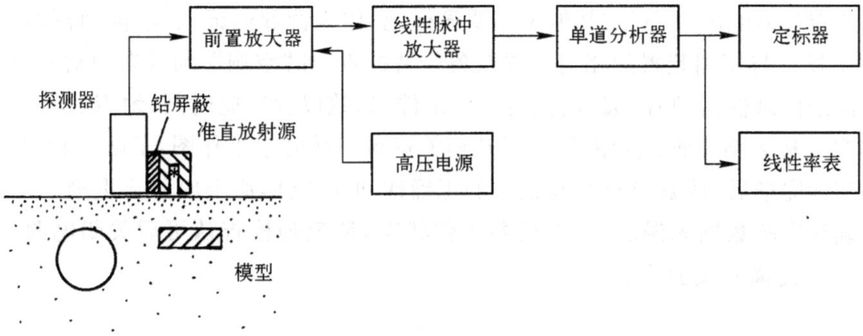

图 33.4 设备连接框图

放射源 S 发射的 γ 射线经介质大角度散射后被探测器 D 记录。在探测器与放射源之间有足够厚(对于^{241}Am 源约 4 mm)的铅屏蔽，防止放射源一次射线被记录造成干扰。

为保证计数器正常工作，需要的高压电源经前放机盒内的负载电阻加到探测器阳极上。高压的电压对不同探测器略有差别，需要事先测定，并标明。

探测器获取的信息经前置放大器阻抗变换后，经放大器放大、成型输入定标器。调节定标器下阈以剔除噪声干扰。电脉冲信号由定标器与计数率表同时记录，以定标器数据为主。计数率表数据对定标器数据进行监测。更重要的是计数率表与实际工作中使用的自动记录仪工作原理一致。熟悉其工作状态对学生今后的工作有利。

(3) 放射源的选择

在实验室采用大模型并不方便。若采用不锈钢密封的^{241}Am 源(E_γ：59.54 keV，$T_{1/2}$：433 a)可以取得同样的效果，而辐射防护更容易，操作更安全。由于^{241}Am γ 射线能量较小，模型可以做得小一些，厚度为 20 cm 即可。

(4) 探测器选择

散射射线具有较宽的能量分布，不必进行能量选择。因此，选用薄壁的盖格计数器即可。除此以外，选用薄入射窗的正比计数器，利用其低能端的良好特性也可取得好的实验结果。

4. 实验步骤

(1) 检查介质模型的完好程度，绘制模型的示意图。

(2) 清点实验设备并按设备连接图装配好测量设备，检查和校正好各个插件的工作状态，经教师认可后再打开电源。

a. 高压的极性和高压电压设置，按推荐值预设。

b. 注意放大器的输入输出极性，放大倍数在 32～64。

c. 定标器阈值接近 0 时，计数率很高，提高阈值，在无源的情况下约为 200/min 计数。而有源时有较高的散射射线计数率。反复调整定标器的阈值和放大器的放大倍数，使无源时的计数(本底)很低，而有源时的散射射线的计数明显。

(3) 确定计数时间，保证计数的统计误差远小于结构变化引起异常值。

(4) 选定放射源的中心(或其他某一明显标记)作为读数标记，逐步推动模型进行测量。随时记录下模型与探测装置的相对位置及各个特征点(如“空洞”，与放射源对齐等)。

(5) 详细记录仪器型号、编号、仪器工作条件、参数以及实验时间、地点、操作人员、同组人员等信息。按表格仔细记录测量数据及相关资料。随时手工作图，了解实验的进度。

(6) 实验完毕后，认真检查实验记录的正确性和完整性，必要时补充重测。

(7) 确认实验数据无误后，检查仪器工作状态，请教师检查认可后关闭电源，清理好仪器及配件后才能离开实验室。

5. 实验报告

(1) 详细叙述 γ 射线与物质作用的过程，尤其是散射过程的特点和决定散射射线照射量率的因素。

(2) 查阅不同元素散射截面和对散射射线能区的吸收系数的资料，并由此解释元素散射特性的差异。

(3) 在原始记录和手工作图的基础上，用 Excel 软件作图，并对实验成果进行解释。

(4) 比较均匀介质中不同物体(空洞、含水空洞和铁块)的异常特性，并作必要的解释。

记录格式：

(1) 工作状态和工作条件；

(2) 模型状态；

（3）实验数据。

位置标记	计数				率表(量程)		备注
	1	2	3	平均计数	1	2	
……	……	……	……	……	……	……	……

6. 思考题

（1）在小模型上用低能 γ 源（^{241}Am，59.54 keV）可以取得较好的效果，当用高能 γ 源（例如 ^{137}Cs，0.662 MeV）情况会如何？

（2）在实际工作（如测定飞机场混凝土跑道厚度约 1 m）中用 59.54 keV 的 γ 源，可能会有什么结果？应该采取什么措施？

（3）比较一下，在使用 59.54 keV 的 γ 源时，用正比计数器、盖格计数器和闪烁计数器的优缺点。

（4）为什么含水空洞的异常是正值，而不含水的空洞的异常是负值？

实验 34　水中泥沙含量测定

1. 实验目的和意义

我国河流普遍多沙，尤其是黄河。采用核技术方法可以快速、连续测量水中的泥沙含量，黄河水利委员会在这方面做了大量工作，取得了很好的效果。借鉴他们的成果，安排了这一实验。

图 34.1 为泥沙测量装置的示意图，该装置可以实时监测流水中的泥沙含量。在实验室中采用如图 34.1 所示的装置进行教学实验有一定困难。本次实验通过采用测量静态水中的泥沙含量，使学生了解测量水中泥沙含量的原理。

通过本实验学生应该学到：

(1) 理解水中泥沙含量的测量原理；

(2) 更深刻的认识射线与物质的作用方式；

(3) 了解什么是比对测量。

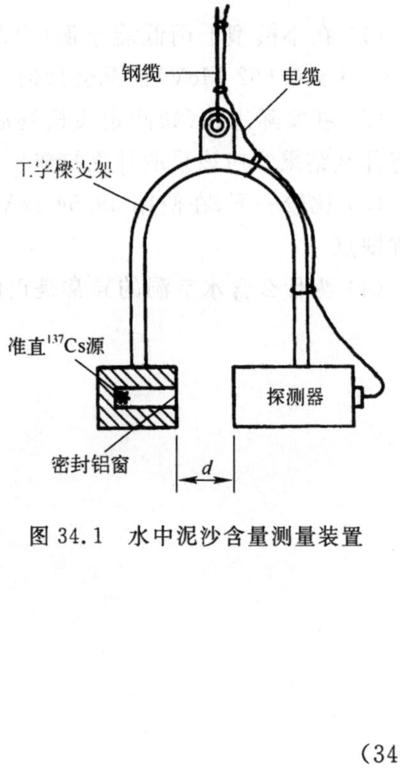

图 34.1　水中泥沙含量测量装置

2. 实验原理

当射线穿过物质时，主要与物质发生光电效应、康普顿效应和电子对效应。单能 γ 射线穿过物质时计数率随着物质厚度的增加将按负指数规律衰减，即

$$I = I_0 \cdot e^{-\mu d}$$

或

$$\mu = -\frac{1}{d}\ln\frac{I}{I_0} \tag{34-1}$$

在试样的物质成分变化不大，而吸收厚度 d 一定时，I/I_0 与吸收系数 μ 相关。吸收系数 μ 取决于介质的物质成分，在此可表示为单位体积内的泥沙含量 m。满足于指数规律，在变化范围不大的情况下，可以看成线性关系。即：

$$m = ax + b \tag{34-2}$$

式中，a、b 为常数；$x=\ln(I/I_0)$。

本实验采用模拟方法来测量水中泥沙的含量。即预先配置不同泥沙含量的水样品，通过测量绘制水中泥沙含量 m 与相对计数率对数 $\ln(I/I_0)$关系曲线，确定参数 a、b。在得到

水中泥沙含量 m 与相对计数率对数 $\ln(I/I_0)$关系曲线后，测量计算得到若干个未知泥沙含量的水样品的相对计数率对数 $\ln(I/I_0)$，通过作图法或解析法确定其泥沙含量。

3. 实验设备及连接框图

(1) NIM 电源机箱及插件(脉冲放大器、自动定标器、1 000 V 高压电源) 1 套
(2) NaI(Tl) 闪烁探测器 1 套
(3) 标准含泥沙水样品 若干
(4) 未知泥沙含量的水样品 若干
(5) 带准直器的 ^{241}Am (10^8 Bq) 源 一个
(6) 磁搅拌器及样杯 一套

设备连接框图见图 34.2：

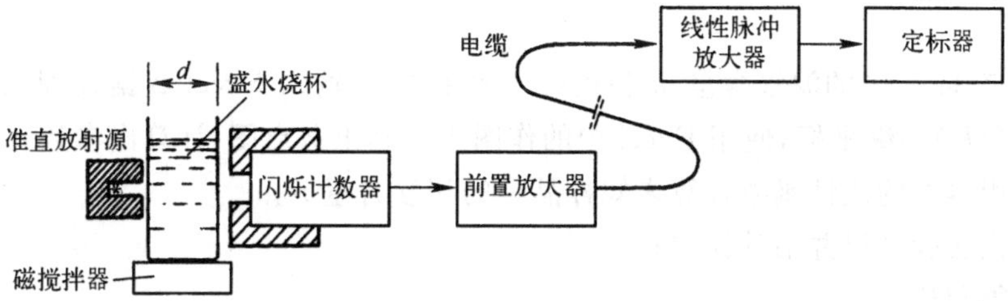

图 34.2 设备连接框图

容器中的含沙水样用磁搅拌器搅拌。经准直的^{241}Am 发射的 59.54 keV 软 γ 射线被不同含沙量的均匀水样吸收后由闪烁计数器记录。经阻抗变换和放大成形后，直接由定标器测定计数率。用定标器下阈剔除低幅度噪声的干扰。计数率表读数比较快速、直观，与实际工作中的自动记录仪工作特性相同，在实验中也可以使用取得参考数据。

4. 实验步骤

(1) 清点仪器设备并按连接框图所示顺序连接探测器脉冲放大器、定标器和计数率表，教师检查无误后再接通 NIM 机箱电源。

(2) 按推荐值调节好探测器高压和放大器的放大倍数，并调节定标器的阈值，以抑制噪声。

(3) 在放射源与探测器之间放置装有清水的容器，测量该几何条件下的计数率即计数 I_0。

(4) 取预先配置好的含泥沙水样品，分别测量其计数率，在相同的条件下读出计数 I(见表 34.1)。

表 34.1 测量数据记录表

样品编号	1	2	…	n
泥沙含量 m/(g/L)				
计数率 I				
$\ln(I/I_0)$				

(5) 取一泥沙含量未知的水样品或现场配置一些含泥沙水样品，在与标样相同的条件下测量 59.5 keV 计数 I_x。

注意事项：

(1) 在测量过程中严格保持测量几何条件一致，不得改变放射源与探测器之间的距离。

(2) 采取一定措施，减小泥沙的沉降对测量结果的影响。

5. 实验报告

(1) 将表 34.1 中的泥沙含量 m 和相对计数率 I/I_0 输入 Excel 数据处理软件，以 m 为横坐标，$\ln(I/I_0)$为纵坐标，使用 Excel 中的作图工具画出散点图，计算出参数 a、b；

(2) 利用得到的线性函数计算未知样品中的泥沙含量 m_x；

(3) 讨论实验结果并估计误差；

(4) 心得和建议。

6. 思考题

(1) 在测量过程中为什么要保持几何条件一致？如果改变了探测器与放射源之间的距离，可否继续使用已经求得的 a、b 参数来计算未知样品中的泥沙含量？

(2) 从式(34-2)中可以看出，单位体积中的泥沙含量 m 与相对计数率对数的关系为：

$$m = ax$$

为什么在式(34-2)中还要加入参数 b?

(3) 若泥沙含量变化范围较大，会出现什么情况？如何处理？

实验 35　中子活化反应及生成核素半衰期测定*

1. 实验目的和意义

中子活化分析是一类高灵敏度、低检出下限、解比较单一的一种核分析方法，对大部分元素的分析具有独到的优点，具有不可替代的作用，因此受到广泛的关注。

在工业产品中，某些元素的含量对产品的质量具有重要意义。例如高纯度的铜在真空器件制作和其他高科技领域皆有重要用途。而高纯度铜中氧气含量至关重要。若含少量的氧，将使铜材料的品质明显下降。而判定不含氧的"无氧铜"只能通过对铜材料在 14 MeV 快中子轰击下被活化，然后对活化试样进行测定。又如矿石样品中微量的金虽然可以用多种方法进行测定，但最可靠的还是用热中子与^{197}Au 产生活化反应，测量其活化产物的 γ 射线。这一方法常作为"仲裁分析"，可见其可信度和稳定性之高。至于对 Cd 的分析，由于^{113}Cd对热中子有很大的反应截面[(19 910±300)b]，因而具有远优于一般传统方法的检出下限。

中子活化分析，无论是使用 14 MeV 快中子对一些轻元素的分析还是用慢中子对大部分重元素的分析，都需要使用加速器或反应堆这些大型设备。在一般实验室要建立这类大型设备是不可能的。因此，作为中子活化分析的基础，用放射性核素中子源，研究中子活化反应及反应产物放射性的测量，了解中子活化流程和测试方法，使学生通过实际操作，对中子活化方法有比较直观的认识。

通过这次实验，学生应该掌握以下几方面的知识：

(1) 中子活化反应的原理和流程；

(2) 用衰变曲线和半衰期区别不同核素的方法。

2. 实验原理

(1) 在本实验室不可能建立加速器或核反应堆。只能用放射性核素中子源进行活化实验。最常见的放射性核素中子源有 Ra-Be，Po-Be、Pu-Be 和 Am-Be 中子源。其原理是利用 Ra(及其子体)、Po、Pu 和 Am 衰变产生的 α 射线与 Be 产生核反应得到中子：

$$^{9}\text{Be}+\alpha\rightarrow{}^{12}\text{C}+\text{n}+5.701\ \text{MeV} \tag{35-1}$$

其中，以 Am-Be 中子源较为适用。半衰期较长，为 433 a，而伴生的 γ 辐射较弱，不会造成明显的干扰。

---

* 本实验在四川大学核物理实验室教师指导下完成。

当然，放射性核素中子源的中子通量密度一般只有 10^6 n/(s·cm^2)量级，远低于核反应堆反射层的中子通量密度 $10^{12}\sim10^{15}$ n/(s·cm^2)，相差达 10^6量级以上。

(2) 靶物质的选择主要考虑以下几个条件：

a. 活化截面较大，生成核的活度较大；

b. 活化生成核的半衰期适中；

c. 试样中靶核的含量高，在中子源中子通量密度很低的情况下还能得到足够量的生成核。

根据以上要求，首选的靶物质是 Ag，自然界的 Ag 具有两个同位素：^{107}Ag 和^{109}Ag，热中子反应截面分别为 37.2 b 和 90.6 b，生成^{108}Ag($T_{1/2}=144.6$ s)和^{110}Ag($T_{1/2}=24.6$ s)，并有 0.4～0.6 MeV 的一组 γ 射线出射。但为了弥补放射性核素中子源中子通量密度低的不足，用纯银片做试样，其含量较天然银矿石中银含量高 10^5量级，也远高于一般的 Ag-Cu 合金或 Ag-Au 合金。^{108}Ag 和^{110}Ag 的半衰期分别为 144.6 s 和 24.6 s，便于测量并有一定差别。可以根据测量计数率曲线来区别两种不同的核素。

也可以用 In 作为试样。它也有两个同位素：^{113}In 和^{115}In，与热中子产生活化反应生成一组生成核：^{114}In($T_{1/2}=71.9$ s)，^{114}In^{m}($T_{1/2}=49.51$ d)，^{116}In($T_{1/2}=14.2$ s)，^{116}In^{m1}($T_{1/2}=54.1$ min)和^{116}In^{m2}($T_{1/2}=2.16$ s)。其中除^{114}In、^{116}In 以外，其他几种因半衰期太长或太短都不便于活化和测量。

(3) 活化装置的几何布置。活化装置主要是一个存放放射性核素中子源的水罐。圆柱形，高约 1.2 m，直径约 1.2 m。其中有一细管，用钢丝固定。罐中灌满水，做慢化剂(见图 35.1)。

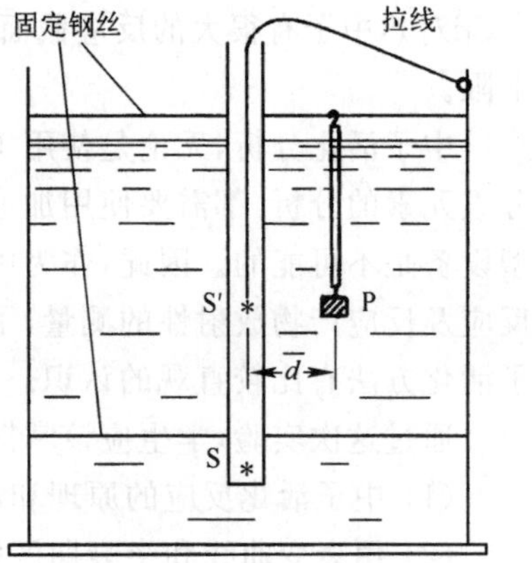

图 35.1 活化装置示意图

放射性核素中子源 S 固定在拉线的下端，放在中心细管中。拉线上有标记，表示中子源所在管中的位置。平常放在罐底 S 处，工作中处于中间 S′处。

纯银片试样 P 固定在有机玻璃(用其他材料可能被活化，造成干扰)棒下端，挂在固定中心细管的钢丝上。试样 P 与中子源位置 S′同一高度，其间距离 d 需要调节。太近，中子慢化较差，快中子所占比例多，对活化不利；太远，则中子通量密度减小。通过实验选择活化生成核 γ 射线计数率较高的位置。

(4) 活化时间取^{108}Ag 半衰期的 10 倍，约 25 min。

(5) 活化生成核 γ 射线计数率的测量。由于试样为纯金属，不存在其他元素的干扰。所以测量比较简单。可以直接用闪烁计数器测量 γ 射线的总计数率。以及 γ 射线总计数率随时间的变化，由此计算其半衰期 $T_{1/2}$和衰变常数 λ。

3. 实验设备

设备清单：

(1) ^{241}Am-Be 中子源(^{241}Am 活度 10^9 Bq)及慢化水罐 1 套

(2) 纯银试样片 1～2 片
(3) 闪烁计数器及前置放大器 1 套
(4) 铅室 1 只
(5) NIM 电源机箱及跟随器 1 套
(6) 长电缆 1 根
(7) 线性脉冲放大器 1 台
(8) 定标器 1 台
(9) NIM 电源机箱及连接电缆 1 套

(1)～(6)设备由教师安排,学生参观。

装置连接见图 35.2:

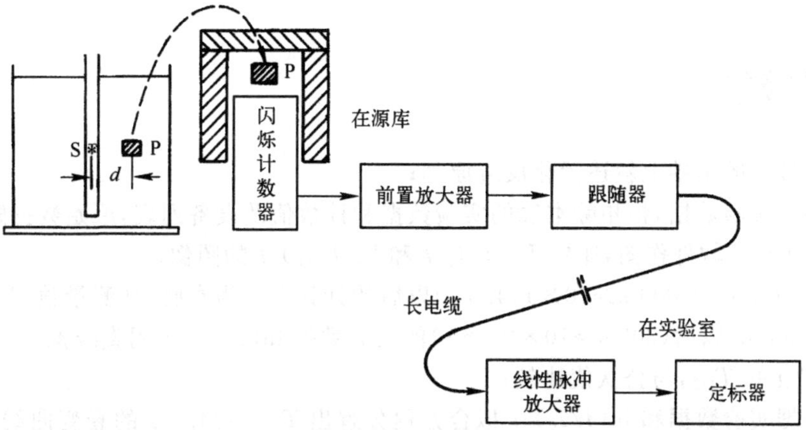

图 35.2 设备连接框图

避免中子源的辐射损伤,将活化装置和测量系统放在源库,信号经长电缆传输之前经跟随器阻抗变换,防止信号畸变,由长电缆传输到主放大器。经放大器放大成形后,由定标器记录不同时间的计数率。

4. 实验步骤

(1) 按设备清单清点仪器设备。

(2) 放射性核素中子源处于水罐底部的情况下,教师引导学生参观活化装置及铅室等测量系统。

(3) 按连接框图连接好仪器,经教师检查认可后接通电源。

(4) 调节放大器的放大倍数和定标器的阈值,抑制杂散信号的干扰。

(5) 提升放射性核素中子源到 S′的位置,将试样放在事先选定的位置,活化 25 min(大于^{110}Ag 半衰期的 10 倍,接近^{108}Ag 半衰期的 10 倍)。迅速取出活化后的试样,放至铅室中探测器上的测量位置。

(6) 向实验室发送指令,立即开始测量,记录时间间隔 5 s。积累时间 1 s,连续测量

1 min后，然后将积累时间换为 2 s，继续测量 5 min。然后将记录时间间隔改为 10 s，积累时间改为 5 s，继续测量。从开始到结束测量的时间应超过 40 min。定标器上积累时间可自由调节，指示器为 $k\times10^n$s。记录时间间隔可在开始记录时开启秒表，定标器处于半自动工作状态，按时间用手动方式启动定标器。

(7) 根据测量数据手工绘制衰变曲线草图，检查实验工作进程。

(8) 核对实验工作条件，检查实验数据可靠性，关闭电源，整理好仪器设备，结束实验工作。

注意事项：

(1) 放射性核素中子源具有较强的辐射，不要太接近中子源贮存水罐。

(2) 取出活化试样时要迅速，及时关闭铅室上盖。

(3) 及时开始测量。对半衰期为 24.6 s 的核素要注意时间选择和操作方法，避免误操作。

5. 实验报告

(1) 在理解的基础上叙述活化反应原理；

(2) 整理实验数据，将扣除本底的实验数据和计数值及设备列表，原始数据附后；

(3) 用 Excel 软件作图，比较 I-t，I/I_0-t 和 $\ln(I/I_0)$-t 的图像；

(4) 将 30 min(1 800 s>10×144.6 s)以后的计数率作为本底，从测量数据中扣除；

(5) 将 5 min 以后(300 s>10×24.6 s)的实验数据 $\ln(I/I_0)$-t 用直线拟合，求出拟合方程，计算 ^{108}Ag 的 $T_{1/2}$，与公认值比较；

(6) 根据实验数据和 $\ln(I/I_0)$-t 拟合方程分解出 $T_{1/2}=24.6$ s 的衰变曲线，计算 ^{110}Ag 的半衰期，与公认值比较；

(7) 分析产生误差的原因；

(8) 心得体会和建议。

记录格式：

(1) 设备工作条件；

(2) 试样辐照条件；

(3) 实验数据记录。

读数时间/s	0	5	10	…
积累时间/s	1	1	1	…
N				
I				
I/I_0				
$\ln(I/I_0)$				
备注				

6. 思考题

（1）为什么首选 Ag 作为活化实验的试样？

（2）反应堆中子活化分析对具有哪些特征的元素才具有高灵敏度和低检出下限？根据什么参数来进行判断？

（3）活化（辐照）时间是根据什么参数确定的？

（4）从 Ag 的活化中，由活化产物的半衰期不同可以区分不同核素。在实际工作中应如何利用这一特性？

研究性实验

实验 36 覆盖层下图像的研究

1. 实验目的和意义

在考古工作中发现，某些古代的图画被后人有意或无意地覆盖、修改。在不破坏其现有状态的前提下了解原有被覆盖的图形，对考古工作具有重要意义。据报道，在地中海沿岸曾用某种“高科技”方法有效地进行这一工作。

在工业生产中，对镀层、涂层下原有介质的分布、厚度也需要作类似的测定。

利用 X 射线较强的穿透力和定性、定量分析特点，可以完成相应任务。测定在覆盖层下元素的分布情况。在一定前提条件下甚至可以测定该元素的厚度或其他定量数据。为科学研究和生产实践提供相应的资料。

2. 实验原理

(1) X 射线在物质中的穿透力的大小取决于吸收介质的原子序数、密度和 X 射线的能量。对于一般常见的介质和 10 keV 量级的 X 射线，其半吸收厚度为 mm 量级。因此，对于 10～100 μm 的覆盖层下的元素(其特征 X 射线能量在 n keV 量级以上)完全可以用 X 射线荧光方法进行探测。

(2) 对探测对象的了解

首先是对覆盖层厚度的了解。覆盖层厚度大于 2 mm 时，对 X 射线吸收强烈，覆盖层下元素的 X 射线荧光难于观察。

其次是对覆盖层下元素的种类做初步估计。元素的种类和数量是研究的对象，是未知的。但可以从图像的边缘、相关的资料做初步的了解，若可能存在元素的原子序数小于 13，是能量色散 X 射线荧光方法的“盲区”，不能测量；原子序数越大，特征 X 射线能量越大，对工作越有利。

(3) 根据元素的吸收限(K_{ab}或 L_{ab})能量，选定激发源，无论用 X 射线管还是用放射性核素源，其射线能量都必须大于待测元素的吸收限。

根据待测元素的特征 X 射线能量，选定探测器及其附属设备。若为单一元素，可用闪烁计数器，保证其探测灵敏度。若作多元素测量，则考虑使用正比计数器或半导体探测器。

3. 模型的制作

在 300 mm×400 mm 的方格纸上用含 Ca、Ti、Zn 的油漆(普通灰白色油漆)绘一简单图案。用另一张同样的方格纸(方格对齐)覆盖在图案上，代替覆盖层。在覆盖层方格纸上进行点测。点距 5 mm 或 10 mm。再用两张、三张方格纸覆盖。重复上述实验,研究覆盖层厚度对测量的影响。

4. 数据处理

(1) 将测量数据展在同样的方格纸上;用手工方式连接等值线图。

(2) 自行编写或网上下载相应软件做等值线图。

(3) 将不同覆盖层厚度(方格纸张数)的等值线图与原图案做比较。讨论实验结果。

5. 编写实验报告

(1) 实验原理;

(2) 实验条件的选择;

(3) 实验设备框图;

(4) 测试数据(整理计算数据和原始数据);

(5) 对实验结果的讨论和建议。

实验 37　工业 CT 初探及图像重建

1. 实验目的和意义

工业 CT 是计算机断层成像技术的工业应用，主要用于工业产品的无损检测和探伤，根据被检工件的材料及尺寸选择不同能量的 X 射线。工业 CT 技术能准确地再现物体内部的三维结构，能定量地提供物体内部的物理、力学特性。如缺陷的位置、尺寸和密度的变化、水平和异型结构的形状及精确尺寸、物体内部的杂质及分布等。

本次实验可使学生在以下几方面得到提高：

(1) 进一步熟悉工业 CT 无损检测的原理；

(2) 熟悉 ART 迭代算法；

(3) 锻炼编程进行数据处理能力。

2. 实验原理

(1) γ 射线吸收原理，已经在前面实验中阐述，见实验 8。

(2) 实验人员制作一个密封的工业 CT 模型，设计实验设备组合模式，对其进行多角度测量，利用迭代算法编写程序处理数据，最后对装置进行图像重建，分析误差。

(3) 对 ART 算法的介绍。

下面是重建算法的一个简单示例：

a. 实测投影值(见图 37.1)：

b. 迭代公式：

$$f^i = f^{i-1} + \frac{p_i - \sum_{k=1}^{N} f_k^{i-1}}{N_i} \tag{37-1}$$

公式中 f^i 是第 i 次迭代值；p_i 是该方向的实测值；f_k^{i-1} 是该方向沿线上第 k 个单元的第($i-1$)次迭代值；N_i 是该方向沿线上单元的个数。

c. 4 个像素的初始估计值都是 0(见图 37.2)。

d. 经过竖直方向投影修正得到的结果(见图 37.3)。

$$f_1^{(1)} = f_3^{(1)} = 0 + \frac{10-0}{2} = 5 \qquad f_2^{(1)} = f_4^{(1)} = 0 + \frac{6-0}{2} = 3 \tag{37-2}$$

e. 经过两个斜向投影修正得到的结果(见图 37.4)。

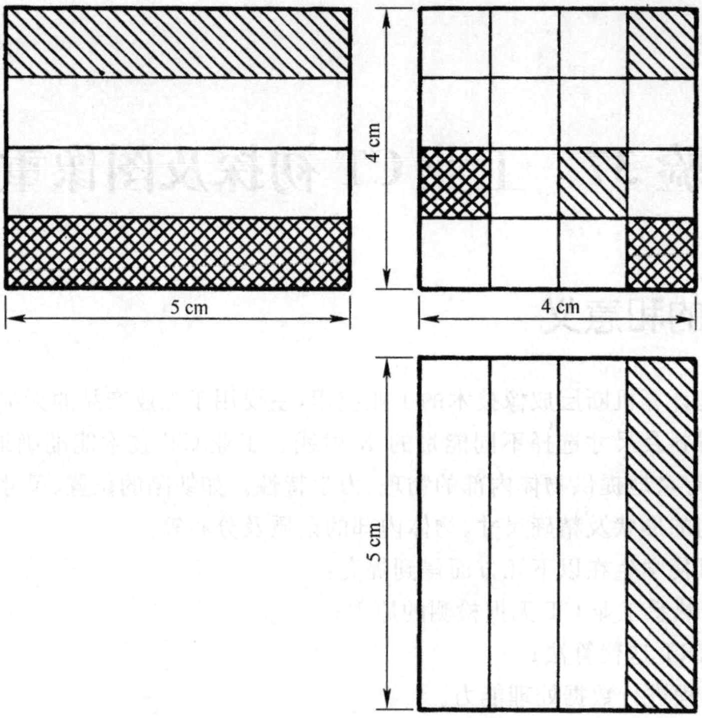

图 37.1　实测值示意图

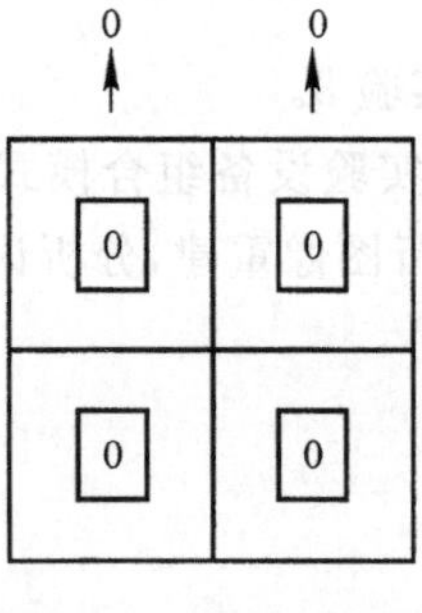

图 37.2　初始估计值

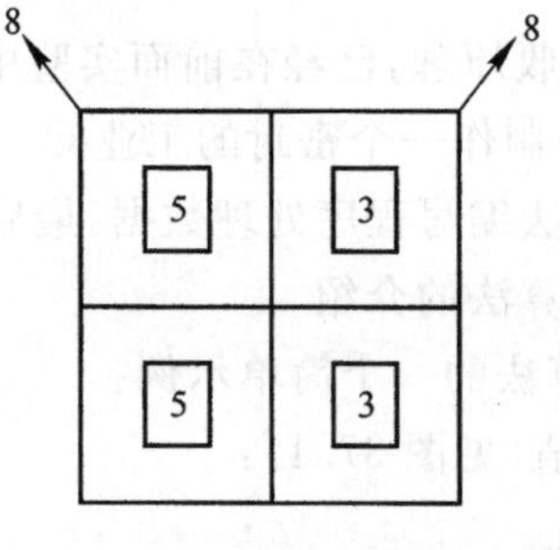

图 37.3　纵向迭代结果

$$f_1^{(2)}=5+\frac{5-8}{2}=3.5\qquad f_2^{(2)}=3+\frac{11-8}{2}=4.5$$

$$f_3^{(2)}=5+\frac{11-8}{2}=6.5\qquad f_4^{(2)}=3+\frac{5-8}{2}=1.5\tag{37-3}$$

f. 经过水平方向修正得到的结果及最终恢复的到的结果(见图 37.5)。

$$f_1^{(3)}=3.5+\frac{7-8}{2}=3\qquad f_2^{(3)}=4.5+\frac{7-8}{2}=4$$

$$f_3^{(3)}=6.5+\frac{9-8}{2}=7\qquad f_4^{(3)}=1.5+\frac{9-8}{2}=2\tag{37-4}$$

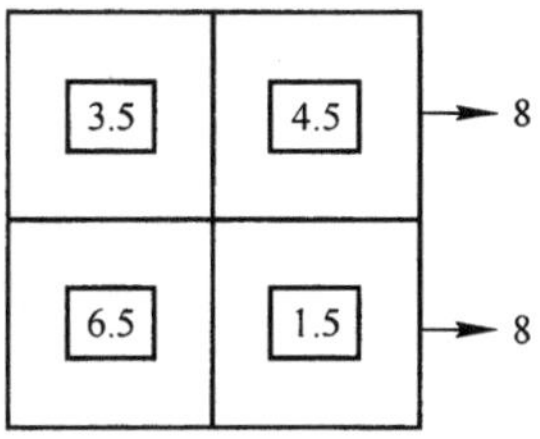

图 37.4 斜向迭代结果

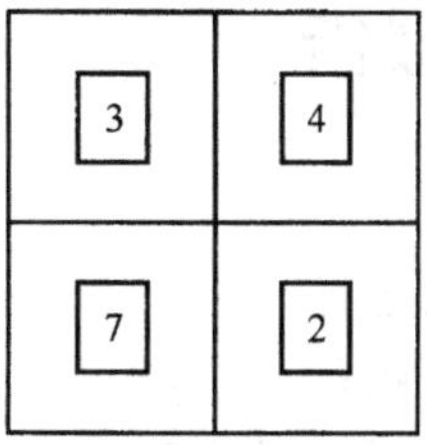

图 37.5 经过横向迭代后得到的最终结果

3. 模型的制作

首先制作模型如图 37.6 所示，图中每个小格子是边长为 1 cm 的正方形，格子的颜色代表不同物质对射线的吸收能力，图中阴影方格可采用两根木柱和两根聚氯乙烯塑料柱，其余方格为空气。再用硬纸做一个与图 37.6 装置匹配的盒子，把装置装进盒子后用透明胶带把它固定、密封好。

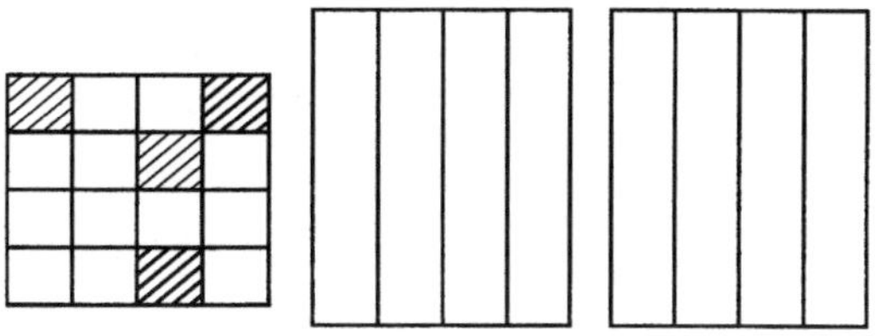

图 37.6 模型完成后的三视图

4. 实验装置连接

将实验设备按图 37.7 进行连接，并调整好工作状态。

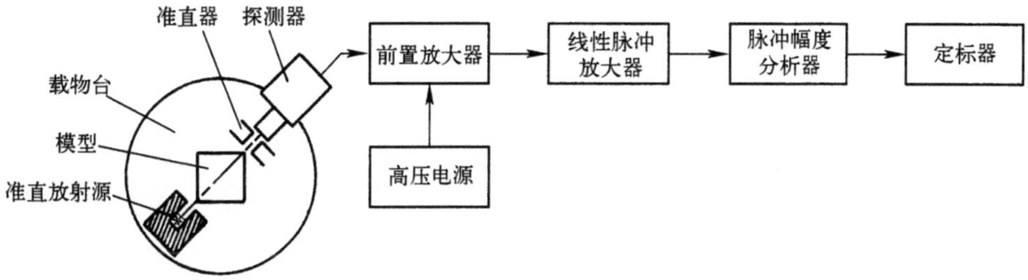

图 37.7 实验装置连接图

5. 数据处理

(1) 将测量数据展在实验纸上，手工推导图像重建过程；

(2) 利用面向对象软件编写图像重建程序；

(3) 将图像重建结果与实物比较，并讨论实验结果。

6. 编写实验报告

(1) 实验原理;
(2) 实验条件的选择;
(3) 实验设备框图;
(4) 手工图像重建数据处理;
(5) 对实验结果的讨论和建议。

实验 38　活性炭吸附测环境中的氡浓度

1．实验目的和意义

氡是无色无味的放射性气体，其衰变子体 ^{218}Po，^{214}Pb，^{214}Bi，^{214}Po 均是具有放射性的固体。氡进入人体内以后，会对肌体造成内辐射，其衰变子体亦会吸附在器官内进行长期辐射，诱发肺癌。氡是人体受天然辐射照射最重要的来源。可采用活性炭吸附法来测量空气中的氡浓度。

通过本实验学生应该做到：

(1) 了解活性炭法测量氡浓度的原理；

(2) 加深理解什么是放射性衰变平衡。

2．实验原理

所有固体均在不同程度上吸附氡，其中尤以煤、橡胶、蜡、石蜡等最为突出。活性炭是它们中吸附能力最强的，因为活性炭具有各种形状和大小的细孔，其比表面积高达 700～1 600 m^2/g(孔隙的总表面积称之为表面积，每克活性炭具有的表面积以每克平方米表示，称为比表面积)。活性炭是以含炭物质为主要原料制作的，外观为黑色，具有良好的吸附性能和稳定的化学特性。它可以耐强酸和强碱，能经受水浸、高温、高压的作用，不易破碎，气流阻力小。

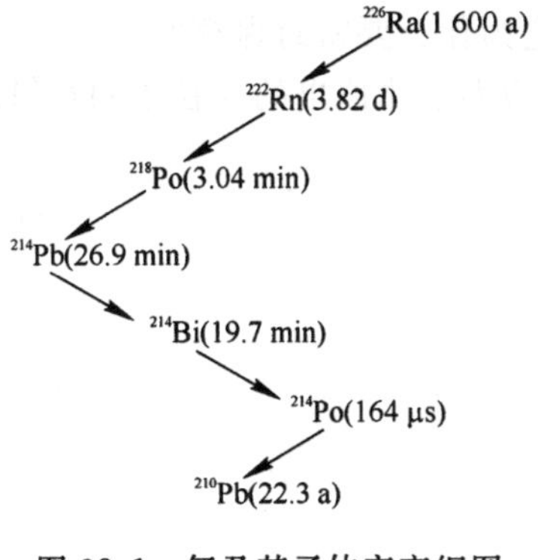

图 38.1　氡及其子体衰变纲图

图 38.1 为氡及其子体的衰变纲图，在氡的短寿子体中，^{214}Pb 的半衰期 $T_{1/2}(^{214}Pb)$ 最长，经过 10 倍 $T_{1/2}(^{214}Pb)$ 后，氡及其短寿子体达到放射性衰变平衡，即氡及其短寿子体以相

同的速率进行衰变。

测量时，将活性炭置于待测环境中，静置一个月。环境中含氡气体在流过或扩散至活性炭中时，会以一定的速率被吸附。同时，已经吸附于活性炭表面的氡会在气流的带动下自动以一定的速率脱离活性炭的吸附。当氡脱离活性炭吸附的速率等于氡被活性炭吸附的速率时，活性炭中的氡浓度达到最大值。此时，取出活性炭盒将其密封保存 3～4 h，待氡及其子体达到放射性衰变平衡时，对其进行放射性测量。

若在时间 t 内测得 1.764 MeV 粒子的计数为 n，则所测环境中氡的浓度为：

$$Q = k\frac{n}{w\eta} \tag{38-1}$$

式中：Q——氡浓度，Bq/m^3；

w——^{214}Bi 放出的 1.764 MeV 所占的分支比；

η——仪器的探测效率；

k——活性炭盒的刻度系数。

3. 实验内容

利用活性炭吸附测量环境中氡浓度。

4. 实验报告

(1) 简述活性炭法测量氡浓度的原理；
(2) 分析测量结果，对比不同环境中的氡浓度；
(3) 对比分析通过不同能量的全能峰计算得到的不同环境中的氡浓度比较结果；
(4) 实验心得、体会。

5. 思考题

(1) 采样结束后，活性炭盒为什么要密封保存？
(2) 可否通过测量氡及其短寿子体放出的 α 粒子测量氡浓度？试说明原理。

实验 39　增量法作单元素 X 射线荧光分析

1. 实验目的和意义

能量色散 X 射线荧光分析，作为一种核分析方法，具有仪器轻便、分析快速，可以在线进行定性、定量分析而受到各方关注。但是，在用能量色散 X 射线荧光方法进行元素定量分析时，必须要与化学组成和物理性状相近的标准样品进行比较。在一般情况下，尤其是在工作环境比较恶劣的地质工作中难以满足，给工作带来一定困难。

以地质工作中矿产资源评价为例，具有以下特点：

(1) 元素种类，可以从地质学(矿物学、矿床学等)的角度进行判断。用经过能量刻度的 X 射线仪也能准确地判定元素的种类。

(2) 元素在矿物中的含量(地质工作中称为“品位”)变化幅度很大。对于一些高品位的矿种，如铁矿、钡矿、铅锌矿、石灰石矿等，可以用“稀释法”开展工作，而对于低品位的矿种，如铜矿、钼矿、锡矿等，则可以用“增量法”，在没有标准样品的情况下开展工作。

(3) 测定含量时用的“含量标准样品”要求待测元素含量已知、化学组成和物理性状与待测样品相似；在同一测量条件下进行测量。然后进行比较，计算元素含量。而化学组成和物理性状相似的标准样品很难得到。满足化学组成和物理性状相似的样品只有待测样品本身！研究怎样以待测样品为基础制作实验室标样，是本实验的目的和特点。

2. 实验原理

所谓“增量法”就是设法解决低含量元素测定中所需要的标样问题。

在低含量样品测量中，X 射线荧光计数率的增长与元素含量的增长满足线性关系(双曲线函数组，在原点附近的近似线性变化关系，如图 39.1 所示)，即：

$$W_k = a + bI_k \tag{39-1}$$

若待测未知样品的含量为 W_x，测得其 X 射线荧光计数率为 I_x。当定量加入少量待测元素(未知样品中与该元素含量同量级)。则第一次增量样品含量为 W_{x+b1}，测得其 X 射线荧光计数率为 I_{x+b1}。当人为重新在原样中定量加入少量(比第一次略多)待测元素。则含量为 W_{x+b2}，测得其 X 射线荧光计数率为 I_{x+b2}。由于加入量甚少，化学组成和物理性状基本不变，使线性关系得以保持。也可以进行第三次增量，但不宜过多。因为 $W_k \sim I_k$ 的线性关系是有条件的，必须在低含量的范围内。

在室内先用分析天平精确称量少量待测元素化合物，取两三种不同的重量备用。在工作现场取待测样品三份，每份 10 g 左右，用普通天平称量。分别加入精确称量的化合物，根据化合物分子式和原子量计算元素含量，再根据称量数据计算增量值。

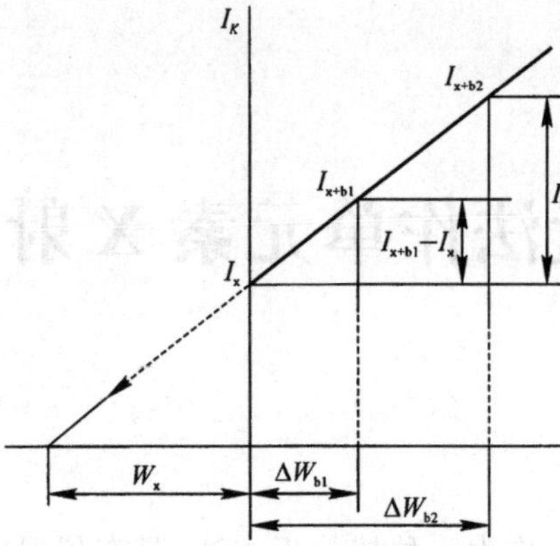

图 39.1 增量法图解

用空白样品($W_k=0$ 的物质)测定 a 值由测量数据中扣除。于是可以得到如图 39.1 所示的结果。由于增量 ΔW_{b1}, ΔW_{b2} 是人为定量加入的,是已知的,而 $\Delta I_{b1}=I_{x+b1}-I_x$、$\Delta I_{b2}=I_{x+b2}-I_x$ 是可以由测量结果计算的。由它们组成的几个相似三角形可以计算线性方程的斜率 b,然后根据 I_x 扣除空白样品计数后求得待测试样中的元素含量。

若用解析方法,从线性方程导出其计算公式:

$$W_x=\frac{\beta W_b I_x}{I_{x+b}-I_x}-a \tag{39-2}$$

其中,W_b——加入待测元素化合物中待测元素的含量;

β——加入待测元素化合物在增量试样中的重量比。

3. 实验报告

(1) 详细描述方法的原理、特点和局限性。

(2) 比较作图法和解析法的优缺点。

(3) 列出整理和计算的数据(原始记录附后)。

(4) 讨论实验结果。

实验 40　蒙特卡罗方法模拟 γ 射线穿过物质时谱成分的变化

1. 实验目的和意义

蒙特卡罗方法又称随机抽样技巧或统计试验方法，是一种计算方法。该方法以概率统计理论为基础，能比较逼真地描述具有随机性质的事物的特点及物理过程。蒙特卡罗方法的基本思想是：当所求问题的解是某个事件的概率，或者是某个随机变量的数学期望，或者是与概率、数学期望有关的量时，运用某种试验的方法，可得出该事件发生的频率，或者该随机变量若干个具体观察值的算术平均值，通过它得到问题的解。MCNP(Monte Carlo Neutron and Photo Transport Code)是由美国洛斯阿拉莫斯国家实验室利用蒙特卡罗思想编制的一个大型通用中子—光子输运程序。该程序能够很好的模拟 γ 射线、电子、中子与物质的相互作用，可以应用在核分析技术、反应堆设计、核医学等涉及到概率统计的、与核有关的领域，如 X 荧光分析中激发源与探测器相对几何关系的研究、人体内外照射量的估算、加速器辐射防护层的设计、中子诱发核裂变的裂变碎片能量沉积等。

通过本实验学生应该做到：

(1) 理解蒙特卡罗方法的基本思想；

(2) 了解 MCNP 的计算过程；

(3) 了解如何使用 MCNP 程序模拟解决实际问题；

(4) 清楚 MCNP 模拟结果与实际测量结果的差异。

2. 实验内容

使用 MCNP 模拟 γ 射线穿过物质时的能谱，分析模拟谱与实测谱之间的区别以及产生区别的原因。

3. 实验报告

(1) 画出模拟能谱，指出反散射峰、康普顿散射平台和全能峰；

(2) 指出模拟能谱与实测能谱之间的区别，并加以解释。

阅读材料

蒙特卡罗方法及其应用

蒙特卡罗方法又称随机抽样技巧或统计试验方法，是一种计算方法，以概率统计理论为基础，能够比较逼真的描述具有随机性质的事物的特点及物理过程。蒙特卡罗方法的基本思想是：当所求问题的解是某个事件的概率，或者是某个随机变量的数学期望，或者是与概率、数学期望有关的量时，通过某种试验的方法，得出该事件发生的频率，或者该随机变量若干个具体观察值的算术平均值，通过它得到问题的解。蒙特卡罗方法广泛应用于各种具有"随机事件"性质的领域，如核科学、放射性医学、核医学、统计物理学、材料学、化学、计量经济学和金融工程等。在与核技术相关的领域中，使用蒙特卡罗方法可以进行射线（α、β、γ、中子）与物质相互作用及射线防护、核裂变等的模拟。下面简要介绍蒙特卡罗方法与核技术之间的关系。

1. 核衰变的随机性

原子核衰变的随机性在与放射性相关的一些名词的定义上面可以反映出来，如衰变常数的定义为单个原子核单位时间内发生衰变的概率。放射性原子核衰变的过程是一个相互独立彼此无关的、随机的一个过程，即每一个原子核的衰变是完全独立的，与其他原子核是否衰变无关。因此放射性原子核衰变可以看成是一种伯努里试验问题。换个角度理解，对于一具有一定面积、一定厚度且放射性核素分布均匀的放射源，原子核衰变发生的时间和发生衰变的原子核所处的空间位置都是随机的，如果给出某种核素的衰变常数，则可以通过随机抽样的方法（蒙特卡罗方法）确定原子核发生衰变的空间位置和时间，进而模拟放射源产生射线的过程。

2. 射线与物质作用的随机性

我们以γ射线与物质的作用方式来说明射线与物质作用的随机性。γ射线与物质作用的方式主要有三种：光电效应、康普顿散射、电子对效应，与之对应的分别有光电截面、康普顿散射截面、电子对效应截面。截面是微观物理里经常用到的一个术语，具体到γ射线，截面的定义为γ粒子与单位面积上单个原子发生相互作用的概率。截面的大小与γ粒子的能量和物质的原子序数有关。由此可知，光电截面、康普顿散射截面、电子对效应截面分别表示了一个γ粒子在物质中发生光电效应、康普顿散射、电子对效应的概率。如果知道了某一能量的γ粒子在某种物质中的光电截面、康普顿散射截面、电子对效应截面，则可同样通过随机抽样的方法（蒙特卡罗方法）模拟γ粒子与该种物质的作用过程，模拟计算γ粒子通过吸收物质后的能谱变化，模拟计算γ射线在探测器内的能量沉积等。

中子、α粒子、β粒子与物质作用过程同样具有随机性，也可采用随机抽样的方法（蒙特卡罗方法）进行模拟计算。

采用随机抽样的方法(蒙特卡罗方法)模拟γ光子与物质相互作用过程的流程图见图40.1。

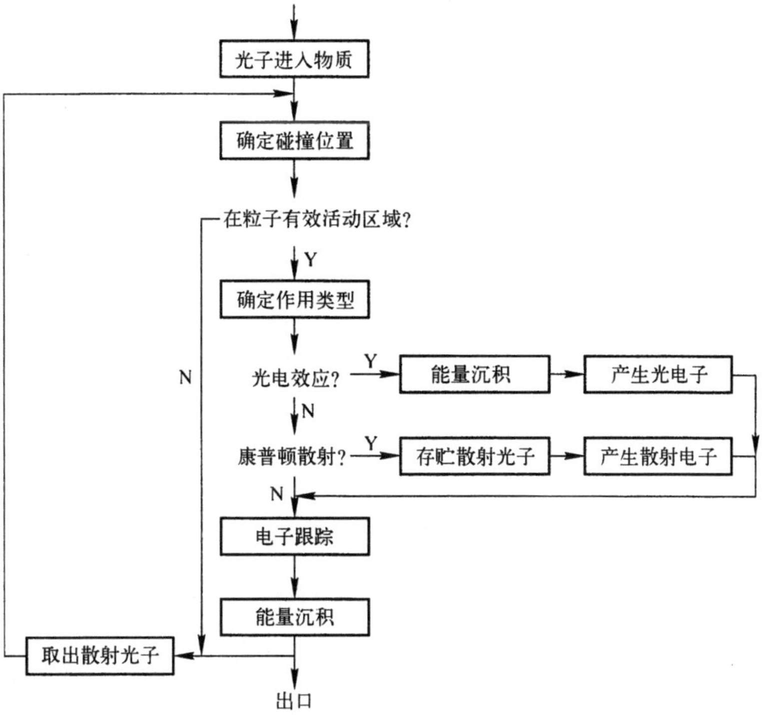

图 40.1　γ光子与物质相互作用过程的流程图

3. MCNP 软件简介

MCNP(Monte Carlo Neutron and Photo Transport Code)是由美国洛斯阿拉莫斯国家实验室利用蒙特卡罗思想编制的一个大型通用中子—光子输运程序。该程序能够很好的模拟γ射线、电子、中子与物质的相互作用,可以应用在核分析技术、反应堆设计、核医学等涉及概率统计的、与核有关的领域,如X荧光分析中激发源与探测器相对几何关系的研究、人体内外照射量的估算、加速器辐射防护层的设计、中子诱发核裂变的裂变碎片能量沉积等。

附 录

录 例

附录A

元素周期表

原子序数 ← 19 K → 元素符号
钾 → 元素名称
原子量 ← 39.0983
注 * 的是人造元素

周期＼族	1 I$_A$	2 II$_A$	3 III$_B$	4 IV$_B$	5 V$_B$	6 VI$_B$	7 VII$_B$	8 VIII	9 VIII	10 VIII	11 I$_B$	12 II$_B$	13 III$_A$	14 IV$_A$	15 V$_A$	16 VI$_A$	17 VII$_A$	18 0	电子层	0族电子数
1	1 H 氢 1.00794(7)																	2 He 氦 4.002602(2)	K	2
2	3 Li 锂 6.941(2)	4 Be 铍 9.012182(3)											5 B 硼 10.811(7)	6 C 碳 12.0107(8)	7 N 氮 14.0067(2)	8 O 氧 15.9994(3)	9 F 氟 18.9984032(5)	10 Ne 氖 20.1797(6)	L K	8 2
3	11 Na 钠 22.989770(2)	12 Mg 镁 24.3050(6)											13 Al 铝 26.981538(2)	14 Si 硅 28.0855(3)	15 P 磷 30.973761(2)	16 S 硫 32.065(5)	17 Cl 氯 35.453(2)	18 Ar 氩 39.948(1)	M L K	8 8 2
4	19 K 钾 39.0983(1)	20 Ca 钙 10.078(1)	21 Sc 钪 44.955910(8)	22 Ti 钛 17.867(1)	23 V 钒 30.9415(1)	24 Cr 铬 51.9961(6)	25 Mn 锰 54.938049(9)	26 Fe 铁 55.845(2)	27 Co 钴 58.933200(9)	28 Ni 镍 58.6934(2)	29 Cu 铜 63.546(3)	30 Zn 锌 65.39(2)	31 Ga 镓 69.723(1)	32 Ge 锗 72.64(1)	33 As 砷 74.92160(2)	34 Se 硒 78.96(3)	35 Br 溴 79.904(1)	36 Kr 氪 83.80(1)	N M L K	8 18 8 2
5	37 Rb 铷 85.4678(3)	38 Sr 锶 87.62(1)	39 Y 钇 88.90585(2)	40 Zr 锆 91.224(2)	41 Nb 铌 92.90638(2)	42 Mo 钼 95.94(1)	43 Tc 锝 (97.99)	44 Ru 钌 101.07(2)	45 Rh 铑 102.90550(2)	46 Pd 钯 106.42(1)	47 Ag 银 107.8682(2)	48 Cd 镉 112.411(8)	49 In 铟 114.818(3)	50 Sn 锡 118.710(7)	51 Sb 锑 121.760(1)	52 Te 碲 127.60(3)	53 I 碘 126.90447(3)	54 Xe 氙 131.293(6)	O N M L K	8 18 18 8 2
6	55 Cs 铯 132.90545(2)	56 Ba 钡 137.327(7)	57—71 La-Lu 镧系	72 Hf 铪 178.49(2)	73 Ta 钽 180.9479(1)	74 W 钨 183.84(1)	75 Re 铼 186.207(1)	76 Os 锇 190.23(3)	77 Ir 铱 192.217(3)	78 Pt 铂 195.078(2)	79 Au 金 196.96655(2)	80 Hg 汞 200.59(2)	81 Tl 铊 204.3833(2)	82 Pb 铅 207.2(1)	83 Bi 铋 208.98038(2)	84 Po 钋 (209,210)	85 At 砹 (210)	86 Rn 氡 (222)	P O N M L K	8 18 32 18 8 2
7	87 Fr 钫 (223)	88 Ra 镭 (226)	89—103 Ac-Lr 锕系	104 Rf 𬬻* (264)	105 Db 𬭊* (262)	106 Sg 𬭳* (263)	107 Bh 𬭛* (264)	108 Hs 𬭶* (265)	109 Mt 鿏* (268)	110 Ds 𫟼* (269)	111 Rg 𬬭* (272)	112 Cn 鎶* (277)								

镧系	57 La 镧 138.9055(2)	58 Ce 铈 140.116(1)	59 Pr 镨 140.90765(2)	60 Nd 钕 144.24(3)	61 Pm 钷* (147)	62 Sm 钐 150.36(3)	63 Eu 铕 151.964(1)	64 Gd 钆 157.25(3)	65 Tb 铽 158.92534(2)	66 Dy 镝 162.50(3)	67 Ho 钬 164.93032(2)	68 Er 铒 167.259(3)	69 Tm 铥 168.93421(2)	70 Yb 镱 173.04(3)	71 Lu 镥 174.967(1)
锕系	89 Ac 锕 (227)	90 Th 钍 232.0381(1)	91 Pa 镤 231.03588(2)	92 U 铀 238.02891(3)	93 Np 镎 (237)	94 Pu 钚 (239,244)	95 Am 镅* (243)	96 Cm 锔* (217)	97 Bk 锫* (247)	98 Cf 锎* (251)	99 Es 锿* (252)	100 Fm 镄* (257)	101 Md 钔* (258)	102 No 锘* (259)	103 Lr 铹* (260)

注：1. 原子量录自 1999 年国际原子量表，以$^{12}C=12$为基准。原子量的末位数的准确度加注在其后括号内。
2. 括号内数据是天然放射性元素较重要的同位素的质量数或人造元素半衰期最长的同位素的质量数。

附录 B 元素吸收限及特征 X 射线能量

（单位：keV）

							L 系													M 系					
	K 系						L_{I} 系				L_{II} 系				L_{III} 系					M_{IV} 系		M_{V} 系			
Z 元素	K(ab)	$K\beta_3$	$K\beta_1$	$K\beta_2$	$K\alpha_1$	$K\alpha_2$	L_{I}(ab)	$L\gamma_3$	$L\beta_3$	$L\beta_4$	L_{II}(ab)	$L\gamma_1$	$L\beta_1$	$L\eta$	L_{III}(ab)	$L\beta_2$	$L\alpha_1$	$L\alpha_2$	Ll	M_{IV}(ab)	$M\beta$	M_{V}(ab)	$M\alpha_1$	$M\alpha_2$	Z 元素
1 H	0.0136																								1 H
2 He	0.025																								2 He
3 Li	0.055				0.052																				3 Li
4 Be	0.112				0.110																				4 Be
5 B	0.192				0.185																				5 B
6 C	0.283				0.277																				6 C
7 N	0.399				0.392																				7 N
8 O	0.531				0.525																				8 O
9 F	0.687				0.677																				9 F
10 Ne	0.867				0.848																				10 Ne
11 Na	1.072		1.067		1.041																				11 Na
12 Mg	1.305		1.295		1.253																				12 Mg
13 Al	1.559		1.553		1.486	1.486																			13 Al
14 Si	1.838		1.829		1.740	1.739																			14 Si
15 P	2.142		2.136		2.013	2.012																			15 P
16 S	2.472		2.464		2.307	2.306																			16 S
17 Cl	2.822				2.622	2.620																			17 Cl
18 Ar	3.202		3.190		2.957	2.955																			18 Ar
19 K	3.607		3.589		3.313	3.310								0.262					0.260						19 K
20 Ca	4.038		4.012		3.691	3.687	0.400					0.350	0.345	0.306	0.346		0.341		0.303						20 Ca
21 Sc	4.496		4.460		4.090	4.085	0.463					0.407	0.400	0.353	0.403		0.395		0.348						21 Sc
22 Ti	4.965		4.931		4.510	4.504	0.530					0.460	0.458	0.401	0.454		0.452		0.395						22 Ti
23 V	5.465		5.426		4.951	4.944	0.604		0.585			0.520	0.519	0.453	0.513		0.511		0.446						23 V
24 Cr	5.989		5.946		5.414	5.405	0.682		0.654			0.583	0.583	0.510	0.574		0.573		0.500						24 Cr
25 Mn	6.540		6.489		5.898	5.887	0.754		0.721			0.652	0.649	0.567	0.641		0.637		0.556						25 Mn
26 Fe	7.112		7.057		6.403	6.390	0.842		0.792			0.721	0.718	0.628	0.709		0.705		0.615						26 Fe
27 Co	7.709		7.648		6.929	6.914	0.929		0.866			0.794	0.791	0.694	0.779		0.776		0.678						27 Co

28 Ni	8.333	8.263			7.477	7.460	1.012		0.941			0.872	0.869	0.762	0.855		0.851		0.743						28 Ni
29 Cu	8.979	8.904			8.046	8.026	1.100		1.023			0.952	0.950	0.832	0.932		0.930		0.811						29 Cu
30 Zn	9.659	9.570		9.656	8.637	8.614	1.196		1.107			1.044	1.034	0.906	1.021		1.012		0.884						30 Zn
31 Ga	10.368	10.259	10.263	10.365	9.250	9.223	1.300		1.197			1.134	1.125	0.984	1.117		1.098		0.957						31 Ga
32 Ge	11.104	10.976	10.980	11.099	9.885	9.854	1.420		1.294	1.286		1.249	1.218	1.068	1.218		1.188		1.036						32 Ge
33 As	11.868	11.718	11.724	11.862	10.542	10.506	1.530		1.388			1.360	1.317	1.155	1.325		1.282		1.120						33 As
34 Se	12.658	12.437	12.494	12.650	11.220	11.179	1.653		1.490			1.477	1.419	1.244	1.436		1.379		1.204						34 Se
35 Br	13.474	13.282	13.289	13.467	11.922	11.876	1.794		1.596		1.596		1.526	1.339	1.550		1.480		1.293						35 Br
36 Kr	14.322	14.102	14.110	14.312	12.648	12.596	1.920		1.706	1.697	1.756		1.636		1.675		1.586								36 Kr
37 Rb	15.201	14.949	14.959	15.183	13.393	13.333	2.067		1.826	1.817	1.866		1.752	1.542	1.806		1.694	1.692	1.482						37 Rb
38 Sr	16.105	15.822	15.833	16.082	14.163	14.095	2.216		1.947	1.936	2.007		1.871	1.649	1.940		1.806	1.804	1.582						38 Sr
39 Y	17.037	16.723	16.735	17.013	14.956	14.880	2.369		2.072	2.060	2.145		1.995	1.761	2.079		1.922	1.920	1.685						39 Y
40 Zr	17.998	17.651	17.665	17.967	15.772	15.688	2.547		2.201	2.187	2.307	2.302	2.124	1.876	2.223	2.219	2.042	2.040	1.792						40 Zr
41 Nb	18.986	18.603	18.619	18.949	16.612	16.518	2.698		2.334	2.319	2.465	2.461	2.257	1.996	2.371	2.367	2.166	2.163	1.902						41 Nb
42 Mo	20.002	19.587	19.605	19.962	17.476	17.371	2.866		2.473	2.455	2.625	2.623	2.394	2.120	2.520	2.518	2.293	2.289	2.015						42 Mo
43 Tc	21.054	20.595	20.615	21.002	18.364	18.248	3.054				2.795		2.536		2.677		2.424								43 Tc
44 Ru	22.118	21.631	21.653	22.070	19.276	19.147	3.236		2.763	2.741	2.966	2.964	2.683	2.382	2.837	2.835	2.558	2.554	2.252						44 Ru
45 Rh	23.224	22.695	22.720	23.169	20.213	20.070	3.419		2.915	2.890	3.146	3.143	2.834	2.519	3.003	3.001	2.696	2.692	2.376						45 Rh
46 Pd	24.350	23.787	23.815	24.295	21.174	21.017	3.617		3.072	3.045	3.330	3.328	2.990	2.660	3.173	3.171	2.838	2.833	2.503						46 Pd
47 Ag	25.514	24.907	24.938	25.452	22.159	21.987	3.806	3.749	3.234	3.203	3.524	3.519	3.150	2.806	3.351	3.347	2.984	2.978	2.633						47 Ag
48 Cd	26.711	26.057	26.091	26.639	23.170	22.980	4.019		3.401	3.367	3.727	3.716	3.316	2.956	3.537	3.528	3.133	3.126	2.676						48 Cd
49 In	27.940	27.233	27.271	27.856	24.206	23.998	4.237		3.572	3.535	3.938	3.920	3.487	3.112	3.730	3.713	3.286	3.279	2.904						49 In
50 Sn	29.200	28.439	28.481	29.104	25.267	25.040	4.465		3.750	3.708	4.156	4.130	3.662	3.272	3.929	3.904	3.443	3.435	3.044						50 Sn
51 Sb	30.491	29.674	29.721	30.388	26.355	26.106	4.698		3.932	3.886	4.381	4.347	3.843	3.436	4.132	4.100	3.604	3.595	3.188						51 Sb
52 Te	31.813	30.939	30.990	31.698	27.468	27.197	4.939		4.120	4.069	4.612	4.570	4.029	3.605	4.341	4.301	3.769	3.758	3.335						52 Te
53 I	33.169	32.234	32.289	33.036	28.607	28.312	5.188		4.313	4.257	4.852	4.800	4.220	3.780	4.557	4.507	3.937	3.925	3.484						53 I
54 Xe	34.582	33.556	33.619	34.408	29.774	29.453	5.452				5.100				4.781		4.109								54 Xe
55 Cs	35.959	34.913	34.981	35.815	30.968	30.620	5.720	5.552	4.716	4.649	5.358	5.279	4.619	4.141	5.011	4.935	4.286	4.272	3.794						55 Cs
56 Ba	37.441	36.298	36.372	37.251	32.188	31.812	5.995	5.808	4.926	4.851	5.624	5.530	4.827	4.330	5.247	5.156	4.465	4.450	3.953						56 Ba
57 La	38.925	37.714	37.795	38.723	33.436	33.028	6.267	6.073	5.143	5.061	5.891	5.788	5.041	4.524	5.483	5.383	4.650	4.633	4.124	0.851	0.854				57 La
58 Ce	40.449	39.163	39.251	40.226	34.714	34.273	6.549	6.340	5.364	5.276	6.165	6.051	5.261	4.73	5.724	5.612	4.839	4.822	4.287	0.902	0.902				58 Ce

续表

Z元素	K系						L系													M系					Z元素
							L_I系				L_{II}系				L_{III}系					M_{IV}系		M_V系			
	K(ab)	$K\beta_3$	$K\beta_1$	$K\beta_2$	$K\alpha_1$	$K\alpha_2$	L_I(ab)	$L\gamma_3$	$L\beta_3$	$L\beta_4$	L_{II}(ab)	$L\gamma_1$	$L\beta_1$	$L\eta$	L_{III}(ab)	$L\beta_2$	$L\alpha_1$	$L\alpha_2$	Ll	M_{IV}(ab)	$M\beta$	M_V(ab)	$M\alpha_1$	$M\alpha_2$	
59 Pr	41.998	40.646	40.741	41.767	36.020	35.544	6.846	6.615	5.591	5.497	6.443	6.321	5.488	4.936	5.968	5.849	5.033	5.013	4.452		0.949				59 Pr
60 Nd	43.571	42.159	42.264	43.327	37.355	36.841	7.126	6.900	5.828	5.721	6.722	6.601	5.721	5.145	6.208	6.088	5.229	5.207	4.632	1.004	0.996				60 Nd
61 Pm	45.207	43.705	43.818	44.929	38.718	38.165	7.448		6.070		7.018	6.891	5.960		6.466	6.338	5.432	5.407							61 Pm
62 Sm	46.835	45.281	45.405	46.566	40.111	39.516	7.737	7.485	6.317	6.195	7.312	7.177	6.205	5.588	6.717	6.586	5.635	5.607	4.994	1.108	1.100				62 Sm
63 Eu	48.515	46.896	47.030	48.248	41.535	40.895	8.069	7.795	6.570	6.438	7.624	7.479	6.455	5.816	6.983	6.842	5.845	5.816	5.176		1.153				63 Eu
64 Gd	50.240	48.547	48.688	49.952	42.989	42.302	8.376	8.104	6.830	6.686	7.931	7.784	6.712	6.049	7.243	7.102	6.056	6.024	5.361	1.221	1.209				64 Gd
65 Tb	51.996	50.221	50.374	51.715	44.474	43.737	8.708	8.422	7.095	6.939	8.252	8.100	6.977	6.283	7.515	7.365	6.272	6.237	5.546	1.280	1.266				65 Tb
66 Dy	53.789	51.949	52.110	53.500	45.991	45.200	9.083	8.752	7.369	7.203	8.621	8.417	7.246	6.533	7.850	7.634	6.494	6.457	5.742		1.325				66 Dy
67 Ho	55.615	53.702	53.868	55.315	47.539	46.692	9.395	9.086	7.650	7.470	8.919	8.746	7.524	6.787	8.071	7.910	6.719	6.679	5.942	1.390	1.383				67 Ho
68 Er	57.483	55.485	55.672	57.204	49.119	48.213	9.776	9.429	7.938	7.744	9.263	9.087	7.809	7.057	8.364	8.188	6.947	6.904	6.152		1.443				68 Er
69 Tm	59.390	57.293	57.506	59.085	50.733	49.764	10.116	9.778	8.229	8.024	9.618	9.424	8.100	7.308	8.648	8.467	7.179	7.132	6.341	1.515	1.503				69 Tm
70 Yb	61.332	59.141	59.356	60.974	52.380	51.345	10.486	10.141	8.535	8.312	9.978	9.778	8.400	7.579	8.943	8.757	7.414	7.366	6.544	1.578	1.567				70 Yb
71 Lu	63.304	61.037	61.272	62.956	54.061	52.956	10.867	10.509	8.845	8.605	10.345	10.142	8.708	7.856	9.241	9.047	7.654	7.604	6.752		1.631				71 Lu
72 Hf	65.351	62.969	63.222	64.969	55.781	54.602	11.264	10.889	9.162	8.904	10.739	10.514	9.021	8.138	9.561	9.346	7.898	7.843	6.958	1.718	1.697				72 Hf
73 Ta	67.414	64.938	65.212	67.001	57.523	56.267	11.680	11.276	9.486	9.211	11.139	10.893	9.342	8.427	9.881	9.650	8.145	8.086	7.172	1.793	1.765				73 Ta
74 W	69.524	66.940	67.233	69.089	59.308	57.972	12.098	11.672	9.817	9.524	11.542	11.284	9.671	8.723	10.204	9.960	8.396	8.334	7.386	1.871	1.835	1.809	1.775	1.773	74 W
75 Re	71.662	68.983	69.298	71.219	61.130	59.708	12.522	12.080	10.158	9.845	11.955	11.683	10.008	9.026	10.531	10.274	8.651	8.585	7.602		1.906				75 Re
76 Os	73.860	71.065	71.401	73.390	62.990	61.476	12.965	12.498	10.509	10.174	12.383	12.093	10.354	9.835	10.869	10.597	8.910	8.840	7.821		1.978				76 Os
77 Ir	76.112	73.190	73.548	75.606	64.885	63.276	13.424	12.922	10.866	10.509	12.824	12.510	10.705	9.619	11.215	10.919	9.174	9.098	8.040	2.116	2.053	2.041	1.980	1.975	77 Ir
78 Pt	78.395	75.355	75.735	77.864	66.821	65.112	13.892	13.359	11.233	10.852	13.273	12.940	11.069	9.973	11.564	11.249	9.441	9.360	8.267	2.202	2.127	2.122	2.050	2.046	78 Pt
79 Au	80.723	77.567	77.971	80.172	68.792	66.978	14.353	13.807	11.608	11.203	13.733	13.379	11.440	10.307	11.918	11.583	9.712	9.626	8.493	2.291	2.204	2.206	2.123	2.118	79 Au
80 Hg	83.103	79.809	80.240	82.530	70.807	68.883	14.846	14.262	11.993	11.561	14.209	13.828	11.821	10.649	12.284	11.922	9.987	9.896	8.720	2.385	2.282	2.295			80 Hg
81 Tl	85.528	82.104	82.562	84.933	72.859	70.820	15.344	14.734	12.388	11.929	14.698	14.289	12.211	10.992	12.657	12.270	10.267	10.171	8.952	2.485	2.362	2.389	2.270	2.265	81 Tl
82 Pb	88.006	84.436	84.922	87.351	74.956	72.792	15.860	15.215	12.791	12.304	15.198	14.762	12.612	11.347	13.035	12.621	10.550	10.448	9.183	2.586	2.442	2.484	2.345	2.339	82 Pb
83 Bi	90.527	86.819	87.328	89.846	77.095	74.802	16.385	15.708	13.208	12.689	15.708	15.245	13.021	11.710	13.418	12.978	10.837	10.729	9.419	2.687	2.525	2.579	2.422	2.416	83 Bi
84 Po	93.112	89.231	89.781	92.383	79.279	76.851	16.935		13.635	13.083	16.244	15.741	13.445		13.817	13.338	11.129	11.014	9.662						84 Po
85 At	95.740	91.707	92.287	94.974	81.499	78.930	17.490		14.065		16.784	16.249	13.874		14.215		11.425	11.303							85 At
86 Rn	98.418	94.230	94.850	94.622	83.768	81.051	18.058		14.509		17.337	16.768	14.313		14.618		11.725	11.596							86 Rn

87 Fr	101.147	96.791	97.460	100.307	86.089	83.217	18.638		14.973		17.904	17.300	14.768		15.028	14.448	12.029	11.893							87 Fr
88 Ra	103.927	99.415	100.113	103.051	88.454	85.419	19.233	18.354	15.442	14.745	19.078	17.845	15.233	13.661	15.442	14.839	12.338	12.194	10.620						88 Ra
89 Ac	106.759	102.084	102.829	105.849	90.868	87.660	19.842		15.929		19.078	18.405	15.710		15.865		12.650	12.499							89 Ac
90 Th	109.649	104.813	105.591	108.699	93.334	89.938	20.470	19.503	16.423	15.640	19.692	18.979	16.199	14.507	16.300	15.621	12.967	12.807	11.117	3.491	3.145	3.332	2.996	2.986	90 Th
91 Pa	112.581	107.576	108.409	111.605	95.852	92.271	21.102	20.094	16.927	16.101	20.311	19.565	16.699	14.944	16.731	16.022	13.288	13.120	11.364		3.239		3.082	3.072	91 Pa
92 U	115.603	110.387	111.281	114.587	98.422	94.649	21.756	20.709	17.452	16.573	20.947	20.164	17.217	15.397	17.167	16.425	13.612	13.437	11.616	3.728	3.336	3.552	3.170	3.159	92 U
93 Np	118.619		113.725	118.057	100.781	96.844	22.417	21.336	17.986	17.058	21.596	20.781	17.747	15.874	17.614	16.837	13.942	13.757	11.887						93 Np
94 Pu	121.760		116.943	120.350	103.300	99.168	23.095	21.979	18.537	17.553	22.263	21.414	18.291	16.330	18.053	17.252	14.276	14.082	12.122						94 Pu
95 Am	124.876		120.350	123.960	105.949	101.607	23.793		19.103	18.060	22.944	22.061	18.849		18.525	17.673	14.615	14.409	12.381						95 Am
96 Cm	128.088		122.733	126.490	108.737	104.168	24.503				23.640	22.703	19.399		18.990	18.096	14.953	14.740							96 Cm
97 Bk	131.357		126.490	130.484	111.676	106.862	25.230				24.352	23.389	19.961		19.461	18.529	15.304	15.080							97 Bk
98 Cf	134.683		127.794	133.290	114.778	109.699	25.971				25.080	24.070	20.557		19.938	18.983	15.652	15.418							98 Cf

附录C 天平的使用

1. 质量的称量

测定物体的质量，常常是通过该物体的重量和已知质量物体（砝码）的重量比较而得到的。物体的重量 $w=m\times g$。这里，m 是该物体的质量，g 为当地的重力加速度。要是通过比较得到待测物体的重量 w_1 和已知质量 m_2 的标准物体（砝码）的重量 w_2 相等，于是

$$w_1=w_2$$

$$m_1\times g=m_2\times g$$

则

$$m_1=m_2$$

所以，测定物体的质量是通过质量的标准物体的重量相对比较而得到的。

测定或对比物质的重量，经常用到的是天平。由于在同一地点进行测量，完全满足前式的要求。当改变测量地点，重力加速度同时改变，不影响测量结果。因此，使用天平用比较法测定物体的质量，无论在什么地方进行测量其示值是不变的。

除了使用天平进行测量之外，通常还使用弹簧秤或扭力天平等仪器来测定物体的重量，这些仪器是用弹簧的弹性或弹性丝的扭力来平衡物体的重量。弹性、扭力与重力无关，而重量取决于物体质量与重力加速度的乘积。因此，同一物质在不同地点所称重量不同，在测定质量时必须进行相应的校正。

2. 天平的基本结构和使用

各种天平的结构，从原理上讲是一样的，即都有一条横梁，在横梁的中部有一个刃口朝下的硬质棱柱，作为中心支点。在与中心棱柱相等距离的两端分别装有一个刃口朝上的硬质棱柱。刃口到中心棱柱刃口的距离相等，且相互平行。与三个刃口对应的是三个磨平的硬质材料制成的小平台。中心棱柱与整个系统的重心，在同一垂线上，而两端的棱柱则用来悬挂（或支撑）托盘，以放置待测物或砝码。

天平的结构不同，感量不同。大致可以分为三类：

(1) 粗天平

也称司药天平，或托盘天平，其结构简单，在钢制横梁上装有三个钢制棱柱，面对天平的右端有一微调螺旋，可以调整指针的零点。前面有游标，可以读出物体重量的克数，最小刻度为 0.1 g，相配的砝码为 1 g，2 g（×2），5 g，10 g，20 g（×2），50 g，100 g。其不确定度为 0.5 g。一般用于物体质量的粗略称量。

(2) 物理天平

其结构较为复杂，感量可达 0.01 g，不确定度为 0.05 g，最大称重为 200 g。除了普通天

平所具有的结构外，为了提高其测量准确度还常采取以下措施：

a. 调平

整个天平安装在比较厚重的底盘上，底盘下面有三个底脚。后面一个是固定的，高度不可调；前面两个是高度可调的底脚螺丝，以调节底盘的水平，使天平支柱处于垂直状态。操作者两手同时旋转前面两个底脚螺丝。拇指相对运动，则底盘左右的斜度改变；拇指同向运动，则底盘前后斜度改变。最后，使水准器水泡居中或重锤尖端与底盘上尖端对准。

b. 调零点

在横梁两端装有两个调零螺丝。调节其位置，可以使在天平空载，即没有待称物体和砝码时，天平平衡，指针读数为 0。要特别注意的是在进行任何调节之前，必须锁住天平，即反时针方向旋转锁紧螺旋，使整个横梁稍微抬起并固定，三个刃口同时离开小平台，然后才能进行调整。调整以后再松开锁紧螺旋，观察调整结果；反复多次。

c. 调灵敏度

在横梁中心装有一根向下的细长指针，以指示 0 点。一般在指针上有一个配重，以调节系统的重心。重心越高(配重上移)，天平不平衡时，左右摆动的幅度就大；重心越低，同样的不平衡程度，摆动的幅度就越小。在 0 点指示器上有刻度，根据指针指示的格数，可以读取称量值的尾数。在一般情况下，仪器出厂时，已经调整好配重的位置，使指针的格数与称量值的尾数一致。不必经常改动。

(3) 分析天平

熟悉物理天平的结构和调整方法之后，对分析天平就比较容易了解。

分析天平的结构更加精细，其感量可达 0.1 mg，不确定度为 0.5 mg。三个刃口和小平台都用玛瑙制成。玛瑙质地坚硬而性脆。一方面可以得到精确、稳定的性能，同时又极容易损坏。因此要特别注意。操作时，必须戴白手套，以防止汗渍污染器件而降低测量准确度。旋转锁紧螺旋，抬起和放下硬铝合金横梁时，必须轻柔、缓慢，防止撞伤玛瑙刃口。调整仪器，取放待称物体和增减砝码时，都必须在反时针方向旋转锁紧螺旋，抬起横梁，锁紧整个系统的情况下进行。否则，一旦撞伤刃口，整个天平报废。养成用左手增减砝码，右手控制锁紧螺旋，天平打开时，右手不离开的习惯。反时针旋转锁紧螺旋，锁紧天平后，右手再完成其他工作。

为防止振动，分析天平一般都放在混凝土平台上使用。

a. 调平

与物理天平的调节方法相同，但在分析天平上，一般是用圆形水准器指示水平。仔细调节，使水准器气泡居中。

b. 调零点

插上电源，使天平光学系统正常工作，在天平没有载荷的情况下，顺时针旋转锁紧螺丝，打开天平。这时，光学指示系统工作。在指示器上有标尺和刻度线显示。一般情况下，刻度线会迅速向“+”或“−”方向移动，表示右盘“+”或“−”失衡，立即锁紧天平。戴白手套调节在横梁上(在两端或桁架中)的零点调整螺丝。调整以后再松开锁紧螺旋，观察调整结果；多次反复，使刻度线与标尺 0 点之差在最小刻度附近，并记下作为零点系统偏差，在测量数据中扣除。

c. 调灵敏度

分析天平上调灵敏度的配重常常是在横梁中点装有向上、与指针相对的螺丝上。向上旋转配重，重心升高，天平的零点指示灵敏度提高。反之，则灵敏度降低。由于分析天平是用指针读取 mg 量级的读数，因而灵敏度的调节具有定量的意义，必须注意。

在没有待测物体的情况下，在左盘加上 10 mg 的砝码。打开天平，这时天平失衡，刻度线往标尺的“－”端移动。应该指示在－10 mg 的位置上。若偏离，则应在锁紧系统的情况下调节灵敏度螺丝，使示值与－10 mg 的偏差在最小刻度（0.1 mg）以内。

d. 分析天平的砝码系统

分析天平的砝码与其他天平不同，不是单独存放在砝码盒中，而是用支架悬挂在天平玻璃盒内。用手柄控制将需要的砝码加在天平左盘的支架上。天平分别配有 100 g（×2），10～90 g，1～9 g，100～900 mg 和 10～90 mg 五组砝码，可以组成 10.0 mg～299.990 g 的数值（注意，天平的最大称量一般为 200 g，不要超过），而 1 mg 量级以下的读数由 0 刻度线在光学标尺上读取。

e. 分析天平的维护

分析天平属精密仪器，必须注意维护。在前面不厌其烦地、反复多次地提到在进行任何操作时都应先锁紧天平，以免撞伤玛瑙刃口，这十分重要。此外，还应注意以下几点：

① 清洁。天平放在玻璃箱中，防止灰尘污染，随时关闭玻璃箱。必要时，用小毛刷清扫托盘、横梁、阻尼盒和砝码。

② 干燥。空气中的潮气会降低测量数据的准确度，应在玻璃箱中放一些（盛于小烧杯中）吸潮变色硅胶。及时更换，保持干燥。

③ 防静电。在精确称量某些绝缘物体（例如有机薄膜）时，待测试样容易带电，并会因静电吸引而引入误差，其数值可达 mg 量级。应对试样去静电或选用镀金属膜的有机膜，防止静电的影响。

④ 校准砝码。砝码是称量的标准，砝码的误差会给测量数据引入系统误差。应该定期到计量单位进行校准。

3. 称重方法

(1) 一般方法

称量物体的质量，可以将待测物体放在称重盘上，另一边放上砝码。在天平平衡，指针指示为 0 时，物体的质量就等于砝码的质量。若稍有区别，则在指针在标尺上的示值读取质量的尾数。

按习惯，在左盘上放待测物体，右盘上放砝码（分析天平例外），这是因为右手增减砝码比较顺手。

(2) 复称法（高斯法）

将待测物体与砝码比较，称重两次。分别将物体与砝码交换左右位置，得到 w_1 和 w_2，则物体的重量为：

$$w = \sqrt{w_1 \cdot w_2}$$

而且

$$w = m \cdot g$$

则　　$$m/w=m_0/w_0 \quad 或 \quad m=m_0 \cdot \frac{w}{w_0}$$

这里，m_0、w_0表示砝码的标准质量和称重重量。

由于 w_1 和 w_2 非常接近，所以也可以简化为：

$$w=\frac{w_1+w_2}{2}$$

这样，清除了由于天平结构缺陷引入的误差。在用精密天平对砝码进行校准时常用这种方法。

(3) 定载法

在天平的左端放上质量稳定，不吸潮，受环境影响较小的重物，右端放待测物体。逐渐加入一些砝码，使天平平衡。然后，从右盘上取下待测物体，再加上一些砝码，使天平重新平衡。重新加入砝码的质量就等于待测物体的质量。当然，测量的尾数都要由指针在标尺上读出，并计入测量数据。由于是在同一条件下称量物体和砝码，可以减小测量条件和仪器结构缺陷引入的误差。

(4) 减重法

当待测物体的质量要求用分析天平精确称量时，由于砝码固定配置在天平的左端，不能用复称法或定载法精确测量。在这种情况下，可以将待测物体放在一个容器(如称量杯)中，称取其总质量。取出待测物体后，再称容器的质量，其差值即为待测物体的质量。这种方法在称取流体和粉末物体时较好。不但在一定程度上减小测量误差，还避免了容器上残留引入的误差。

称量完毕并检查数据无误后，锁紧天平，将砝码手柄全部归零，拔掉电源，整理好设备后结束工作。

附录D 长度的测量

1. 比较法测量长度

将待测物体的长度与标准尺的长度比较。这是测量长度最简便，也是最常用的方法。准确测量的关键是将待测物体的两端与标准尺贴紧、对准，读出起始点(常常是0点)与终止点的读数，其差值就是待测物体的长度。

所选标准尺的种类、精度不同，所测定长度的有效数字也不同，用分格为1 cm的木尺测量长度，只能估计到mm，而用较好的分格为1 mm的钢尺，则可以估计到有效数字的最后一位为0.1 mm。

对于一些不能紧贴标尺的待测物体，如不规则物体的长度、球体和圆柱体的直径等，用比较法的测量误差较大。这是因为视差使起始点与终止点的读数误差较大。

2. 游标法测量长度

为提高标准尺读数的精度，常在标准尺(主尺)上附加一个可以沿主尺滑动的小尺(副尺或游标)，主尺上的最小分格长度为 y；游标上的最小分格长度为 x。在制作游标时，使游标上 m 个分格的长度 等于主尺上$(m-1)$个分格的长度，即

$$mx = (m-1)y \tag{D-1}$$

解得：

$$y - x = \Delta x = \frac{1}{m} \cdot y \tag{D-2}$$

Δx 表示主尺和游标每一分格之差，即游标的最小读数值，称为游标精度。较原有主尺的精度提高了 m 倍。通常用的游标有1/10、1/20和1/50等。

最常见的游标尺是游标卡尺(见图D.1)。在主尺上附有一个带游标的量爪，与主尺上的量爪相对。量爪的相对面仔细磨平、抛光。在量爪完全合拢时，主尺和游标的刻度起点相合，读数为0。

将待测物体放在量爪之间，轻推游标，使量爪卡住待测物体。这时，游标的起点超过主尺上的某一刻度 k，而游标上的第 q 个刻度恰好与主尺上的某一刻度相合。于是，待测物体的长度 l 为：

$$l = k \cdot y + \Delta x \cdot q \tag{D-3}$$

除了对外形平整的物体可以用游标法测定长度之外，用游标卡尺测定不规则物体的长度以及圆球、圆柱的直径，管状物的内径，物体的壁厚，空腔的深度等比较方便。

卡尺上的关键部位是量爪的吻合平面，注意保持清洁，以免磨损或锈蚀。

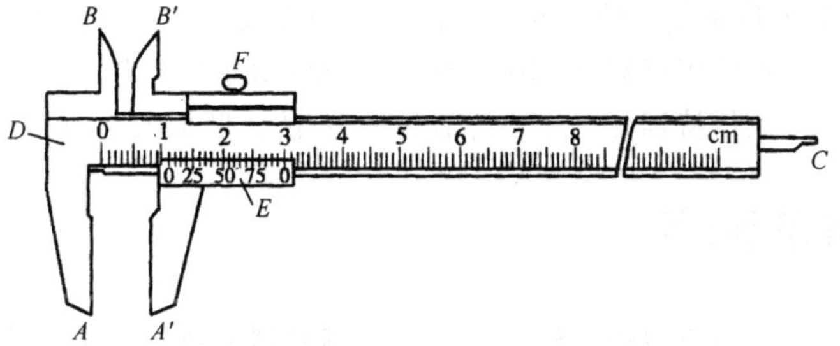

图 D.1　游标卡尺

A,A′—量爪;B,B′—量刃;C—量尺;D—主尺;E—游标;F—固定螺钉

3. 螺旋法测量长度

螺旋的主要指标之一是螺距,即旋转一周螺杆和螺母相对运动的距离。若螺丝加工精密,用螺旋旋转的角度表示螺旋的相对移动,则可大幅度减小测量长度的最小读数,提高测量精度。

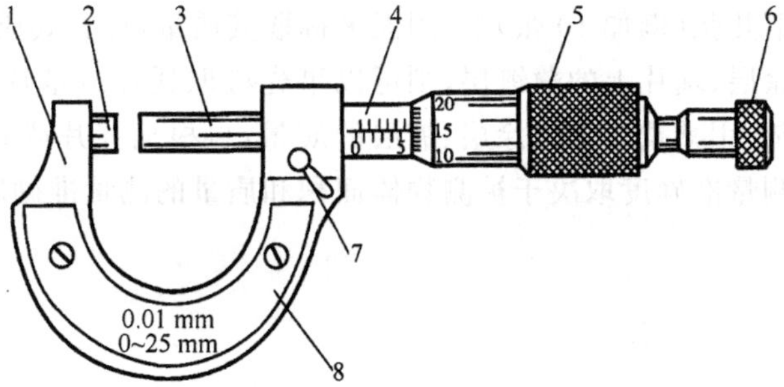

图 D.2　螺旋测微器

1—尺架;2—测砧;3—测微螺杆;4—螺杆套管;
5—微分套筒;6—棘轮;7—锁紧装置;8—绝热板

用螺旋法测定长度的仪器称为"螺旋测微器"或"千分尺"。其原理是在一根精密加工的螺杆上,配上刻有毫米刻度的套筒;与螺杆上的螺母相连的还有表示旋转角度的微分套筒和限力把手(棘轮)。为了与实际长度相符,旋转角度一周不是刻成 360°,而是刻成十进制的整数,例如 50 格。在没有待测物体时,用限力把手将螺杆旋进至其间隙相合,这时限力把手发出"咔、咔……"的声音,同时微分套筒上的边缘与套筒上 0 点相合,而且刻度指示为 0。若螺杆的螺距为 0.5 mm,而外套筒上的刻度 50,于是旋转 2 周(2×50=100 格),螺杆移动 1 mm。

反向旋转限力把手,使间隙加大到能容纳待测物体,再正向旋转限力把手,至发出"咔、咔……"声为止。这时可以在微分套筒的边缘上读出内套筒上的位移整数 k 和外套筒上的旋转刻度 q,于是待测物体的长度为:

$$l = k \cdot y + \Delta x \cdot q \qquad \text{(D-4)}$$

其中，y 是螺杆套筒上最小刻度的长度；而 Δx 是微分套筒上的每格所代表的长度。

螺旋测微器是一种精密仪器，使用中操作要细致，动作要柔和，不能用力扭动限力把手和微分套筒。还要注意保持螺杆端面的清洁和平整，防止磨损或锈蚀。

4. 质量厚度的测定

一般物体厚度的测量可以用游标卡尺或螺旋测微器完成。但是当待测物体不是刚体，其厚度可以压缩或者被测物件厚度太小不便测量的情况下，就不宜直接用长度来表示其厚度。因而，引入“质量厚度”的概念，即“单位面积上的质量”，其单位为 g/cm^2。质量厚度在一些资料中也称为“面密度”。

关于“质量厚度”人们并不陌生，在衡量一些可压缩物体，如棉絮的厚度时，就常用：“1.5 kg 的棉絮”，就是面积为 $1.5\ m\times2\ m=3\ m^2$ 大小的棉絮质量为 1.5 kg，其质量厚度为 0.5 kg/m^2；而 70 g 的打印纸就是每平方米的纸重 70 g。

在核辐射测量方法和核技术应用中，某些物体，由于厚度可以压缩或太薄或太厚不便直接测量时，广泛采用质量厚度来表征物体的特征，十分方便。

测量物体的质量厚度，首先要准确测定物体的面积，然后用天平称量物体的质量。再计算其质量厚度。在纸张和薄膜的生产中常用这种方法：从收料辊上裁下一段成品纸，用量规(面积准确已知)切下几张(例如 10 张)纸，用天平称取其质量，计算其质量厚度。

对托片上的薄涂层、基片上的薄镀层，则可以事先称取托片或基片的质量，涂敷或电镀之后再称取其总质量，用减重法求取涂层、镀层的质量，再根据托片或基片的面积计算质量厚度。质量厚度的测量准确度取决于被测物体面积和质量的测量准确度。

附录 E 低功率高电压的测量

在核辐射探测和核技术应用实验中所用探测器的高压或偏压常常都是由振荡器产生的低功率高压。电压一般为 $n\times10^2\sim n\times10^3$ V，而内阻很大，只允许有很小的电流。用一般电压表测量其电压时，由于电压表内阻不够大，存在附加电流，造成测量误差，甚至使振荡器停振。

此外，在检查与高压相关的电路时，常需要随时检测各点的电压。由于测试电表的内阻较小，引入测量误差而导致错误的判断。

一般测量这类电压常用以下几种方法测量。

1. 高内阻电压表

在仪器设备中指示高压，都用内阻很高的电压表或数字电压表。在这种情况下，必须将电压表始终连接在高压电路中，无论安装调试或使用都保持电路工作状态不变。否则输出高压将发生变化。

2. 补偿法测高压

高压电源具有电势 U_0 和内阻 R_i，负载为 R_L；在 R_L 的下端取一小部分 R_l 供测量用。测量部分包括电池 U，电位器 R（由 R_1，R_2，R_3 组成），电压表 V 和检流计 A。当调节电位器 R_2，在电压表 V 上读出其中心抽头的电压 V。当测量装置的引线测试高压电压，接触 K 点时，检流计 A 会有电流流过。调节 R_2 中心抽头位置，使接触 K 点时，A 上没有电流显示，表明 K 点电位与电压表指示电压相同，于是

$$\mathrm{HV}=\frac{R_L+R_l}{R_l}\cdot V \tag{E-1}$$

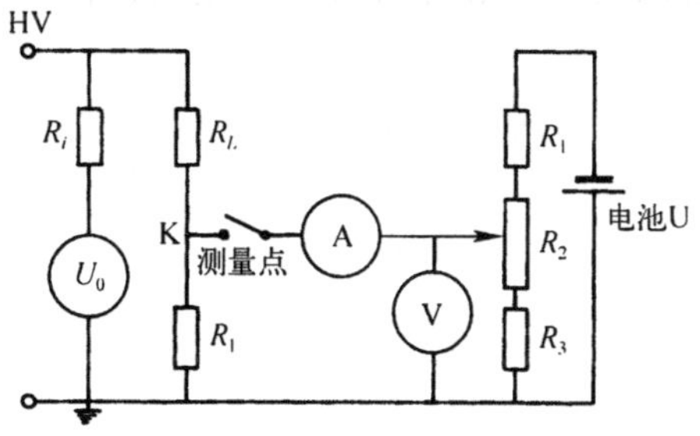

图 E.1 补偿法电路原理图

3. 静电伏特计测定高压

静电伏特计是利用带电物体相互吸引、排斥的原理来测定高压的。除了向电极上输送一定电荷之外，实际上不消耗电流。因此用静电伏特计测量高压，对高压电路的工作状态没有影响，可以准确测定其电压值。

静电伏特计是一种经典的仪器。早在20世纪初，研究放射性现象的早期，M·居里就用这种仪器研究放射性射线在空气中引起电离产生的电荷。图E.2是居里夫人使用的静电伏特计的电路结构示意图。将电离室的一端接地，放电后恢复到绝缘状态；当射线在电离室中引起电离，电子和离子在电池电压的驱动下向两级移动。电离室的一端再次获得电荷，电位改变使带电的活动叶片 *r* 旋转。

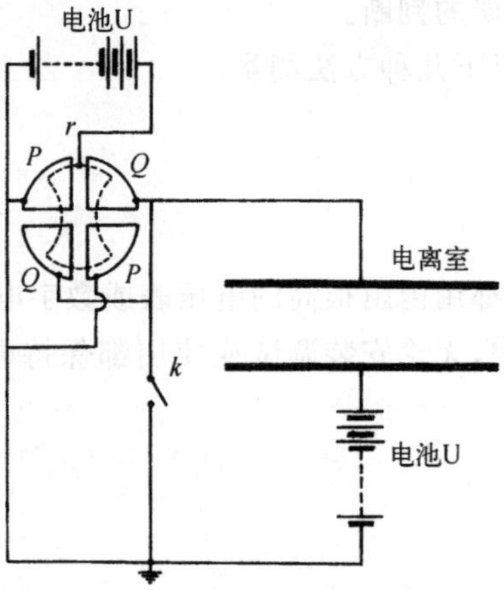

图 E.2 静电伏特计电路结构示意图

一直到20世纪五六十年代，还使用类似这种方法测定放射性射线的电离电荷，从而计算射线照射量。随着脉冲电离室和电子电路的发展，这种方法在放射性的测量中才逐渐淡化。

但是作为低功率高电压的测量，静电伏特计仍然不失为一种重要手段。现代的静电伏特计是将一面划有细线的小镜子与活动叶片相连。聚焦的电光源照在小镜子上，再反射到刻度盘上，细线的影像(小镜圆面上的划线)指示相应的电压值。

参考文献

[1]　卫斯特发尔 G. 物理实验[M]. 王福山,译. 上海:科学技术出版社,1964.

[2]　任明放,陈金全. 大学物理实验[M]. 重庆:重庆大学出版社,2002.

[3]　葛洪良,罗宏雷,蒋丽珍. 大学物理实验[M]. 浙江:浙江大学出版社,2003.

[4]　张天喆,董有尔. 近代物理实验[M]. 北京:科学出版社,2004.

[5]　丁慎训,张莲芳. 物理实验教程[M]. 北京:清华大学出版社,2002.

[6]　北京大学,复旦大学. 核物理实验[M]. 北京:原子能出版社,1989.

[7]　复旦大学,清华大学,北京大学. 原子核物理试验方法[M]. 北京:原子能出版社,1985.

[8]　冯师颜. 误差理论与实验数据处理[M]. 北京:科学出版社,1964.

[9]　林少宫. 基础概率与数理统计[M]. 北京:人民教育出版社,1978 .

[10] 杨福家. 原子物理学[M]. 北京:高等教育出版社,2008.

[11] 杨福家. 原子核物理学[M]. 北京:高等教育出版社,2000.

[12] Kai Siegbahn. α β γ Ray Spectroscopy. Amsterdam, 1965.

[13] 福尔迪阿克 G. 放射性同位素的工业应用[M]. 王凤祥,等译. 北京:原子能出版社,1992.

[14] 格伦.F.诺尔. 辐射探测与测量[M]. 李旭等译. 北京:原子能出版社,1988.

[15] 赵国庆,任炽刚. 核分析技术[M]. 北京:原子能出版社,1989.

[16] 曹利国,丁益民,黄志琦. 能量色散 X 射线荧光分析[M]. 四川:成都科技大学出版社,1998.

[17] 核素图表组. 核素数据表[M]. 北京:原子能出版社,1977.

后　记

这本《核辐射探测及核技术应用实验》教材，从立项、签订协议直到编审、定稿经过了大约一年的时间。这实际上是在2006年编写的实验讲义的基础上修改、补充而成的。再往前追溯，2004年秋天，从在“一无所有”的情况下建立“核辐射探测实验室”时，就为这本教材的编写准备条件。因此，我们认为：无论实验室的建立还是教材的编写绝不是哪一个人或少数几个人灵机一动所能完成的。它集中了众人的努力和前人的智慧。

在书稿的审定、编写过程中，龙先灌教授、张一云教授认真审读了书稿，并对其中主要的参数进行查对和核算。原子能出版社的编辑为使书稿达到出版规范而作了细致的修改。这不但对书稿质量的提高具有重要作用，对我们也是一种激励和鞭策。

编写这本教材的初衷是想将这几年从事实验室建设和实验教学工作中积累的一些知识和经验记录下来，供学生使用和同行参考。但是，在编写过程中才感到还有很多问题需要深入探讨和琢磨。正如孔老夫子说：“学而后知不足；教而后知困”。编写的过程也是我们学习和解惑的过程。

现在，这本教材奉献在读者面前。希望它能对大家有一些参考价值，也希望在大家的帮助下能逐步提高、完善。

2010.9 于乐山大佛足下

全套实验装置

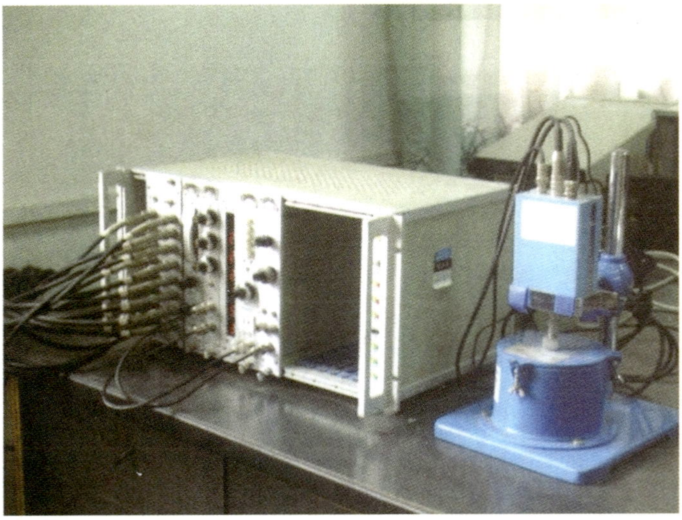

实验装置和共享器

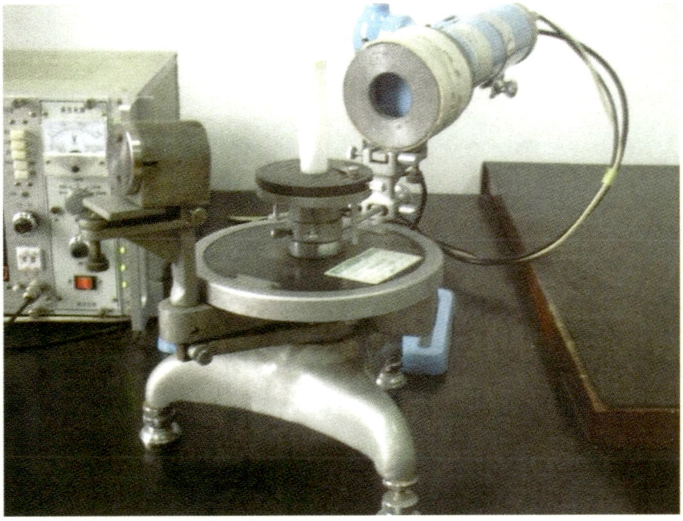

康普顿－吴有训散射实验

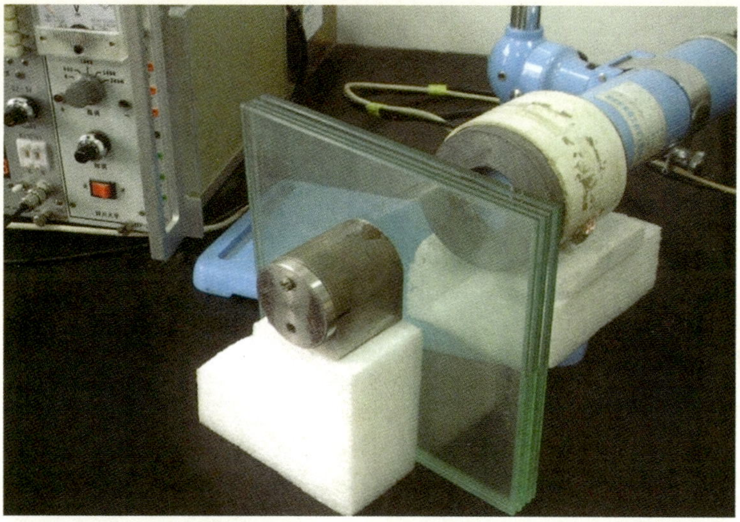

γ 射线穿过物质的吸收实验

吸收料位实验

学生用实验设备

教师讲授实验课程

教师辅导学生实践操作

实验室外景